MATHEMATICS

Matrix theory
Algebra
Trigonometry
Hilbert space
Euclidean geometry
Measure theory
Analysis
Topology
Integration
Complex number
Set theory

수학과 자연 그리고 인간

성찬영 지음

KYOWOO

머리말

지혜로 하늘을 만드신 분께 감사하여라. 그 인자하심이 영원하다.

- 시편 136:5

이 책은 한국 교원대에서 수학 및 과학 (예비)교사들에게 했던 여러 강의들에 기초한 것으로, 만물의 존재 방식이자 인류의 위대한 지적 유산인 수학에 관한 다양한 생각들을 수학의 역사를 되짚어보며 소개하고자 저술한 책입니다.

인간이 처음으로 수학을 알게 된 것은 아마 "1+1=2"를 인식한 것이 아닐까 합니다. 단순하지만 의미심장한 명제로서, 인류가 만들어낸 모든 과학기술 문명도 이 명제에 의존하고 있습니다. 정말 그것이 왜 확실한 것인지, "1+1"이 1이 되는 일은 결코 일어날 수 없음을 증명할 수 있을까하는 물음에 대한 답은 간단치 않고, 신비하게도 무한의 존재와 결부되어 있습니다. 무한의 의미와 실재성은 수학의 확실성을 가름하는 핵심 관건이며, 지난 세기 수학자들은 이 문제를 놓고 격렬히 논쟁했습니다. 이것이 이 책 전체를 관통하는 주요 주제라고 할 수 있지만 딱딱한 수리 논리와 철학적 이론보다는 재미있는 수학사, 신비하고 아름다운 수학의 세계를 보여주는데 초점을 맞추었습니다.

수학이 갖는 또 다른 신비는 자연을 정확하고 효율적으로 기술한다는 것입니다. 수학을 구성한 인간도 자연의 일부이기 때문일까요? 수학의 세계가 자연 세계와 어떤 관련을 가지는지 알고자 했으며, 점점 인간의 사고 능력에 근접 또는 추월해가고 있는 인공 지능의(AI-generated) 수학은 인간의 수학과 어떻게 다를지 사색해보았습니다. 피상적 이해에 그치지 않기 위해 필요하다면 수식을 써서 설명을 했는데, 대부분의 수식들은 대학 1학년생이면 누구나 이해할 수 있도록 했으며, 어려운 수식들은 이해하지 못하더라도 전체적인 내용을 이해하는데 무리가 없고, 다만 관련 전공자에겐 정확하고 깊이 있는 설명을 제공하리라 기대합니다. 강의에 사용할 수 있도록 매 장이 끝마칠 때마다 생각해 볼 문제들을 제시하여 학생 스스로 자신만의 창의적 사고를 해볼 수 있도록 하였습니다.

이 책은 청소년 시절 자연의 신비와 아름다움에 매료되어 시작된 저자의 탐구 생활의 조그만 결실로서, 아무쪼록 이 졸저를 통해 독자들도 수학과 자연의 신비와 아름다움을 느끼게 되고, 그것이 인간에게 주는 의미가 무엇인지를 알게 되었으면 하는 바램입니다. 책의 주제가 포괄하는 범위가 너무 방대하고 깊다보니 대부분의 내용은 저자의 독창적인 생각이 아니라 선진들의 생각들을 취합하여 재구성한 것입니다. 특히 모리스 클라인의 『수학의 확실성』과 로저 펜로즈의 『황제의 새 마음』에서 많은 영감을 받았을 뿐 아니라 다수의 사실들을 인용하였습니다. 책을 쓰면서 여러 그림과 사진들을 다양한 인터넷 사이트에서 다운로드 받아 사용했는데 소중한 그림들을 공유해주신 익명의 분들께 감사의 마음을 전하며, 부족한 저자의 강의를 듣느라 고생했을 모든 학생들에게 사과의 마음을 전합니다.

조그만 책 하나도 오랜 산고 없이 만들어지지 않음을 배우게 됩니다. 지금의 저자가 있기까지 희생하신 부모님, 가르침을 주신 모든 은사님들, 늘 사랑으로 섬겨준 아내에게 이 책을 헌정합니다.

목 차

CHAPTER

01

서론:
수학이란 무엇인가

Ask a philosopher 'What is philosophy?' or a historian 'What is history?', and they will have no difficulty in giving a answer. Neither of them, in fact, can pursue his own discipline without knowing what he is searching for. But ask a mathematician 'What is mathematics?' and he may justifiably reply that he does not know the answer but this does not stop him from doing mathematics.

- F. Lasserre

1.1 수학에 대한 세 관점

어떤 대상이나 개념을 정의하기 위해선 그것의 외연(外延)과 내포(內包)를 명확히 해야 하므로, 수학이 무엇인지 알기 위해 수학 자체를 깊고 폭넓게 탐구해보고, 수학 외부의 다양한 관점에서 수학을 조망하여 보되, 맹인모상(盲人摸象)을 경계해야 한다. 수학에 대한 짧은 사전적 정의를 하자면, 수, 도형, 함수 등 수학적 대상들이 가질 수 있는 모든 성질과 관계들에 대한 학문이라고 할 수 있지만, 수학적 대상이 존재론의 세 관점에서 보면 다 다르게 규정되므로, 수학의 정의도 본질적으로는 세 가지 다른 관점으로 이해된다.

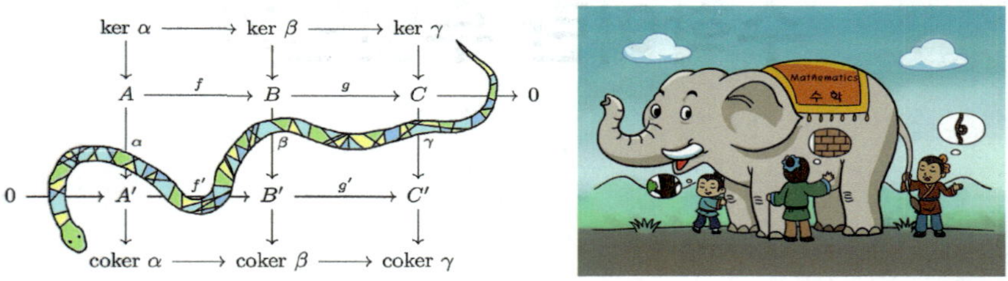

[좌: 호몰로지 대수학의 뱀 보조정리의 도식, 우: 맹인모상]

실재론(Realism): 자연처럼 수학적 대상들(수, 도형, 집합, 함수 등)도 인간의 이성과 독립하여 객관적으로 실재하며, 수학적 진리는 선험적이고 영원하며, 인간에 의해 발명된 것이 아니라 발견된 것이라 본다. 대부분의 수학자들이 (암묵적 또는 명시적으로) 견지하는 신념으로 수학의 필연성을 잘 설명하고, 문제 해결을 위해 답을 찾아가는 과정에 잘 부합할 뿐 아니라 수학을 탐구하기 위한 안정감과 열망을 제공한다.

수학적 실재론은 종종 **수학적 플라톤주의**(platonism)로 회자되는데, 플라톤은 수학적 대상들이 형상들(Forms)과 함께 시공간을 초월하여 영원불멸한 존재로 이데아의 세계[1]에 실재한다고 주장한다. 이는 수학에 영속적 가치를 부여하고, 진리 추구의 열망을 불러일으키는 장점이 있지만, 이데아의 세계가 분명하지 않고, 현실 세계와 분리된 그 세계에 어떻게 접근하여 그것들에 대해 알 수 있는지 인식론적 문제들이 제기된다. 또 역사적으로 수학이 형성되어온 과정은 불완전함과 오류를 개선하며 발전해오고 있음을 보여준다.

존재론적 실재론보다 더 약하게 진리 값에서의 실재론만을 주장하는 이들도 있다.

- **관념론**(Idealism): 다양한 관점들이 있지만 대체로 수학적 대상들이 존재함에 동의하지만, 그것들이 인간 정신에 의한 구성물이라고 본다.[2] **구성주의**(Constructivism)가 가장 대표적인 관점으로, 수학적 대상이 존재함을 보이기 위해서는 귀류법에 의한 간접 증명이 아니라 구체적으로 구성하여 보이는 과정을 제시할 수 있어야 한다고 주장한다. 더 나아가 수학은 절대적 진리로 존재하는 것이 아니라 인간이 역사적, 사회적으로 구성해온 불확실하고 오류 가능한 지식으로 보기도 한다.

구성주의는 현대의 수학 교육에 유용한 관점을 제공하고, 학습자가 교사 및 다른 학습자와 상호 작용을 통해 수학적 개념과 의미를 자신의 정신세계에 구축해가는 교수·학습 과정에 잘 부합한다는 장점이 있다. 하지만 수학 지식이 상대화되고, 유한한 인간 정신이 구성할 수 있는 수학의 범위는 제한적일 수밖에 없고, 왜 수학이 자연을 잘 기술하는지에

1) 모든 사물의 궁극적이고 영원한 본질인 이데아(idea)의 세계가 인간과 독립되어 참된 실재로서 존재하며, 현실 세계의 사물들은 이데아를 부분적으로 반영하는 그림자나 모방에 불과하다. 가령 우리가 실제로 보는 삼각형은 진짜 삼각형이 아니며 이데아의 세계에 진짜 삼각형이 존재한다. 인간은 오직 이성으로 이데아의 세계에 접근하여 사물의 참 본질을 인식하기를 추구한다.

2) 독일의 수학자 크로네커는 "God made the integers; all else is the work of man."라고 말했다.

대해 설득력 있는 설명이 부족하다. 즉 수학이 인간의 (주관적인) 창작물이거나 불완전하다면 어떻게 효율적이고 정확하게 (객관적인) 자연을 설명, 예측하고 눈부신 기술 문명을 창출해내고 있는가?

○ **유명론**(Nominalism): 수학은 단지 **형식 체계**(formal system) 즉, 기호(symbol)를 공리(axiom)와 논리적 규칙에 따라 배열하여 얻은 참인 문장(formula)들이다. 수학의 확실성을 담보하기 위해 형식주의(Formalism)에서 주장한 것이지만, 결국 수학적 대상의 객관적 존재성에 대한 철저한 부정에 이를 수밖에 없다. 단점은 수학적 의미가 완전히 배제되고[3], 형식 체계의 무모순성은 그 체계 내에서 증명 불가일 뿐 아니라 무모순이라 할지라도 그 체계 내에서 참과 거짓을 판명할 수 없는 참인 명제가 존재한다는 괴델의 불완전성(Incompleteness) 정리에 의해 역시 한계성을 가진다.

1.2 수학과 과학의 관계

○ 과학은 자연을 보편타당하고 일관된 법칙으로 설명하고 예측하는 체계적인 지식으로 정의할 수 있지만, 자연의 실재성에 대해 두 가지 상반된 관점이 존재한다. 결국 물리적 실재가 무엇이며 어떻게 왜 존재하는지 알려는 (과학적) 시도가 과학이라 할 수 있다.

실재론: 인간 정신과 독립되어 객관적으로 실재하는 자연에 대한 객관적, 보편적 진리를 인간이 발견할 수 있고 관찰과 실험을 통해 자연을 있는

3) 형식주의의 주창자 힐버트는 20개의 공리에 기초하여 유클리드 기하를 엄밀히 재구성하였다. 점, 선, 면 등과 같은 수학적 용어들은 아무런 의미도 지니지 않는 추상적 무정의 용어로, 이들 사이의 관계가 모순 없이 규정될 수 있으면 된다. 즉, 모든 유클리드 기하학 명제에서 점, 선, 평면을 탁자, 의자, 맥주잔이라는 단어로 대체해도 성립한다.

그대로 이해할 수 있다고 본다. 그런데 뉴턴의 고전 역학이 성립하는 거시 세계에서는 비교적 실재(reality)가 분명하고 직관으로도 잘 이해할 수 있지만, 양자 역학이 지배하는 미시 세계로 가면 실재가 인간의 직관을 많이 벗어나고 불분명하기에 무엇인지 이해하기 어렵다.

현대 물리학에선 물질이 무한히 쪼개어지는 것이 아니라 원자들로 구성되어 있고, 원자는 몇 가지 기본 입자(전자, 쿼크 등)들로 구성되어 있다고 보는데, 이 기본 입자의 실재성이 모호하다. 각 입자는 특정한 위치와 운동량을 가지는 상태로 존재하는 것이 아니라 모든 가능한 상태가 중첩(superposition)되어 있는 상태로 존재한다. 만약 관측을 시행하면 특정한 상태가 되지만 위치와 운동량(질량×속도)을 동시에 정확한 값으로 가질 수 없으며, 그 값들이 확률적 분포를 따른다는 불확정성을 가진다. 이것은 관측 장비의 불완전함 때문이 아니라 입자의 존재 방식에 따른 본질적 속성이다.

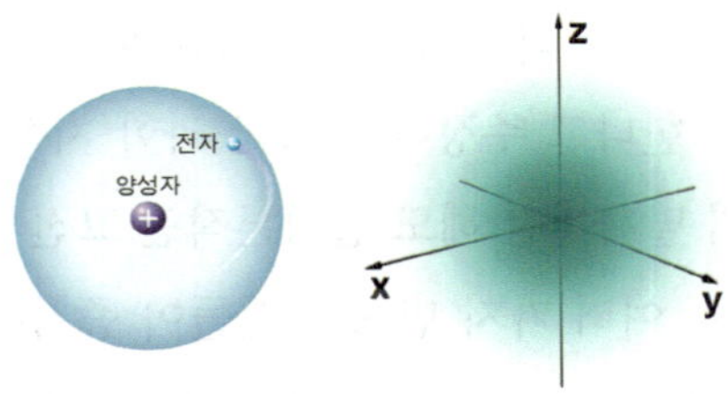

[우: 원점에 수소의 원자핵이 있을 때 전자의 구름, 색이 진할수록 전자가 발견될 확률이 높음.]

구조적 실재론에선, 기본 입자는 실재하지 않지만, 그것을 기술하는 양자장 이론의 수학적 구조는 실재하며 그것이 더 근본적이라고 생각한다. H. Poincaré에 의하면, 과학이 알아내는 것은 사물들 그 자체가 아니라 그것들의 관계이며, 이를 넘어서 우리가 알 수 있는 실재는 없다.

반(反)실재론: 인간과 독립되어 자연이라는 실재가 존재하더라도 실재 그 자체[4]는 무엇인지 인간이 알 수 없고, 인간은 관찰과 실험에 의해

4) 칸트 철학에 의하면, 시공간에 드러난 현상의 배후에 존재하는 물자체(物自體, das Ding an sich)로 지각 경험의 원인이지만 인간이 인식할 수 없다.

(겉으로) 드러난 세계를 기술할 뿐이라는 주장이다. 가령 전자는 어떤 때는 물체(입자)처럼 관측되고, 어떤 때는 파동처럼 관측되는데 전자의 실재 그 자체는 무엇인지 인간이 알 수 없다는 말이다. 반실재론에 의하면 과학 지식은 인간이 사회적, 역사적으로 구성한 불완전한 지식 체계 또는 방법론적 절차에 불과하다. 하지만 현대의 구성주의 과학 교육의 이론적 근거를 제공한다.

Thomas Kuhn은 『과학혁명의 구조』에서 한 시대의 과학자 사회가 택한 가설, 법칙, 이론, 개념, 믿음의 총체를 패러다임(Paradigm)이라 칭하고, 과학 지식이 누적적으로 진보하여 실재에 더 일치하게 되어가는 것이 아니라 서로 통약 불가능한 패러다임들로 계속 교체되어가는 것이며, 그 과정에서 과학자들의 신념, 사회와 역사적 맥락이 중요한 역할을 한다고 주장하여 결국 과학 지식의 상대화를 초래하였다. 가령 19세기 말까지만 해도 결정론적인 고전 물리가 완전한 물리 지식임을 믿었지만, 여러 가지 변칙 사례들이 증가하면서, 확률론적 불확실성으로 대표되는 양자 물리라는 새로운 패러다임으로 전환되는데 이 과정에서 코펜하겐 학파의 해석이 주류로 자리 잡게 된다. 과연 이 해석이 완전한 진리인지에 대한 의문은 지금도 있고 대안적 이론들도 제시되고 있지만 주류 권력을 뒤집는 혁명은 쉽지 않다.

N. Hanson은 『과학적 발견의 패턴』에서 관측의 객관성을 부인하였는데, 관측자가 이론의 틀을 통해 볼 수밖에 없으므로 필터링된 정보를 얻게 되고 관측의 언어와 이론의 언어가 상호 결부되어 있다고 주장하였다.

- 만물이 수(number)로 이뤄져 있다고 믿었던 피타고라스를 필두로 하여 플라톤 등 고대 그리스인들은 자연을 이해하는 열쇠가 수학임을 인식하였다. 이는 과학사에서 첫 번째 대발견이라고 할 수 있다. 갈릴레오도

자연이라는 책은 수학이라는 언어로 쓰여 있으며 수학은 과학의 열쇠이자 문이라고 말했다.

역사적으로 수학과 과학은 서로에게 도움을 주고받으며 함께 발전해 오고 있다. 뉴턴은 고전 역학을 기술하기 위해 미적분을 개발하였고, 리만의 일반화된 비유클리드 기하학이 제시된 후 얼마 안가 아인슈타인이 일반 상대성 이론을 구축하는 기본 틀이 되었다.

- 물리학자 C.N. Yang[5)]이 기본 입자 간의 힘을 매개하는 게이지 장(field)의 수학적 구조가 주 다발(principal bundle)의 연결 형식(connection form)임을 알게 되자, 도대체 수학자들은 어떻게 이런 구조를 **자연**에서 보지도 않고 상상해낼 수 있는지 놀랍게 여기자, 이에 대해 세계적인 기하학자 S.S. Chern은 그 구조는 상상해낸 것이 아니며 **자연**스럽고 실제적인 것이라고 답했다. 자연스런 것은 자연에 존재하는 것이 아닐까?

수학과 자연이 이토록 밀접히 연관되어 있는 이유에 대해 명확하고 쉽게 설명하기는 어렵다. 어쩌면 Bourbaki 학파[6)]가 주목한대로 두 분야의 밀접한 연결은 선험적으로 추정 가능한 것보다 훨씬 더 깊은 수준에서 숨어 있는 실제적 연결에서 기인하는지도 모른다. 노벨 물리학상 수상자 E. Wigner도 물리적 과학에서 수학이 갖는 지나칠 정도의 효용성은 설명을 요구하는 신비라고 말했다.

5) T.D. Lee와 함께 약력이 좌우 비대칭임을 예측하여 노벨 물리학상을 수상하였고, R.L. Mills와 함께 중력을 제외한 세 가지 근본 힘을 다 설명하는 비가환 게이지 이론을 창시하였다.

6) 20세기 중후반 파리 고등사범학교를 중심으로 활동한 수학자 단체로 Henri Cartan, Claude Chevalley, Jean Dieudonné, André Weil, Laurent Schwartz, Jean-Pierre Serre, Sammy Eilenberg, Alexandre Grothendieck, Pierre Cartier, John Tate, Alain Connes 등 필즈상 급의 수학자들로만 구성되었다.

아인슈타인은 『이론 물리학의 방법』이라는 강의에서 다음과 같이 말했다. "지금까지의 경험을 통해 볼 때 **자연**은 생각할 수 있는 가장 단순한 **수학적 관념들의 구현**이라는 사실을 믿는 것이 합당하다. 자연 현상 이해의 관건이 되는 개념들과 이들 사이의 합법적 관계를 발견하기 위해서는 순수한 수학적 구성에 의존해야 된다고 나는 확신한다. 경험은 적절한 수학적 개념들을 암시해주기는 하지만 이들이 경험으로부터 도출되는 것은 아니다. 경험은 물론 수학적 구성의 물리적 효용성에 대한 유일한 기준으로 남아 있다. 그러나 창조적 원리는 수학 속에 들어 있다. 그러므로 나는 어떤 의미에서 고대인들이 꿈꾸어 왔듯이 순수한 사고는 실재를 포착할 수 있다는 것이 사실이라고 믿는다."

- 현대에 와서 자연의 근본 법칙을 더 깊이 탐구해갈수록 자연이 고도로 정교한 수학적인 구조를 가짐을 발견하게 되면서,[8] 최근에는 수학을 물리적 실재와 동일시하는 수학적 우주 가설도 등장하였다. 물리학자 Max Tegmark가 주창한 것으로 물리적 실재 즉, 우주 전체가 수학에 의해 기술되는 것이 아니라 수학 그 자체이며, 심지어 모든 수학적 구조는 (물리적으로 인간이 접근할 수 없는) 또 다른 어떤 우주로서 실재하고 있다고 주장한다. 실증 불가능한 신비주의적 주장으로 볼 수도 있지만, 전혀 무모한 것도 아니다.

7) 영국의 물리학자 P. Dirac은 음의 에너지를 가진 전자의 상태가 하나 비어 있는 경우를 양전자로 해석하여 그 존재를 예견하였고, 실험으로 확인되어 노벨상을 수상하였다. 수학적 사고에서 연역된 추상적 개념인 음수가 자연에 실재함을 보여준 사례라고 볼 수 있다.

8) 미국의 응용수학자 Lek-Heng Lim는 다음과 같이 말했다. "When it's advanced, any topic becomes mathematical."

모든 사물이 거처하는 시간과 공간이 수학적 대상일 뿐 아니라 우주 안의 모든 물질을 구성하는 기본 소립자들도 내부 구조를 전혀 가지지 않고 질량, 전하량, 스핀 등 단지 몇 가지 수에 의해 완전히 표현된다. 그래서 가령 이 우주의 모든 전자는 정확히 동일하다. 이 세상에 존재하는 정삼각형은 다 다를 뿐 아니라 온전한 정삼각형은 존재하지도 않는다. 하지만 이 우주의 모든 전자는 다 동일하고 또 정확히 완전한 전자로서 존재한다는 사실은 전자가 수학적 대상임을 암시하지 않는가? 수리물리학자 R. Penrose도 현재로선 전자가 무엇인지 명료하게 설명하려면 Dirac 방정식의 해라는 식으로밖에 표현할 길이 없으며, 오랜 시간이 걸리겠지만 결국 물질은 어떤 미묘한 수학적 대상으로 이해될 것이라 예상하였다.

- 현대에 와서 수학자, 과학자, 엔지니어가 하고 있는 일들을 나누는 경계는 무의미해 보인다. 수학자이자 철학자 화이트헤드는 "우리들이 가장 이론적인 분위기에 젖어있을 때가 가장 실용적인 응용에 가장 가까이 있을 때라고 해도 그것은 역설이 아니다."라고 말했다. 또 L. Susskind[9]에 의하면, "과학은 정말 이음새도 없는 온전한 전체이다. 과학의 각 분야들, 순수 과학과 응용과학, 그들 간의 경계는 인위적인 것이며, 과학은 이 경계를 넘어 연속적으로 상호작용하고 있다. 몇 가지 예만 들어보면, (DNA를 공동 발견한) Watson은 생물학자이었지만 Crick은 물리학자였고, www는 CERN의 고에너지 실험 물리학자들에 의해 창안되었다."

9) 물리학의 궁극적 이론인 끈 이론의 창시자 중 한 사람으로, 우리나라 고등과학원 석학 교수로도 재직한 적이 있다. 그는 한 때 배관공이었다.

1.3 수학은 확실한가

수학이 다른 학문에 비해 가장 큰 독특성은 확실성과 보편타당성에 있다. 그로 인해 수학의 방법론을 다른 지식에까지 확장하려는 시도는 과학 뿐 아니라 합리주의 철학에도 영향을 미쳤다. 합리주의는 플라톤까지 거슬러 올라가는데 17~18세기 데카르트, 스피노자, 라이프니츠에서 번창하였다. 인간의 이성을 신뢰하고 연역적인 방법론에 의해 참된 지식을 얻는다고 믿었고, 수학은 선험적 지식의 전형으로 간주되었다. 그들은 수학의 합리성에 매료되어 그 방법론을 모든 지식으로 확장하길 원했는데, 스피노자의 대표적 명저는 『Ethica: 기하학적 순서로 증명된 윤리학』이다.

합리주의의 주요 반대 진영은 경험주의로서, 이성이 아니라 감각 경험을 모든 지식의 궁극적 원천으로 보고 귀납적 방법론에 의해 지식을 얻는다고 주장한다. 아리스토텔레스에서 시작되어 근대의 F. Bacon, J. Locke, G. Berkeley, D. Hume, J. S. Mill 등에 의해 번창하였으며 현대의 논리실증주의[10]에 이어진다. 경험주의의 관점에서 수학의 필연성은 설명하기 어려운 것으로, 극단적 경험주의자 Mill은 수학이 또 다른 형태의 과학이며 수학 역시 관찰과 예측으로 구성된 학문이라고 주장했다. 즉, '$2+1=3$'인 것은 콩 2개에 다른 콩 1개를 더했더니 콩 3개가 되더라는 반복된 경험을 통해 얻어진 귀납적 일반화라고 보았다. Mill을 계승한 현대 철학자 W. Quine도 실질적으로 어떠한 지식도 선험적이지 않다고 주장하였다.

10) 과학의 논리적 분석 방법을 철학에 적용하고자 한 철학 사조로 형이상학을 인식적으로 무의미한 것으로 배격하고, 논리적 증명이나 경험적 검증이 가능한 것만을 인식적으로 유의미하다고 봄.

하지만 모든 것을 다 관찰할 수 없기에 귀납적 추론은 필연성을 보장해주지 못한다.(러셀의 칠면조 비유[11]) 귀납적 비약을 정당화하기 위해 Mill은 "자연은 동일한 조건 아래에서 동일한 현상을 발생시키는 통일적 질서를 가지고 있다"는 원리를 제시하였다.

역사적으로 살펴보면 수학이 처음부터 완전무결한 형태로 시작된 것이 아니라 점점 엄밀성을 강화하면서 발전해왔음을 알 수 있다. 20세기에 들어와서 집합론에서 무한과 관련한 역설들이 발견되었는데, 이를 해결하기 위해 수학자들이 취한 수학 철학적 관점은 다음의 세 가지이다. 과연 수학의 궁극적 확실성은 정립될 수 있을까? 낙관론과 비관론(준경험주의, 사회적 구성주의)이 공존한다. 또는 수학의 효용성을 타당성의 준거로 채택하는 것으로 만족하기도 한다.

- **논리주의**: 수학적 플라톤주의를 계승하여, 집합론의 역설을 피하면서 모든 수학을 논리로부터 도출하는 공리 체계를 구성하고자 했으나 논리적으로 비자명한 공리들을 도입해야 했고, 괴델의 제1 불완전성 정리에 의해 무모순적 공리 체계 내에서 참·거짓을 판별할 수 없는 참인 명제가 존재할 수밖에 없음으로 한계성을 가진다. F. Frege, B. Russell, A. Whitehead가 이 관점을 대표하는 학자들이다.

- **직관주의**: 수학은 인간이 구성해낸 것으로 참과 거짓의 판단의 근거는 인간의 직관에 있다는 주장으로 구성주의의 원천이다. 유한한 과정에 의해 구성(construct)되는 것만 수학적 대상으로 존재하며, 수학적 진리의 참은 경험 가능을 의미하여 배중률, 귀류법, 선택 공리에 의한 증명을

11) 어느 농장에서 칠면조를 키웠는데 주인이 매일 아침 6시와 저녁 6시에 모이를 주었다. 그래서 한 칠면조는 그것을 법칙으로 세웠다. 어느 날도 여느 때처럼 아침에 모이를 먹었는데, 저녁에는 모이를 먹지 못했다. 주인이 그 칠면조를 잡아먹었기 때문이다.

배제함으로써 기존 수학의 상당 부분을 포기할 수밖에 없게 된다. L. Kronecker, H. Poincaré, L. Brouwer, A. Heyting 등에 의해 주장되었다.

○ **형식주의**: 인간 이성은 복잡한 수학적 대상에 대해 완전한 이미지를 얻을 수 없으므로 그것들의 존재 근거를 불완전한 인간의 직관에 둘 수 없다. 수학에서 모호성을 야기하는 의미를 완전히 배제하고 무모순적인 형식 체계로 재정립하고자 했지만, 무모순성을 형식 체계 내에서 증명할 수 없음을 증명한 괴델의 제2 불완전성 정리에 의해 좌초되었다. D. Hilbert, P. Bernays, J. von Neumann 등이 이 관점에 섰고, 지금도 많은 수학자들이 기대는 전가(傳家)의 보도(寶刀)라 할 수 있다.

1.4 수학을 공부하는 목적

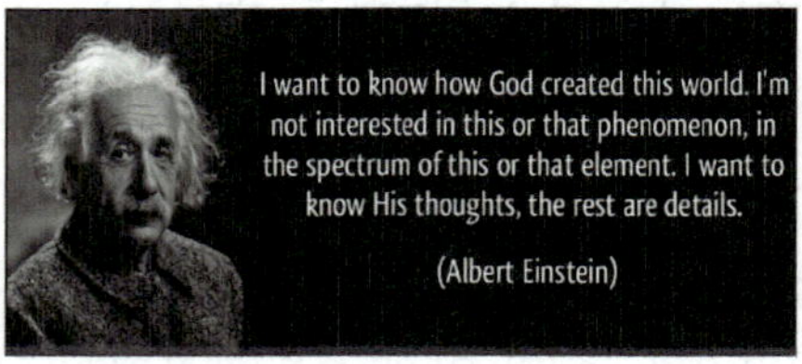

○ W. Thurston[12)]과 아인슈타인이 주목한대로, 수학과 과학을 공부하는 근본적인 목적은 단편적인 지식들의 획득이 아니라 수학과 자연에 대한 이해의 지평을 넓히고, 그로부터 지혜를 얻기 위함이다. 자연이 고도의 질서와 조화를 갖춘 체계라면 분명 그 체계를 구성하는 원리와 의미가 있을 수밖에 없고, 수학 역시 단지 형식 체계가 아니라면 원리와 의미를 가지는데 그것을 이해하길 원하는 것이다.

어떠한 지도이든지 4가지 색이면 인접한 나라의 색이 서로 다르게 색칠할 수 있다는 4색 정리는 컴퓨터에 의해 모든 경우의 수를 다 체크하는

12) 3차원 공간의 근본적인 이해에 기여한 공로로 필즈상을 받았다.

방법으로 증명되었는데 큰 논란이 있었다. 이것을 올바른 증명으로 받아들일 수 있느냐는 문제 제기도 있었지만, 보다 근본적으로는 이렇게 단지 결과만을 줄 뿐 그것이 성립하는 이유를 주지 못하는 증명이 무슨 의미가 있느냐는 회의감에서 비롯된 것이었다. 4색 정리가 그 유명세에도 불구하고 수학의 이해와 발전에 기여한 바는 적었다. 마치 수학 공식만을 외워 문제의 답만 구하는 도구적 이해가 올바른 수학 학습이 아닌 것과 같은 이치이다.

[4가지 색이 필요한 지도들]

나중에 살펴보겠지만 수학에 대한 이해를 다 공식화할 수도 없지만, 진정한 이해는 난해한 수학적 표현에 머무르지 않고 보통 사람들에게까지 이를 수 있어야 한다. 라그랑주[13)]는, "수학자는 길거리에 나가 처음 만난 사람에게 알기 쉽게 설명해서 확실히 이해시킬 수 있을 정도가 아니라면 자기 자신의 일을 완전하게 이해하고 있다고 말할 수 없다."고 믿었다. 알기 쉬운 강의로 유명했던 물리학자 파인만도 같은 취지의 말을 남겼다.

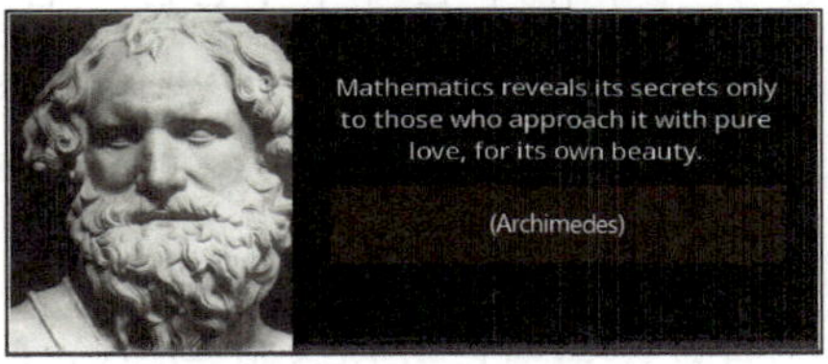

● 수학이 함의하는 더 높은 차원의 의미는 이데아의 세계의 최상위에 자리하는 가치인 진, 선, 미이다. 수학은 진리를 표현하고 지향하는데, 사랑은 진리와 함께 기뻐하며[14)], 진리는 그 자체로서

13) 18세기 이탈리아 태생으로 프랑스에서 수학자, 물리학자로 큰 업적으로 남겨 코시, 라플라스와 함께 에펠탑에 이름이 새겨져 있다. 라그랑주 승수법과 오일러-라그랑주 방정식을 고안하였다.

14) 사랑에 대한 위대한 서술인 고린도전서 13장의 6절에 있다.

아름답다.

우리는 수학을 통해 진리의 본체에 조금이나마 더 다가가고자 한다. 수학 점수가 높다고 진리에 더 가까워지는 것이 아니다. 어쩌면 사심 없는 진리 추구 과정 자체가 진리에 더 가까워지게 하는 것이 아닐까? 수학을 탐구하기 위해서는 진정 순수한 마음을 가져야 한다. 물론 그렇다고 현실적 필요를 도외시하고 진리 추구만을 위해 수학을 공부하는 것은 아니지만, 인간은 진리를 추구하면서도 종종 욕심의 추구로 변질되기 쉬우므로 늘 경계해야 한다.[15)]

수학의 정리는 진리의 결정체로서 조금의 거짓도 있어선 안 된다. 아무리 사소한 명제라도 그것이 참이라면 세세토록 아름다운 진리의 일부가 되지만, 아무리 멋져 보이는 명제라도 미세한 거짓이 포함되어 있다면 버려진다. Alain Connes[16)]가 말한 대로 실재(reality)는 냉혹(pitiless)하다. 왜 정의(Justice)가 본질상 가혹한 면을 가지는지 알게 된다.

수학과 예술은 진선미의 다른 표현이다. 진정한 아름다움은 진리에 있으므로, 예술의 근원적인 목적도 진리의 추구이다. 또 수학은 예술처럼 자체의 규칙 안에서 무한한 아름다움을 표현한다. 수학자이자 철학자로서 노벨 문학상을 수상한 B. Russell은 다음과 같이 말했다. "수학을 올바르게 바라보면 거기에는 진리 뿐 아니라 조각 같이 냉철하고 엄격한 궁극의 미가 담겨 있음을 알 수 있다. 그러한 미는 우리 본성의 약한 부분을 파고들지 않으며 그림이나 음악처럼 호화로운 모습도 아니다.

15) Poincaré 추측을 해결한 G. Perelman은 "증명이 맞았으면 됐지 더 이상의 인정은 필요 없다."며 필즈상 등 영예로운 상을 다 수상 거부했는데, 이에 대해 기하학의 대가 M. Gromov는 다음과 같이 말했다. "위대한 일을 해내기 위해서는 순수한 마음을 가져야 한다. (그래야만) 오직 수학만 생각할 수 있다. 그 외의 것은 인간의 약점이다. 상을 받는다는 것은 그런 약점을 보여주는 것이다."

16) 비가환(noncommutative) 기하학을 창시한 프랑스의 수학자로 필즈상을 수상하였다.

오직 초연하게 순수하고 가장 위대한 예술이 보여주는 것과 동일한 엄격한 완전성만 갖추고 있다."

J.J. Sylvester[17]는 "음악은 감성의 수학이고, 수학은 이성의 음악이다."라고 말했는데, 특히 J.S. Bach의 음악은 마치 조화로운 수열들의 진행을 듣는 듯하다. 수학자들 가운데 고전 음악을 애호하는 이들이 상당수 있는데, 어릴 때부터 바이올린을 연주한 아인슈타인은 자신의 새로운 발견은 음악적 지각에 따른 결과였다고 말했다.

- 수학을 통해 논리적 사고력, 직관력, 문제 해결력, 창의성을 함양할 수 있고, 수학은 기호와 언어의 주관적 구성물이나 지적 유희가 아니라 객관적으로 실재하는 진리를 표현하므로 과학 기술에서의 문제들을 해결하는 강력한 도구가 된다.

일본의 경제산업성과 문부과학성이 2019년에 펴낸 『수리 자본주의의 시대: 수학의 힘이 세상을 바꾼다』라는 보고서에서 수학을 국부의 원천으로 규정하며, 파괴적 혁신을 일으키기 위한 가장 보편적이고 강력한 도구가 수학이라고 단언했다. 또한 인공 지능, 빅 데이터 등을 중심으로 일어날 4차 산업 혁명의 승자가 되기 위해 필요한 것은 첫째도 수학, 둘째도 수학, 셋째도 수학이며, 2017년 미국의 수학 박사 30% 이상이 산업계에서 활동하는 데 비해 일본은 12% 정도밖에 안 된다 진단하였다. (한국은 2%로 추정) 영국도 총리 직속 공학 및 자연 과학 위원회에서 낸 『수학의 시대』라는 보고서에서 수학이 인공 지능 등 4차 산업 혁명의 심장이 되었고 21세기 산업은 수학이 좌우할 것이라 전망하며, 2008~2013년 영국에서 수학이 창출한 연평균 경제적 가치를 GDP의 16%

17) 19세기 영국의 수학자로 케일리와 함께 행렬에 대한 많은 연구를 했고, 행렬(matrix, 자궁이라는 뜻의 라틴어), 판별식(discriminant)이라는 용어도 그가 만들었다.

정도로 추정하였다.[18)]

수학을 공부하면서 특정 지식을 이해하고 그 사용법을 익히는 것도 필요하지만 수학적으로 사고하고 문제를 해결하는 방법을 배우는 것이 더 중요한데 인간의 모든 수학적 사고 과정 자체가 다 알고리즘처럼 절차화할 수 있는 것은 아니다. 문제에 직접 부딪혀 싸우며 자신만의 해결 노하우를 찾아가고, 수학적 개념과 구조를 배우면서 통찰력을 키우고 기존의 사고 지평을 넘어 새로운 단계로 도약하는 사고력을 키워야 한다.

- 문제 해결력의 정의적 요소, 즉 **자신감**, 용기, 성실함, 인내, 불굴의 의지 등은 수학적 자질의 매우 중요한 부분일 뿐 아니라 인생의 여러 문제와 어려움을 헤쳐 나갈 힘이 된다. 수학 문제에 도전하여 실패와 좌절을 겪어 보지 않은 사람은 아무도 없다. 또한 수학을 공부해가는 과정을 통해 겸손, 남을 배려하는 마음, 절제, 내려놓음, 정직과 올바름도 배우게 되는데, 어쩌면 수학보다 이런 성품을 배우는 것이 더 중요하지 않을까?

어떤 수학자들은 인생의 고난 가운데에서도 위대한 업적을 빚어내었다. 오일러[19)]는 첫 아내의 사별, 13명의 자녀 중 8명을 일찍 떠나보내고, 자신의 두 눈마저 시력을 잃었지만 더 많은 수학적 업적을 남겼고, 파스칼은 17세부터 39세로 죽을 때까지 육체적 고통이 없는 날이 거의 없었지만, 그가 남긴 고전 『팡세』를 통해 생각하는 연약한 갈대인 인간의 위대함과 비참함이라는 모순이 신에 의해 해결됨을 말한다.[20)] 천체물리학자

18) 이상의 기사는 한국경제 신문에서 발췌, 인용함.

19) 18세기 스위스 태생으로 러시아와 독일에서 활약한 역사상 가장 위대한 수학자 중 한 사람으로 약 92권의 전집과 866편에 달하는 논문을 남겼다. 함수를 $f(x)$로 표현하는 등 현대 수학의 많은 표기법이 그의 저작에서 비롯되었다. 아이들을 돌보면서도 논문을 썼다고 한다.

20) 16세 때 파스칼의 정리를 증명할 정도로 신동이었다. 천연두에 걸린 가난한 어떤 가족에게 자신의 집을 내주고, 그 후 얼마 안 가서 고통 가득한 찬란한 생을 마감한다.

케플러는 어려서 천연두를 앓은 후 시력을 많이 잃고 신체도 병약했고, 가난하고 불행했던 가정 환경, 첫 아내의 사별, 12명의 자녀 중 8명을 일찍 떠나보내는 등등 온갖 역경들을 다 겪어야 했다. 현대 물리학자 가운데서도 스티븐 호킹은 20대 초반에 루게릭병으로 2년 밖에 살지 못한다고 진단 받았지만, 매일을 마지막 날처럼 최선을 다해 살았고 뺨에 붙은 센서를 이용해 단어 하나를 치는데 1분씩 걸려 책도 쓰고 사람들과 소통하며, 많은 사람들에게 용기와 영감을 주었다. 쌍둥이 소수 문제 해결을 위한 중요한 실마리를 발견한 장 이탕은 박사 학위를 받고 취직을 못해 식당에서 알바로 일하면서도 수학을 포기하지 않았고, 58세에 그 발견을 해 59세에 교수가 되었는데, 그는 다음과 같이 말했다. "나는 전혀 똑똑하지 않다. 다만 정말 수학을 사랑한다. 그것이 중요하다."

- "매일 비타민을 먹는 것 외에 강한 의사소통 기법을 발전시키라고 조언하고 싶다. 과학이 라는 국제적 경쟁 세계에서 의사소통을 잘 할 수 있는 사람에게 엄청난 이점이 있다."

늑대 인간의 사례에서 보듯 한 개인이 자연에 홀로 버려진다면 동물적 삶을 벗어날 수가 없다. 인류가 수학과 과학을 비롯한 찬란한 문명을 이룩하게 된 것은 소수의 엘리트들의 기여에 의한 것이 아니라 인류 전체의 집단 지성(collective intelligence)이 발휘된 결과다.[21] 집단 지성은 각 구성원들의 단순 합만이 아니라 창의적 융합을 가능케 한다. 또 인간은 언어를 통해 동시대의 사람들 뿐 아니라 과거의 사람들의 생각도

21) 영국에서 비전문가인 다수의 대중과 소수의 전문가들이 소의 무게를 알아맞히는 실험을 하였는데, 항상 다수 대중의 평균치가 더 정확하였다.

공유하고 최근에는 인공 지능과도 협업하여 새로운 생각을 창조하고 다음 세대에 전해준다.

위 말은 세계적 물리학자 Susskind가 젊은 과학자들에게 주는 조언이다. 현대에 와서 수학과 과학은 매우 고도화되면서 소수의 천재가 감당하기에도 어려운 수준이 되어 공동 연구의 필요성이 어느 때보다 더 요구되는 시대가 되었다. 공동 연구를 잘 하기 위해서는 인간적 신뢰와 교감이 선행되어야 하므로 겸손과 따뜻한 마음의 인성을 가져야 한다.

어쩌면 좋은 연구 결과를 만들어 내는 것보다 누군가와 함께 마음을 모아 진리를 탐구했다는 사실이 더 중요한 것이 아닐까? 대수기하학을 이용하여 조합론의 여러 미해결 문제를 해결한 공로로 필즈상을 수상한 허준이 교수는 다음과 같은 말을 남겼다. “어떤 신비한 방법으로 우리는 서로 연결되어 있다. 그 연결로부터 우리는 자라간다.”

1.5 생각해 볼 문제들

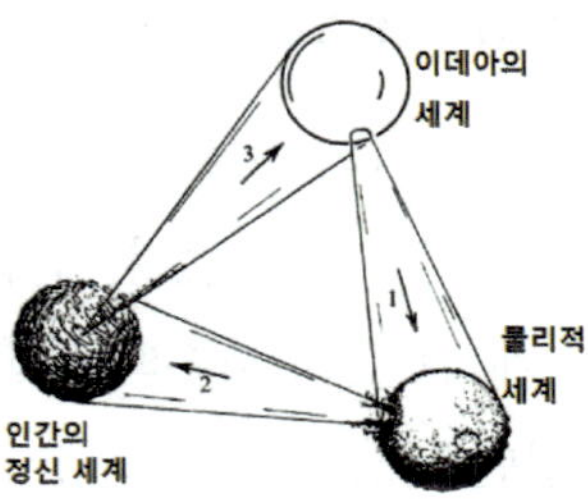

[펜로즈의 3 세계 모델]

❶ 어떤 수학적 구조는 인간이 임의적으로 구성한 것이지만, 어떤 수학적 구조는 매우 자연스럽고 필연적이며, 자연에서도 발견되며, 인간이 예상치 못한 심오한 아름다움을 보여주고 있어 인간이 고안해낸 것이 아니라는 생각이 들게끔 한다. 심지어 예술가들도 위대한 작품은 인간의 작품이라기보다는 영원한 진리를 드러내고 있다고 느낀다. 문학가 보르헤스[22)]는 “유명한

22) J. L. Borges: 아르헨티나와 라틴 아메리카를 대표하는 작가로 세계 현대 문학사에서 가장 영향력

시인은 창조자라기보다는 발견자라 할 수 있다"고 말했다.

수리물리학자로서 노벨 물리학상 수상자인 R. Penrose에 의하면 다음 그림처럼 인간이 인식하는 세 가지 세계가 존재하며, 세 세계는 불가사의한 연결로 상호 연관되어 있다.(참고문헌 [18]) 이 가운데 수학의 세계는 어디에 존재하는지와 세 가지 화살표의 방향에 대해 자신의 입장을 논하시오.

❷ 현실 세계의 사물과 현상 중 수학적 추상화가 불가능한 예가 있는지 찾아보시오. 자연 현상을 설명하고 예측하는데 수학이 매우 정확하고 효율적인 반면에 사회 현상과 인간을 설명하는데 지금까지 수학이 정확하지 못하거나 유용하지 못했던 이유는 무엇이라고 생각하는가?

참고 경쟁, 협력, 갈등, 대립 등의 사회 현상을 수학적으로 설명하려는 시도로 게임 이론이 있다. von Neumann은 2인 제로섬 게임[23]에서 각자가 자신에게 가장 이로운 전략을 찾을 때, 두 사람 모두가 자신에게 최적인 전략을 찾을 수 있다는 것을 증명했다. John Nash는 참여자 간에 의사소통이 허용되지 않는 비협조적 게임에서 제로섬 게임이 아니어도 언제나 균형 상태 즉, 각자가 현재 전략을 바꿀 유인이 없는 상태가 존재함을 증명했다. 가령 죄수의 딜레마 게임에선 모든 참가자가 협동(묵비)이 아닌 배신(자백)을 택하는 상태가 바로 Nash 균형이 된다.

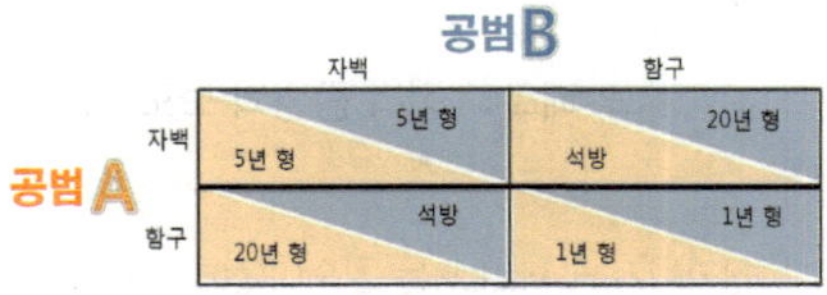

이외에도 개인과 사회를 자연의 일부로 간주하여 물리학의 복잡계 이론으로 사회 현상을 연구하기도 한다.

있고 중요한 작가들 가운데 한 사람으로 평가받는다.

23) zero-sum game. 게임에 참가한 모든 참가자들의 이익과 손해를 전부 합산하면 반드시 0이 되는 게임이다.

❸ 당신은 수학과 과학을 왜 공부하고자 하는가? 잘못된 목적의식은 인간에게 주어진 축복의 선물인 수학을 무거운 짐으로 바꿔게 하고 자신을 불행하게 만들지만, 좋은 내적 동기를 가진 사람은 더 창의적인 업적을 낼 수 있다.[24] 수학과 과학이 소수의 천재들만의 전유물이 아니며 보통 사람들 각자에게 **고유한 의미**를 가질진대 당신에게는 어떤 의미를 가지는가?(이 질문은 이 책을 마치면서 다시 생각해 보기 바란다.)

참고 1993년 Andrew Wiles가 페르마의 마지막 정리를 증명했다고 발표한 바로 다음 날 뉴욕 타임즈는 머리기사로 그 소식을 전했다. 그 증명을 이해할 수 있는 사람은 전 세계에 몇 명도 채 되지 않겠지만 말이다. 우주 배경복사[25]가 발견되었을 때에도 뉴욕 타임즈는 머리기사로 소식을 전했다. 어떤 사람들은 필즈상이나 노벨상에 더 많은 관심을 갖지만, 진리의 발견 자체를 기뻐하는 사람들도 많다. 수학과 과학의 큰 진보가 이뤄질 때마다 신문의 1면 머리기사가 되는 그 문화가 부럽다.

The New York Times
At Last, Shout of 'Eureka!' In Age-Old Math Mystery
SENATORS TAKE UP CLINTON'S BUDGET WITH ACID DEBATE
Split in Japan's Ruling Party Is Rearranging Political Map
House Retains Space Station In a Close Vote

The New York Times
Signals Imply a 'Big Bang' Universe
24-Hour Dominican Truce Is Accepted by Both Sides

[좌: 페르마 정리 증명의 보도 기사, 우: 우주 배경 복사 발견의 보도 기사]

---

24) 심리학자 H. Harlow는 원숭이들에게 자물쇠 퍼즐을 주어 풀어 보게 하는 실험을 하였다. 처음에 퍼즐을 푼 데 대해 아무런 보상을 주지 않았을 때는 원숭이가 스스로 퍼즐을 가지고 놀면서 잘 풀었는데, 나중에 퍼즐을 푼 보상으로 건포도를 주기 시작하자 퍼즐을 푸는 속도와 관심사가 떨어졌다. 인간을 대상으로 한 비슷한 실험에서도 검증되었다.

25) 빅뱅 우주론에 의하면 약 138억 년 전 크기를 부여할 수 없을 정도로 매우 작은 점에서 폭발하여 팽창하던 우주에 38만 년쯤 지나자 최초로 빛(전파)이 비추이기 시작하는데 그 태초의 빛이 지금도 우주 전체에 비춰고 있는데 우주가 팽창하는 동안 식어서 지금은 절대온도 2.73도(약 -270℃) 밖에 되지 않는다.

CHAPTER

02

학문적 수학 이전의 수학

Music is the pleasure the human soul experiences from counting without being aware that it is counting.

- G. Leibniz

2.1 수학적 본능

인간과 동물은 생존에 필요한 초보적인 수학적 개념을 가지고 태어나거나 경험을 통해 저절로 학습한다. 사물들의 개별성과 동일성, 크기 비교, 공간 지각력 등은 고등 수학에서도 개념적 기초를 이룬다. 일부 동물의 본능에는 놀라울 정도의 수학적 알고리즘이 탑재되어 있다.

공간과 사물에 대한 위상적 개념

오른쪽 그림에서 고양이는 이 다리가 위상적으로 호상 비연결(arcwise-disconnected)이고, 멀리 보이는 다리는 호상-연결(arcwise-connected)임을 인지할 것이다.

공간에 대한 기하적 개념

개미는 시행착오를 통해 굽어진 지형 또는 이동 편이성 등을 감안한 최단 경로를 택하여 목적지에 찾아가고, 선들의 교차 빈도를 이용하여 면적도 추정해낸다.

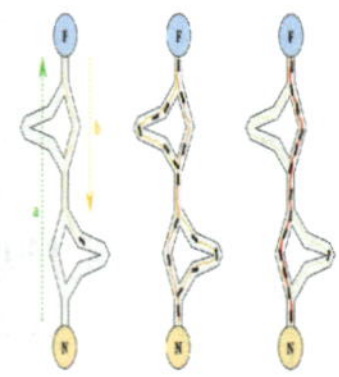

32,768가지나 되는 경로들 중 최단 경로를 1시간 만에 찾아내는 알고리즘을 갖고 있고, 단지 물리적 거리와 시간만이 아니라 기회비용 대비 편익까지 고려하여 다리를 만드는 등, 개미 집단이 보여주는 조직적 행동들의 효율성은 놀라울 정도인데, 컴퓨터의 반도체 소자들이 각각 단순 작업을 하지만 그것들이 다 모여서 지능을 창출하는 것처럼 개미들도

집단 지성의 창발을 보여준다.

수를 세는 능력

사하라 사막 개미는 자신의 걸음 수를 세어 기억한다. 50미터나 떨어진 곳에 있는 먹이를 찾아 가서 곧장 집으로 정확히 돌아오는데 개미 굴 입구는 지름이 1밀리미터도 안 된다. 자신의 걸음 수를 계산하여 기억하고 있다가 정확히 반복해서 귀환함이 밝혀졌다.[26)]

젖먹이 아기, 새, 포유류 등의 일부 동물들도 작은 수를 인식할 뿐 아니라 더하고 빼는 능력을 타고남이 실험을 통해 입증되었다. 침팬지는 "$4+3>5+1$"과 "$\frac{1}{4}+\frac{1}{2}=\frac{3}{4}$"을 직관적으로 인식할 수 있다.[27)] 심지어 훈련을 시키면 수를 기호로 대응시키고 0의 개념도 인지한다.

분류하고자 하는 본능

인간에게는 사물이나 정보를 분류하고자 하는 본능이 있다. 개미들도 자신의 거주 공간과 사물들을 어떤 원칙에 따라 정리하여 질서를 부여하지만, 인간은 그 원칙이 일률적이지 않다. 창의적으로 새로운 질서를 부여하고, 그런 행위는 항상 어떤 의미를 내포하고 있다. 수학에서 하는 일은 기본적으로 수학적 대상과 구조를 정의하고 그것을 분류하는 일이다.

26) 목적지에 도달한 개미의 다리에 부목을 덧대어 길게 만들거나 다리의 일부를 절제해 짧게 만들어 놓아주면, 부목을 덧댄 개미는 집을 지나쳐 버리고, 다리는 절제한 개미가 집에 이르지 못했다. 집에서 출발할 때부터 위와 같은 시술을 시행한 개미는 목적지에 도달한 후 정확히 집으로 귀환하였다.

27) 참고문헌 [37], [38]

2.2 수를 세다

인간이 수를 세기 위해서는 사고 과정이 필요하다. 세기 위해서는 무엇(수학적 대상)을 세느냐에 대한 이해가 선행되어야 한다. 사실 현대 수학의 내용들도 결국 다양한 형태의 셈(counting)에 대한 것이라 할 수 있다. 큰 문명에서는 수의 개념을 발전시켰지만, 여러 소규모 부족에서는 하나, 둘, 많다 외에 더 이상 수 개념을 발전시키지 못했다.[28] 심지어 프랑스어에서도 '셋'을 뜻하는 'trois'와 '매우'라는 뜻의 'très'가 같은 어원을 가지고 있다. 하나, 둘, 셋 정도의 수는 이성적 사고를 전혀 거치지 않고 한 눈에 파악되기에 수 개념이라기보다는 사물에 대한 속성을 나타내는 형용사와 같다.

수를 알지 못해도 수를 셀 필요성은 인간 사회 어디서나 존재한다. 양이나 소를 우리에 집어넣을 때 마리 수를 확인해야했고, 조세와 징집을 위해 인구 조사를 하고, 물물 교환 거래를 해야 했다. 어쩌면 인간은 개수보다 순서를 먼저 세었는지도 모른다. 계급 사회에서 살아가기 위해서는 서열을 반드시 숙지하고 있어야하기 때문이다. 의식 등을 행할 때 서열 순서대로 했을 것이다.

작은 수는 손가락으로 가능했다. 수를 셌던 어느 문화권에서도 다 사용한 보편적 계산 도구인 손가락은 지금도 어린이와 경매사들에게 주요한 수학적 표상으로 사용되고 있다. 아라비아 숫자가 상용화되기 이전의 16세기 유럽에서도 손가락으로 수를 세는 것이 보편적이었는데, 손가락과 몸의 다른 부위를 이용해 10만 단위까지 표현하는 방법도 개발

28) 남아프리카 Damara 부족에서는 양 한 마리에 담배 두 개비로 거래되는데, 인류학자 F. Golton이 양 두 마리를 사기 위해 담배 네 개비를 주자 그들이 혼란에 빠져서, 결국 두 번에 걸쳐 교환하였다.

되었다. 십진법을 사용하게 된 것도 열 손가락으로 수를 세는 데서 유래한 것으로 보인다.

더 큰 수를 세기 위해선 보조적 수단이 필요했다. 고고학적 발굴에 의하면, 조약돌을 여러 개 갖고 있다가 조약돌들과 일대일 대응을 함으로써 개수 확인을 하였다. 사실 일대일 대응은 현대 수학의 근본적 개념으로 집합들의 모임에 동치 관계(부록 참조)를 정의하는데, 일대일 대응에 의해 동치가 되는 집합들을 같은 것으로 간주한 것이 수라고 할 수 있다. 조약돌은 라틴어로 calculus인데, 계산하다(calculate)의 어원이 되었다.

[Calculus 교재와 주판]

조약돌들로 양의 개수, 소의 개수, 사람 수도 다 셀 수 있으므로 수에 대한 개념이 조금씩 형성되었고, 양이 새로 태어나면 조약돌을 더하고, 잡아먹거나 팔면 조약돌을 빼는 행위를 통해 산술적 연산에 대한 개념에 조금씩 다가갔으리라 추측된다.

조약돌들을 담아놓은 항아리마다 몇 개 담아놓았는지 표식을 하게 되었고, 조약돌은 분실의 우려도 있고, 매번 휴대하기 번거로우므로, 수를 기호로 표시하는 것이 낫다는 생각이 생겨났을 것이다. 동물 뼈 등에 금을 그어 개수를 표시한 유물들은 전 세계적으로 출토되고 있다.

[콩고의 이상고 지역에서 발견된 뼈]

2.3 숫자의 등장

큰 수를 나타내기 위해서는 작대기를 너무 많이 그어야 하므로, 큰 수에 대한 간결한 표시 기호가 필요해졌고, 문자의 사용에 따라 수에 해당하는 기호도 등장하게 되었다. BC 3000년 경 메소포타미아와 이집트에서 수에 대한 기록이 남아 있다. 이집트인들은 나일 강에 많이 자라는 식물인 파피루스를 종이처럼 만들어 그 위에 기록하였지만, 티그리스 강과 유프라테스 강 사이에 살았던 수메르[29]와 바빌로니아 사람들은 점토판에 뾰족한 도구로 쐐기문자를 기록한 후 햇빛 또는 열에 구워 보관하였으므로 지금까지도 양호한 상태로 매우 많이(약 50만개) 발굴되었다.

이집트에서는 상형문자로 수를 표시하였다. 자릿수 개념이 없는 십진법[30]을 사용했는데, 가령 $3,225,578$은 아래처럼 표기되었다.

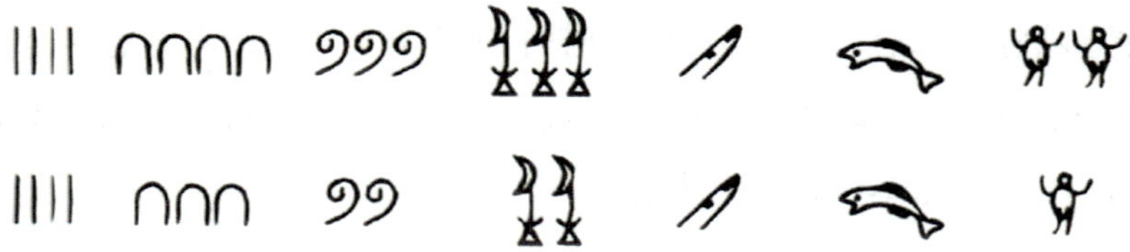

$8 + 70 + 500 + 5000 + 20000 + 200000 + 3000000$

최초의 자리수법은 BC 2000년 경 바빌로니아에서 등장하였다. 그들은 60진법[31]을 사용했으므로, 가령 $10,292 = (2 \times 60^2) + (51 \times 60) +$

29) 수메르 문명은 인류 최초 문명으로 수학, 천문학, 건축술 뿐 아니라 상하수도, 학교를 갖추고 뇌수술도 시도하는 등 상당한 수준이었다. 선생님을 school father로, 학생을 school son으로 불렀고, 선생님께 촌지를 주었다는 사실도 기록되어 있다.

30) 위치 기수법으로서 십진법은 중국에서 처음 나왔다.

31) 왜 60을 택했는지 확실한 이유는 모르지만, 1, 2, …, 6의 최소 공배수여서 나누기에 편리한 이점이 있다. 현대에서까지 각도와 시간 계산에 60진법을 사용한다. 하루를 24시간으로 나누는 것도 그들의 유산이다.

$32 = (2,\ 51,\ 32)_{60}$는 다음처럼 표시되었다.

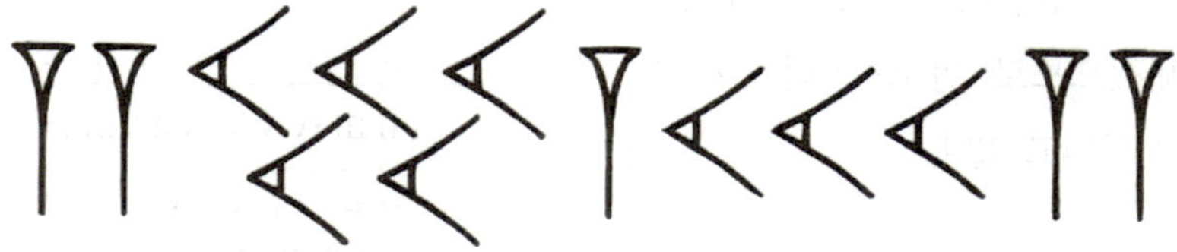

그들의 자리수법의 결점은 0이라는 숫자가 없어서 0을 빈 칸으로 남겨놓는 방법을 채택하였다는 점이다. 그래서 혼동할 위험이 존재했는데, 이를 개선하여 빈 자릿수에 0을 표시하는데 무려 1500년이나 걸렸다. 0을 기울어진 이중 갈매기 모양으로 표시하였는데, 가령 $3612 = (1 \times 60^2) + (0 \times 60) + 12 = (1,\ 0,\ 12)_{60}$은 오른쪽 그림처럼 표시되었다.

이들의 0은 단지 혼동을 피하기 위해 빈 칸 대신 표시한 것에 지나지 않았고, 0을 수로 인식한 것은 아니었다.

◯ 마야 문명에서도 자리 값의 빈 칸을 표시하는 구분자를 사용하지만, 무의 관념에 익숙했던 인도인들만이 0을 수로서 그 존재를 받아들일 수 있었다. 이후 서기 628년 인도의 수학자이자 천문학자 브라마굽타가 0과 음수에 대한 산술까지 정의하였다. 지금처럼 0, 1, …, 9 숫자로 모든 수를 간결하게 표현하는 인도의 기수법은 셈을 하기에도 편리해 인류가 고안한 가장 성공적인 발명 중 하나로 손꼽힌다. 역사적으로 인도 셈법이 다른 셈법과 마주치면 언제나 인도 셈법이 받아들여져 전 세계인들이

사용하는 만국공통어가 되었다. 인도 셈법이 아랍을 통해 유럽에 전해졌으므로 인도-아라비아 숫자로 불리고 있다.

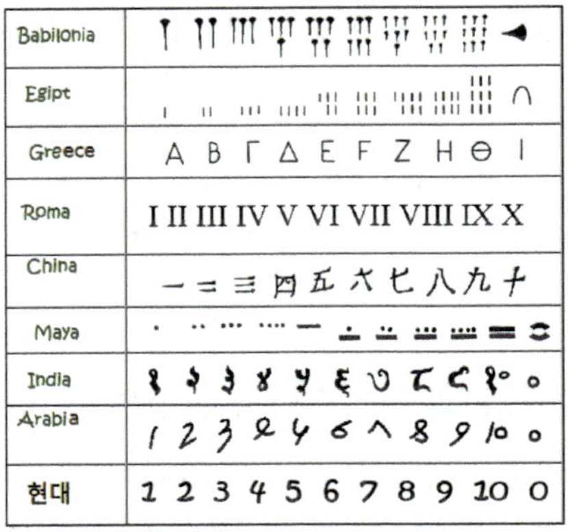

2.4 산술과 기하의 태동(BC 2000년 경)

숫자를 사용하게 됨으로써 비로소 현실의 다양한 수학적 문제들을 해결할 토대가 마련되었다. 토지의 면적을 구하고, 여러 사람이 함께 일해 얻은 소득을 분배하고, 달력을 제조하고, 토목건축 사업 등 실생활에서 요구되는 수학적 문제를 해결하기 위해 기하와 산술이 태동되었다.

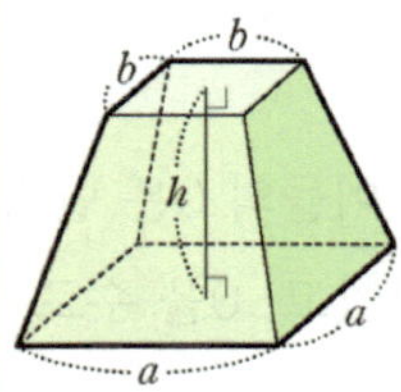

$$\frac{h}{3}(a^2+ab+b^2)$$

[좌: 기원전 1500년경 이집트 서기관 아메스가 쓴 수학 문제집, 우: 각뿔대의 부피]

- 이집트인들은 삼각형, 원, 구면의 넓이를 근사적으로 계산하고, 원기둥의 부피와 각뿔대의 부피를 구하고, 1차와 2차 방정식의 해를 구하였다. 그리스인들에게 전수되어 논증 기하학으로 꽃피울 씨앗이 되었다. 또 나일 강의 범람 시기를 예측하는 것이 급선무였으므로 달력을 잘 만들어야 했고, 그들의 달력은 훗날 율리우스력과 그레고리력을 만드는 기초가 되었다.

바빌로니아의 수학도 실용적 계산이 주요 목적이었다. 그들에겐 운하의 건설과 유지가 우선 과제였는데, 300여개의 수학 점토판 중 약 200개가 곱셈 표, 역수 표, 제곱 및 세제곱 표, 지수 표 등이다. 가령 $n^3 + n^2$ 표를 이용해서 방정식 $ax^3 + bx^2 = c$을 풀었다.[32)]

그래도 그들의 수학은 생각보다 꽤 다양하고 높은 수준에 도달했는데, 특히 대수학의 수준이 높았다. 60진법을 소수점 아래에까지 확장하였고, $\sqrt{2}$를 오차 0.000001 이하로 계산하였다.

$$1 + \frac{24}{60} + \frac{51}{60^2} + \frac{10}{60^3} = 1.41421296 \approx \sqrt{2}$$

급수 $1 + 2 + 2^2 + \cdots + 2^9$, $1^2 + 2^2 + 3^2 \cdots + 10^2$를 계산하였고, 미지수가 2개인 연립 1차방정식과 2차 방정식, 몇몇 특수한 3차 방정식도 풀었다. 단, 아직 음수를 발견하기 전이므로 방정식의 해가 양수인 경우만 다루었다.

고대 그리스인들이 무리수인 양들을 수로 받아들이지 못했던 것에 반해 바빌로니아인들은 길이나 면적도 자유롭게 더하고 곱했음도 흥미롭다. 곡선으로 둘러싸인 영역의 면적을 내접 사다리꼴의 면적으로 근사해 구했고, 탈레스의 정리, 피타고라스 정리도 이미(무려 약 1200년 전) 알고 있었다.

32) 그러기 위해 $(\frac{ax}{b})^3 + (\frac{ax}{b})^2 = \frac{ca^2}{b^3}$꼴로 변환해야 하는데 대수적 표기도 없이 계산했다. 일반적인 3차 방정식도 치환으로 위처럼 일차항이 없는 꼴로 바꿀 수 있지만, 대수적 표기 없이 하기 어렵다.

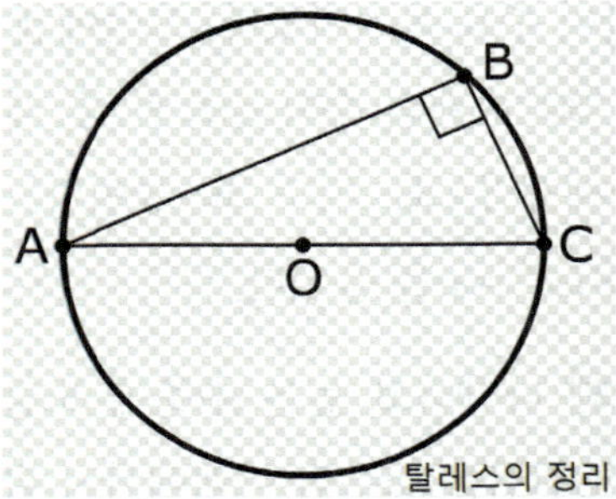

[우: 피타고라스의 정리를 활용하여 토지를 분할 매각한 법적 내용이 기록된 점토판]

2.5 한계점과 시사점

- 주목할 만한 그들의 업적에도 불구하고 이집트와 바빌로니아의 수학은 더 높은 단계로 발전하기 어려운 근본적인 한계점을 갖고 있었다.

첫째, 추상화(abstraction)의 결여이다. 이집트인들에게 직선은 추상적 개념이 아니라 팽팽한 줄이었다. 수학적 추상화란, 현실 세계의 사물 또는 현상이 가진 속성을 이상화(idealize)하고, 수학적 논의에 필요한 요소만 추출하여 단순화하는 것을 말한다. 수학적 대상은 추상적으로 정의될 때 분명하고 엄밀한 논리적 전개를 해나갈 수 있고, 2차적 조작을 통해 또 다른 수학적 대상을 만들어나갈 수 있으며, 다시 현실 세계의 다양한 상황에 응용될 수 있다.

둘째, 일반화의 결여이다. 그들이 다룬 경우는 거의 다 특수한 사례들로 일반적인 공식화는 이루어지지 않았다. 가령 피타고라스의 정리도 $a^2+b^2=c^2$처럼 공식으로 적지 않고, 구체적인 피타고라스 수들을 많이 적어놓았다. 19세기 독일 수학자 Jacobi는 "We must always generalize."라고 말했다.

셋째, 대수적 표기법이 부재하였다. 그래서 복잡한 계산을 하기 어려웠는데, 수학에서 좋은 표기법의 중요성은 말할 나위도 없다. 라이프니츠는 나쁜 기호가 수학을 복잡하게 만들고 좋은 기호가 생각의 전개를 잘 인도해간다는 신념 하에 어떤 기호를 택할 것인가를 두고 오래 심사숙고하고, 알고 지내는 모든 수학자들과 의논하며 실험을 해보는 등 결벽증에 가까울 정도로 사려 깊은 태도를 가졌다. 그 덕분에 현재 미적분의 기호들은 다른 어떤 학자들의 것보다 탁월한 라이프니츠의 표기법을 따르고 있는데, 진정 그의 기호는 의미를 잘 함축하고 있을 뿐 아니라 유용하고 아름답기까지 하다. 치환 적분을 생각해 보라!

넷째, 논리적 증명이 없었고, 정확 해와 근사 해에 대한 구분을 하지 않았다. 곱셈으로써 나눗셈을 검산하는 등 답을 확인하는 경우를 제외하면 증명을 하지 않았다. 실용적 목적을 위해 수학을 이용하였기에 근사 값을 구하는 것으로 충분하였거나, 경험적으로 그 값을 확인할 수 있기에 증명의 필요성을 느끼지 못했을 것이다. 수학도 과학처럼 자연에서 관찰한 사실들의 모음으로 이해하였던 것으로 보인다.

○ 수학을 하는 방법과 관련하여 두 가지 관점을 고려해볼 수 있다. 우선 전통적인 관점은 고대 그리스 이후 수학의 주요 방법으로 정착된 논증적 방법이고, 또 다른 관점으로 계산적 방법이 있다. 전자는 해(solution)가 왜 존재하는지 이유를 알게 해주어 그 수학적 구조에 대한 통찰력을 가져다주는 장점이 있고, 후자는 근사적으로라도 해를 구하는 알고리즘을 얻음으로써 가시적이고 실용적인 결과를 얻게 해준다.[33)]

그리고 수학을 탐구해갈 때 처음부터 체계적이고 엄밀하고 간결한

33) 만약 달 탐사선 궤도를 논증적으로 엄밀히 구하려고 했다면, 인간은 결코 달에 도착할 수 없었을 것이다.

형태를 갖춰 진행하려면 앞으로 나아가기가 어렵다. 처음에는 불확실한 직관에도 의존하고, 복잡하고 비효율적 형태인 채로 탐구를 해가면서 점점 체계적이고 엄밀하고 최적의 논리를 구축해간다. 수학사 전체를 봐서도 그렇고, 개개인이 수학 문제를 탐구해갈 때도 그렇다. 현재 대수기하학과 이론 물리학의 최전선에선, 수학적으로 엄밀하지 않지만 물리학자들이 만들어낸 임시적 계산 방법을[34] 사용해 연구해가고 있다.

이전의 축적된 수학 지식이 없이 처음으로 수학을 만들어가는 처지에 있던 그들에게 완전한 형태의 수학을 기대하는 것이 과도하다고 할 것이다. 그들이 찾아낸 수학적 진리의 파편들이 있었기에 그리스인들이 그것들을 가지고 아름다운 진리로 빚어낼 수 있었다.

어쩌면 그들은 단편적인 수학적 관찰 사실들의 모임 그 근저에 숨어 있는 수학의 신비한 능력을 예감하고 있었는지도 모른다. 이집트의 서기관 아메스가 쓴 파피루스의 서문은 이렇게 시작된다. "세상 모든 지식의 문으로 들어가는 열쇠, 그것은 수학이다."

마지막으로, 최초의 수학 문서들에는 다양한 연습 문제가 풍부하게 실려 있었다. 아직 수학 이론이 형성되지 않았기에 문제 중심으로 수학을 공부할 수밖에 없었겠지만, 인류 최초의 수학 학습이 문제 중심 학습(Problem-Based Learning)이었음은 흥미롭다. 지금도 대부분의 수학 책에는 하나의 이론 설명이 마칠 때마다 예제와 연습 문제들이 따라 나온다.

34) 가령 파인만 경로 적분은 무한 차원 공간에서의 적분인데, 수학적으로 엄밀히 잘 정의된 것은 아니지만, 예상하는 답을 정확히 구해내고 있다.

2.6 생각해 볼 문제들

❶ 큰 문명에서 벗어나 있는 소규모의 부족들은 수 천년동안 하나, 둘, 많다 외에는 수를 인식하지 못한 채 살아왔고, 고대 그리스인들도 생각해내지 못한[35] 수 0의 개념을 인도인들이 찾아내었다는 사실들은 어떤 교육학적 시사점을 주는가?

❷ 자연수를 정의해보시오. 인간은 자연수를 발견했는가, 아니면 발명했는가?

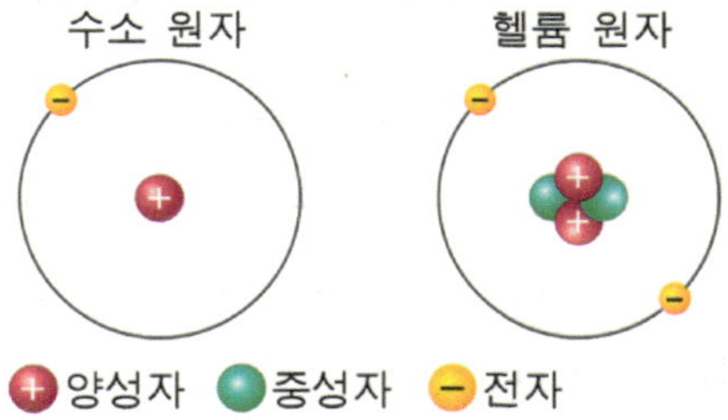

참고 원자핵에 양성자가 몇 개 존재하느냐에 따라 다른 원소가 된다.

이처럼 자연수는 이런 집합의 실재적 속성으로서 그 물질의 특성을 구현하는 직접적 원인이라는 사실은 자연수가 인간이 구성한 심적 표상이 아니라 인간과 무관하게 독립적으로 존재함을 보여주는 것이 아닐까?

❸ 사물의 양을 나타내는 것으로만 알았던 수에 무한한 신비함과 아름다움이 존재하는 이유는 무엇이라고 생각하는가?

35) 고대 그리스 엘레아 학파의 창시자 파르메니데스에 의하면 '존재'만이 존재할 뿐, 그 이외의 어떤 것도 존재하지 않는데, '존재하지 않는 것' 즉 '무(無)'를 존재한다고 말하는 순간 모순에 빠지고 말기 때문이다. 그래서 그는 "무가 존재한다는 관념이 절대로 창궐하지 않도록 하라. 자신의 마음을 그런 탐구로부터 항상 멀리하라."고 말했으며, 플라톤에게 핵심적인 영향을 미쳤다.

$$1 \times 1 = 1$$
$$11 \times 11 = 121$$
$$111 \times 111 = 12321$$
$$1111 \times 1111 = 1234321$$
$$11111 \times 11111 = 123454321$$
$$111111 \times 111111 = 12345654321$$
$$1111111 \times 1111111 = 1234567654321$$
$$11111111 \times 11111111 = 123456787654321$$
$$111111111 \times 111111111 = 12345678987654321$$

참고 Goldbach 추측: 2보다 큰 모든 짝수는 두 소수의 합으로 표현할 수 있다. $4 = 2 + 2$, $6 = 3 + 3$, $8 = 3 + 5$, $10 = 3 + 7 = 5 + 5$, $12 = 5 + 7$, $14 = 3 + 11 = 7 + 7$, $16 = 3 + 13 = 5 + 11$, $18 = 5 + 13 = 7 + 11$, ……

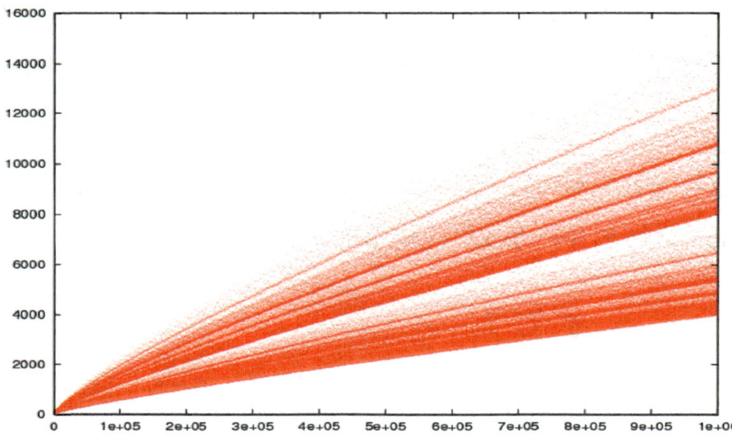

[짝수를 두 소수의 합으로 표현하는 가지 수]

아직 미해결이지만, 5보다 큰 모든 정수는 세 소수의 합으로 표현 가능하다는 약한 골드바흐의 추측은 연역적 증명과 컴퓨터에 의한 계산을 혼용하여 증명되었다.

무한히 많이 나타나는 소수를 인간이 예측할 수도 없지만 신비하게도 N이 충분히 커질수록 N이하의 소수 개수는 $\frac{N}{\ln N}$에 가까워진다.

원주와 지름의 비인 $\pi = 3.141592\cdots$를 계속 전개해 나가다보면, "0123456789"가 나오기도 하지만, 숫자들이 완전히 무작위적(random) 즉, 0, 1, ⋯, 9 모든 숫자가 나올 확률이 같을 것으로 추측된다. 또 π에는 수많은 대칭성이 내재되어 있는데, 몇 개만 나열해보자.

$$\pi = \frac{1}{1}+\frac{1}{2}+\frac{1}{3}+\frac{1}{4}-\frac{1}{5}+\frac{1}{6}+\frac{1}{7}+\frac{1}{8}+\frac{1}{9}-\frac{1}{10}+\frac{1}{11}+\frac{1}{12}-\frac{1}{13}+\cdots$$ [36]

$$\pi = 2\left(\frac{2}{1}\frac{2}{3}\right)\left(\frac{4}{3}\frac{4}{5}\right)\left(\frac{6}{5}\frac{6}{7}\right)\cdots$$

$$\frac{\pi^2}{6} = \frac{1}{1^2}+\frac{1}{2^2}+\frac{1}{3^2}+\frac{1}{4^2}+\frac{1}{5^2}+\frac{1}{6^2}+\frac{1}{7^2}+\cdots$$

36) 이 식에서 각 항의 분모의 소인수 분해에서 $4n+1$꼴의 소수가 홀수 개 나타나면 $-$부호이다.

CHAPTER

03

논증 수학의 개화

Let no one ignorant of geometry enter here!

- Plato

3.1 문화적 배경

문화적 배경을 살펴보면 고대 그리스에서 학문이 처음으로 발상된 것이 우연이 아님을 알게 된다. 오늘날 그리스와 그 주위 지중해와 흑해 연안에 방대한 식민지를 개척하였는데, 이로 인해 문화적 교류가 잘 이뤄졌고 이집트와 바빌로니아의 수학과 과학도 전수 받을 수 있었다.

정치적으로는 도시 국가들의 느슨한 연합이어서 각 식민지도 독립적 자치를 하였으며, 기원전 500년 경 아테네 등에서 평민도 참여하는 직접 민주주의 정치를 실시하였다. 자연스럽게 토론과 합리적 사고를 중시하고, 이성으로서 세계를 이해하고자 하는 문화적 풍토가 배양되었다. 특히 페르시아 제국과 맞닿아 있던 이오니아(밀레토스, 에페소스, 사모스 섬 등)는 상업을 통해 경제적 부를 축적하였고, 개척자 특유의 대담함과 풍부한 상상력을 가지고 있었다.

3.2 밀레토스의 자연철학(BC 6세기 경)

신화(mythos, 뮈토스)를 거부하고, 역사상 최초로 자연에 대한 이성(logos, 로고스)적 설명을 시도하였다.

탈레스: 최초의 수학자, 철학자, 과학자[37)]

이집트와 바빌로니아에 가서 수학과 천문학을 배웠으며, 수학에서 최초로 왜(Why?)라는 질문을 던지고 증명을 제시하였는데, 평면 기하의 여러 유명한 정리들을 증명하였다.

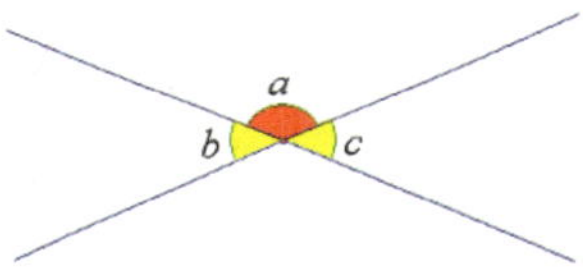

$\angle b + \angle a = 180^\circ = \angle a + \angle c$

$\therefore \angle b = \angle c$

만물의 근원이 물이라고 주장하였는데, 그 답보다는 최초로 만물의 근원(Arche, 아르케)이 무엇인가라는 질문을 던졌다는 점이 중요하며, 자연에 대한 로고스적 사유와 뮈토스적 감성과 상상력이 결합된 결론이라 할 수 있다.[38)]

아낙시만드로스: 탈레스의 제자이며, 만물의 근원으로 무한자(apeiron)를 제시하였는데, 무한자는 그 성격을 규정할 수도 없는 영원하고 무한한 존재로 전 세계를 둘러싸고 있으며, 이로부터 모든 것이 생겨나며 소멸하여 이것으로 돌아간다고 주장하였다. 그는 세계가 다른 데 얹혀 있는 것이 아니고 떨어지지도 않고 공중에 떠 있다고 본 최초의 사람으로 천동설 형태의 우주론을 창시하였다.

37) 천문학자로서 일식을 예측하였다고 전해지지만 확실치 않음. 어느 날 탈레스가 하늘의 별을 관측하면서 가다가 그만 웅덩이에 빠지게 되자, 이를 본 노파가 "바로 눈 앞의 일도 알지 못하면서 어떻게 하늘에서 일어나는 일을 알 수 있는가?"라고 말했다고 전해짐. 젊은 시절에는 상인으로 성공하였는데, 올리브 대풍작이 기대되자 올리브 압착기를 매점한 후 대여하여 돈을 많이 벌었다.

38) 성경에 의하면 태초에 땅이 혼돈하고 공허할 때 물이 있었고, 바빌로니아의 창조 신화에서도 태초의 존재는 물이다.

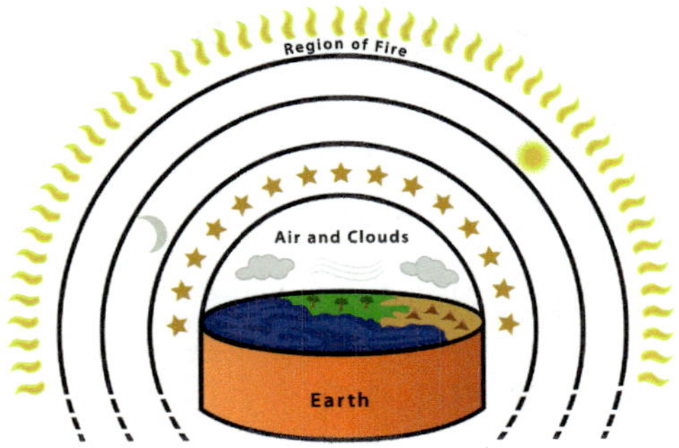

[아낙시만드로스의 우주 모델]

3.3 피타고라스 학파

- 사모스 섬의 피타고라스가 탈레스와 아낙시만드로스 아래에서 수학하고, 이집트와 바빌로니아에 가서 학문을 전수받고서 이탈리아 남부에서 학파를 창시하였는데, 학교이면서 엄격하고 비밀스런 종교 단체이자 정치 세력이기도 했다. 콩을 먹는 것을 금기시 했고, 학파가 발견한 수학적 사실을 외부에 발설하는 것을 제한하여 학문의 발전과 전수가 잘 이뤄지지 못했다.

- 그 유명한 피타고라스 정리를 증명하고, 유클리드 원론 1,2권의 대부분의 내용들을 발견하였는데, 당시 관습 상 모든 업적이 학파의 대표자 명의로 발표되어 피타고라스 개인의 업적으로 단정할 수 없다.

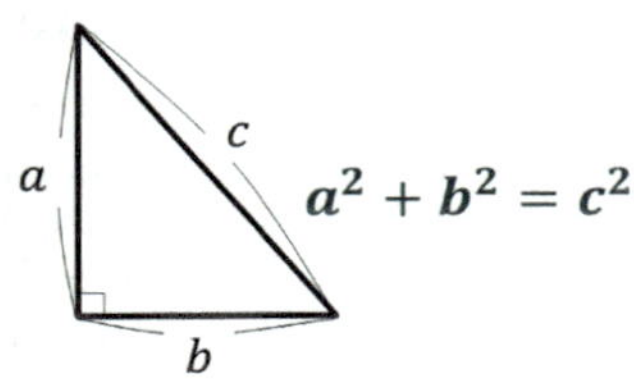

[좌: 사모스 섬에 세워진 피타고라스와 직각 삼각형을 형상화한 조형물]

○ 정수론의 여러 발견을 통해 수에 대한 신비주의의 기초를 제공하였는데, 가령 친화수(amicable number)[39] 쌍 220과 284를 발견하였고, 완전수[40]들을 발견했다. 또 정다각형과 관련된 다각수들도 특별히 취급하여 연구하였다.

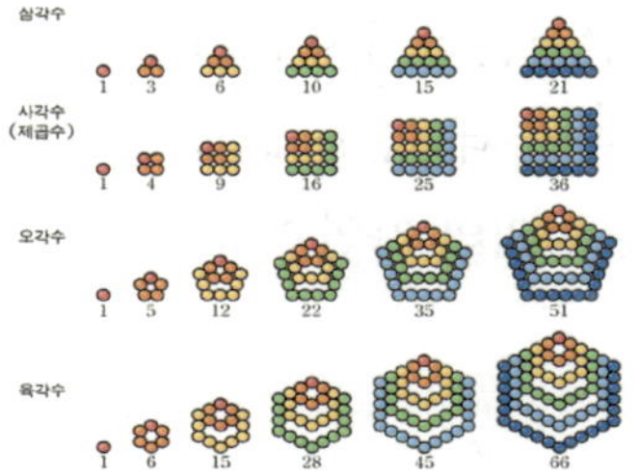

6 = 1+2+3

28 = 1+2+4+7+14

496 = 1+2+4+8+16+31+62+124+248

8128 = 1+2+4+8+16+32+64+127+254+508+1016+2032+4064

[좌: 다각수, 우: 완전수]

○ 악기의 현의 비율이 어떤 자연수의 비로 주어질 때 화음이 발생함을 발견하였고, 더 나아가 만물의 근원이 수라고 생각하였다. 지구가 가장 완전한 입체인 구형임을 (최초로) 주장하고, 천체들의 조화로운 운동이 음악을 만들어낸다고 주장하였다.[41] 자연이 수학적 원리에 따라 구성되어 있으며 수량 관계를 통해 자연의 질서를 파악하고자 한 최초의 사람들이라 할 수 있다. 그런 세계관은 플라톤에 큰 영향을 주었다.

○ 무리수의 발견: 학파의 일원이었던 Hippasus가 $\sqrt{2}$가 유리수 즉, 두 자연수의 비(ratio)로 표현될 수 없음을 증명하였는데, 모든 것이

39) 두 수가 친화적이라는 말은 각 수가 상대방의 진약수의 합이 될 때이다. 친화수 쌍이 무한히 많이 존재하는지 아직 모르며, 짝수와 홀수로 된 친화수 쌍이 존재하는지도 아직 모른다.

40) 자신의 진약수의 합이 자신과 같은 수를 말한다. 완전수는 매우 드물어 5번째 완전수는 33,550,336인데, 완전수가 무한히 많이 존재하는지 또 홀수인 완전수가 존재하는지 아직 알려져 있지 않다.

41) 사실 태양풍에서 나온 전하 입자들이 지구 자기장과 충돌하면서 전파가 발생하는데 지구 자전에 맞춰 주기적으로 변한다. 그러나 인간이 귀로 듣기에는 높은 주파수여서 들을 수는 없다.

자연수와 그 비로 구성되어 있다는 학파의 신념에 큰 충격을 주었고, 이 사실을 외부에 알린 죄로 학파에 의해 바다에 던져져 죽었다는 전설이 있다.

이에 대한 고대 그리스인들의 해결책은 길이, 면적, 부피 등과 같은 양(quantity)과 수를 구별하는 것이었다. 플라톤의 제자 Eudoxus는 양에 대한 비교를 다음과 같이 정의하였다. 우선 네 양 w, x, y, z에 대해 $w:x$가 $y:z$와 같기 위한 필요충분조건은 임의의 자연수 n, m에 대해 다음이 성립하는 것이다.

$$nw < mx \Rightarrow ny < mz$$
$$nw = mx \Rightarrow ny = mz$$
$$nw > mx \Rightarrow ny > mz$$

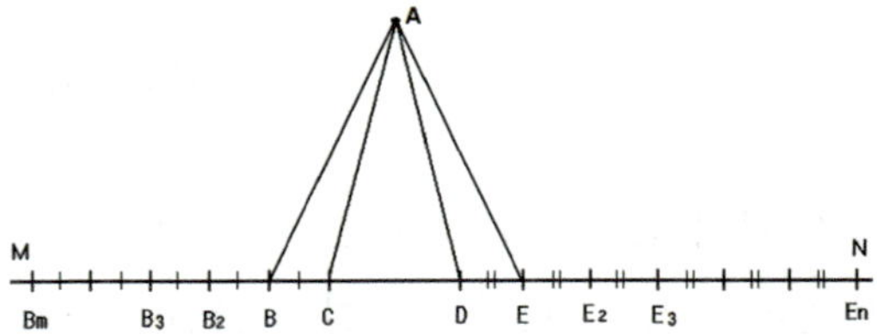

고대 그리스인들은 양들의 관계를 비로 표현하였는데, 이 정의에 의해 "$\overline{BC}$의 길이 : $\overline{DE}$의 길이$=\triangle ABC$의 면적 : $\triangle ADE$의 면적"을 말할 수 있다. 두 비의 대소도 비슷하게 정의되는데, $w:x$가 $y:z$보다 크다는 것은 어떤 자연수 n, m에 대해 "$nw > mx$, $ny \leq mz$"이 성립하는 것으로 정의되며, 훗날 아르키메데스는 원주율 π가 $\frac{223}{71} < \pi < \frac{22}{7}$임을 증명한다.

무리수는 무한의 문제와 결부되어 있어 수로 정당화할 수 없었지만, 실제적인 양으로 다룰 수 있는 미봉책으로 이 난제를 봉합하고 넘어갈 수밖에 없었다. 따라서 대수 방정식 $x^2 = 2$를 기하적으로 풀었고, 해는 수가 아닌 선분으로 표시되는데, 지금도 영어에서는 x^2을 x square로,

x^3을 x cube로 읽는다. 기하와 대수의 분리는 앞으로 2천년 동안이나 지속된다.

참고로 무리수(無理數, irrational number)를 무비수(無比數)로 번역되었어야 한다는 주장이 있다. 하지만 최초의 의미는 무비수가 아닌 비합리적인 수라는 뜻이었다. 오히려 비(比)를 뜻하는 단어 ratio가 irrational에서 파생되었다고 한다.

3.4 무한의 문제

인류가 논증 수학에 눈을 뜬 이래로 무한의 문제는 피해갈 수 없는 딜레마이다. 그래서 고대 그리스인들뿐 아니라 현대의 직관주의자들까지 무한을 수학에서 배제하는 것으로 안주하게 만든다. 파르메니데스에 의해 창립된 엘레아(이탈리아 반도 남부) 학파의 제논이 발견한 무한에 대한 여러 가지 역설 중 3개만 살펴보자.

- 아킬레스의 역설: 거북이가 일정 거리만큼 앞에서 출발하면, 아킬레스가 거북이가 있던 위치만큼 달려와도 그 시간동안 거북이는 더 앞서가 있으므로 아킬레스는 영원히 거북이를 추월할 수 없다? 무한한 급수(series)라도 유한한 값으로 수렴할 수 있음을 이용하면 해결되는데, 이 개념을 이해하는 것은 19세기에 가서야 이뤄진다.

- 화살의 역설: 화살이 날아가고 있다면, 시간이 지남에 따라 화살은 어느 점을 지날 것이다. 어느 순간 화살은 어떤 한 점에 있을 것이고, 그 다음 어느 순간에도 화살은 어느 점에 머물러 있을 것이다. 화살은 항상 머물러 있으므로 사실은 움직이지 않는 것이다?

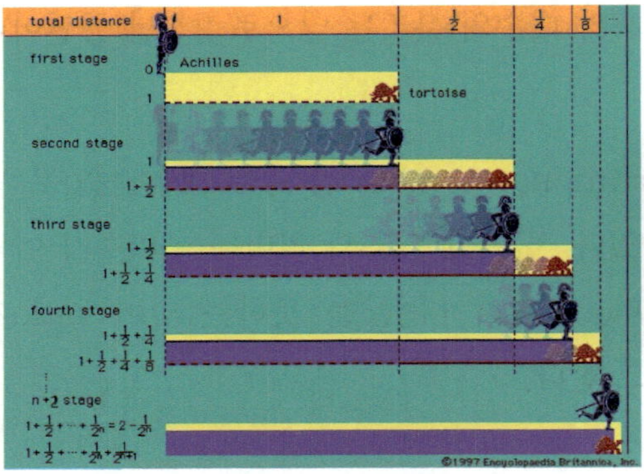

[좌: 아킬레스가 거북이보다 2배의 속도를 가진다고 가정할 경우]

○ 무한 분할의 역설: 어떤 사물을 부분으로 나누는 일을 무한히 계속할 경우 궁극에 남는 것 (the elements)은 무엇인가? 무를 합하여 유를 구성할 수는 없기에 그것이 무(無)일 수는 없다. 그렇다면 그것은 크기를 가지지 않는 어떤 것이다. 왜냐면 크기가 있다면 다시 분할 가능하기 때문이다. 크기가 0인 것을 아무리 합해도 크기는 여전히 0이므로 모순이다!

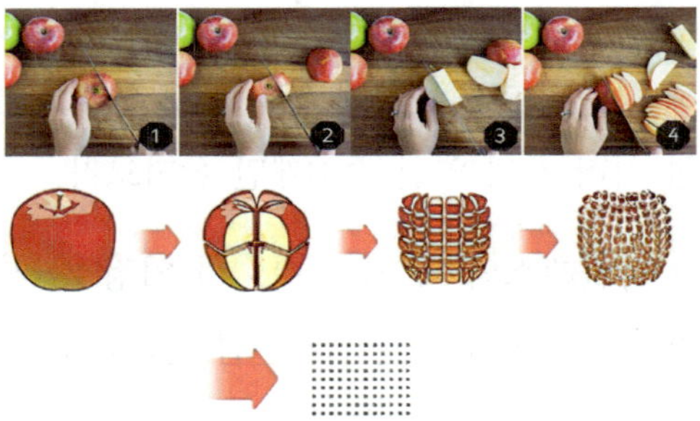

무한 분할의 역설은 수학적으로 가장 깊이 있는 지적으로, 19세기 말에 가서 무한에 대한 엄밀한 해석이 이뤄진 다음에야 해결할 수 있다. 직선을 분할하여 얻어지는 궁극적인 대상인 점은 길이가 0이지만, 부분들의 길이 합이 전체 길이가 되는 것은 가산(countable)[42] 합에만 적용된다. 직선은 비가산(uncountable)개의 점들로 구성되어 있다.

42) 가산 개는 유한개 또는 자연수 집합과 일대일 대응을 이루는 집합의 크기를 뜻한다.

○ 아리스토텔레스의 해결책: 물질은 한없이 분할 가능하고, 가무한 즉, 가능태(potentiality)로서의 무한만 가능하지만, 실무한 즉 현실태(actuality)로서의 무한은 존재하지 않는다고 단정했다. 가령 모든 자연수는 각각 다 존재하지만, 모든 자연수를 다 모은 집합은 존재하지 않는다고 보는 것이다.

가무한과 실무한을 구별한 것은 적절한 판단이었지만, 현실주의자였던 그가 실무한의 존재로 향하는 문을 완전히 닫아버림으로써 19세기 말 칸토르에 의해 실무한이 도입되기까지 인류는 실무한을 수학에서 완전히 배제하게 된다. 실무한을 수학에 도입함으로써 수학에 새로운 지평이 열리게 되지만, 새로운 역설과 불확실성을 직면하게 된다. 어쩌면 인간에게 무한은 완전히 풀 수 없는 신비로 남아있을지도 모른다. 앞으로 다루게 될 주요 주제이다.

○ 데모크리토스의 원자론: 그의 스승 레우키푸스의 생각을 발전시켜 모든 물질은 더 이상 쪼개지지 않는 원자(atom)들로 구성되어 있다는 원자론을 완성하였다. 원자론 역시 19세기에 와서야 다시 빛을 보게 된다.[43] 그는 원자가 무수히 많이 존재하고, 무수히 많은 다른 세계가 존재한다고 생각하였다.

3.5 아테네의 플라톤

○ 화이트헤드에 의하면, 서양의 2000년 철학은 다 플라톤의 각주에 불과하다. 감각적인 현실 세계는 그림자이고, 인간과 독립되어 존재하는 이데아의 세계에 모든 실체와 진리가 존재한다고 보았다. 수학의 진리도

43) 과학적인 원자설을 최초로 제기한 사람은 영국의 화학자 존 돌턴이다.

이데아에 존재하는 영원불멸의 진리라고 가르침으로써 수학적 플라톤주의의 시조가 되었다.

- 피타고라스의 수학적 자연관을 이어받아 "신은 (자연을) 기하화한다.(God geometrizes.)"라고 말했다고 전해지며, 다섯 가지만 존재하는 정다면체가 자연을 구성하는 기본 원소들의 모양이라고 주장하였다. 비록 과학적인 근거는 없지만, 대칭성을 자연의 근본 요소임을 인식했음은 의미가 있는데, 현대 물리학에서도 대칭성은 자연을 설명하는 주요한 원리이다. 천체들의 운동을 수학적으로 설명하라는 문제를 제기했고, 자연에 대한 이해는 관찰보다는 이데아에 속하는 수학을 통해서만 가능하다고 주장하였다.

[정사면체: 불, 정육면체: 흙, 정팔면체: 공기, 정이십면체: 물, 정십이면체: 천상의 세계]

정다면체에 근거한 자연 철학은 훗날 르네상스 이후 다시 부활하며 심지어 케플러도 처음엔 정다면체를 이용해 태양계 행성들의 공전 궤도를 구하였다.

- 수학적 업적은 별로 없지만, 훌륭한 수학 선생으로서 수학을 장려하고 교육하는 데 큰 기여를 하였다. 그가 설립한 학교인 아카데미아는 지금의 대학의 원형으로, 정문에 "기하학을 모르는 자는 이 문을 들어오지 말라"고 써 붙였다고 한다.

3.6 아리스토텔레스(BC 384~322)

- 스승인 플라톤이 현실보다는 이데아에서 본질을 추구한 관념적인 이상주의자였던 반면에 그는 현실에서 본질을 찾고자 한 현실주의자였다. 현실 세계와 분리된, 존재의 세계 이데아를 거부하고, 사물들이 갖고 있는 공통된 특징들을 추상화한 형상들(forms)은 사물에 내재되어 있으며, 사물의 재료인 질료와 결합되어 사물을 이룬다고 보았다. 가령 구체적 사물인 책상은 질료인 나무에 책상의 형상이 결합되어 이뤄진 것이다. 수학적 대상들도 감각으로 지각할 수 있는 대상들 안에 존재하며, 질료가 없이 존재하는 순수 형상은 변하거나 움직이지 않으며 사물을 변화, 운동시키는 부동의 동자(Unmoved mover)로 신에 해당한다.

- 과학을 수학으로 환원하는 플라톤을 비판하고, 물질을 실체의 본질이자 근원으로 보았다. 복잡한 자연 현상을 **관찰**하고 귀납과 직관을 이용하여 **제1원리**를 발견하고 이로부터 연역과 논증에 의해 과학 지식을 도출하는 과학적 연구 방법론을 제시하였다. 아리스토텔레스의 방법은 단순하고 영원불멸한 기본 요소(form)와 수학적 원리로부터 자연을 설명하려는 플라톤적 방법과 함께 지금까지 과학을 하는 두 가지 상보적인 방법이 되고 있다.

  500종 이상의 동물을 관찰하고 정밀한 기록을 남겼으며, 과학적 관찰에 의거해 지구가 구형임을 주장하였지만, 실험의 필요성은 인식하지 못하였고, 수학을 과학 연구의 도구로서 인정하였다. 무거운 물체가 가벼운 물체보다 빨리 떨어진다는 잘못된 결론을 내렸고, 근 2000년 이후 수학과 실험을 중시한 갈릴레오가 바로 잡게 된다.

- 수학과 관련한 최대 업적은 고전 논리학을 정립한 것이다.

- 삼단논법: 모든 인간은 죽는다. A는 인간이다. 고로 A는 죽는다.
- 동일률: $\forall P$, P는 P이다. 한 사고 과정에서 P가 그 동일성을 유지해야 함을 의미한다.
- 모순율: $\forall P$, $\sim(P \wedge \sim P)$ 즉 P이면서 동시에 P가 아닌 것은 성립하지 않는다.
- 배중률(排中律): $\forall P$, $P \vee \sim P$ 즉 P이든지 P가 아니든지 둘 중 하나는 반드시 성립한다.

3.7 헬레니즘 시대(BC 323~146)와 그 이후

알렉산더 사후에 제국이 여러 개의 나라로 나눠지고, 고대 그리스 문명과 이집트, 바빌로니아 문명이 융합되어 헬레니즘 문명이 탄생하게 되는데, 학문의 중심지는 아테네에서 신도시 알렉산드리아로 옮겨져 크게 부흥하였다. 특히 알렉산드리아 도서관은 당시 세계 최대로, 수용 인원 5000명, 소장 장서 수십만 권이었다고 전해지는데, 학술 연구원의 일부로 학문 발전에 큰 기여를 하였다.

태양과 달의 크기 및 지구와의 거리를 구한 아리스타르커스와 히파르커스, 지구 둘레를 계산한 에라토스테네스, 『원론』을 저술한 유클리드, 고대 세계의 가장 뛰어난 수학자이자 물리학자였던 아르키메데스, 『원뿔 곡선』을 저술한 아폴로니우스, 헤론의 공식[44]을 구한 헤론, 천동설을 확립하고 『알마게스트』를 저술한 프톨레마이오스, 『산술』을 저술한 디오판토스, 파푸스 등 걸출한 학자들이 쏟아져 나왔다.

44) 세 변의 길이가 a, b, c인 삼각형의 면적$=\sqrt{p(p-a)(p-b)(p-c)}$ (단, $p=(a+b+c)/2$)

아르키메데스는 무한의 개념이 사용된 구분구적법으로 면적과 부피를 계산하는 등 시대를 앞서나간 수학자로서, 고대 그리스인들이 묶여 있었던 관념의 족쇄를 벗어나 문제를 풀기 위해 무기가 될 수 있는 것은 무엇이든지 이용한 근대정신의 소유자였다. 수학의 노벨상으로 일컬어지는 Fields medal의 앞면에는 아르키메데스의 얼굴이, 뒷면에는 그가 가장 자랑스러워한 정리인 "구의 부피(표면적):외접 원기둥 부피(표면적) = 2:3"의 그림이 그려져 있다.

[상: 최초(1482년)로 인쇄된 원론,
하: 필즈 메달]

3.8 유클리드의 원론(Elements)

- 그리스 수학의 황금시대에 그 때까지 발견된 수학을 총 13권으로 집대성한 것으로 현존하는 인류 최초의 수학 책이다. 발간된 BC 3세기부터 2천년이 넘는 시간동안 기하학의 교과서로, 성경 다음으로 가장 많이 인쇄되었다. 최소한의 자명한 공리로부터 시작해서 모든 결과(465개의 명제)를 도출해내는 원론의 공리주의적 방식은 지금까지 수학이라는 지식 체계를 탄탄한 기반 위에 확실히 구성해가는 기본적인 형식이고, 다른 학문들에게 모범이 되었다.

- 기본적 정의들:

  [1] 점은 어떤 부분도 갖지 않는 것이다.

  [2] 선(curve)은 폭이 없고 길이만 있는 것이다.

[3] 선은 점들로 끝난다.

[4] 직선이란 점들이 균일하게(evenly) 놓여 있는 선이다.

[5] 면(surface)은 길이와 폭만을 가지는 것이다.

[6] 면의 끝은 선이다.

[7] 평면이란 직선이 그 위에 균일하게 놓여 있는 면이다.

정의의 술어들만 봐서는 더 이해하기 어려워 보인다. 가령 4,7번의 "균일"은 정확히 무엇을 의미하는가? 이러한 무한한 소급을 피하기 위해 점, 선, 면과 같은 기본적 개념은 정의하지 않아야 함을 아리스토텔레스가 주장했는데, 유클리드는 왜 그랬을까? 그 후 2000년 동안이나 사람들은 무정의 술어의 필요성을 잘 인식하지 못하고, 엄밀화로 나아가지 못했다.

공리와 공준들

아리스토텔레스에 의하면 공리란 우리 인간이 지니고 있는 절대 무류의 직관을 통해 참으로 받아들여지는 것이다. 무한한 논리적 소급을 피하기 위해 도입되었으며 유클리드는 공리(보편 개념)와 공준(postulate)을 구별하였는데, 공리는 양(magnitude)에 대하여 자명한 것으로 가정된 명제로 모든 학문에 공통적인 가정이고, 공준은 어떤 사실에 대하여 자명한 것으로 가정된 작도로 기하학의 고유한 가정이다. 우선 공리부터 살펴보자.

(1) 똑같은 것과 같은 것들은 서로 같다.
($A=C$이고, $B=C$이면, $A=C$)

(2) 같은 것에 같은 것을 더하면 그 더한 전체는 여전히 같다.
($A=B \Rightarrow A+C=B+C$)

(3) 같은 것에서 같은 것을 빼도 그 나머지들은 여전히 같다.
$(A = B \Rightarrow A - C = B - C)$

(4) 포개어서 같은 것들은 서로 같다.

(5) 전체는 부분보다 크다.

1번에서 "것"의 정의가 모호하다. 원론에서 길이, 넓이, 부피, 정수에 사용되었다. 4번에서 포갠다는 개념도 명확히 정의되지 않았다. 다음으로 공준은 아래와 같다.[45)]

[1] 임의의 점에서 임의의 점으로 직선을 그릴 수 있다.

[2] 선분을 이어서 직선을 만들 수 있다.

[3] 임의의 중심과 반지름을 가진 원을 그릴 수 있다.

[4] 모든 직각은 서로 같다.

[5] 임의의 직선이 다른 두 직선과 교차하여 생기는 두 동측내각의 합이 두 직각(180°)보다 작을 때, 두 직선을 계속 연장하면 그 두 동측내각과 같은 쪽에서 교차한다.

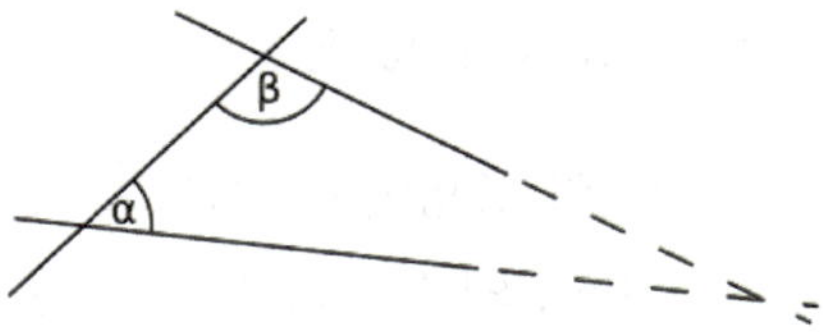

마지막의 평행선 공리는 나머지 공리와 달리 설명도 길고 복잡해서 그렇게 자명해보이지 않을 수 있다. 유클리드도 가능하면 이 공리를 사용하지 않고 증명을 하려고 했고, 이 후 2천여 년 동안 여러 수학자들이 이 공리를 다른 공리들로부터 유도하려고 시도하거나 이 공리가 틀렸음을 증명하려고 했으나 다 실패하였다. 다른 네 공리를 가정할 때 평행선 공리와 동치인 명제는 많은데 이 공리가 유클리드 기하의 핵심적 공리임을

45) 보통 수학에서 공리와 공준을 구분 없이 공리로 통칭하기에 우리도 앞으로 그렇게 하겠다.

알 수 있다. 중요한 몇 개만 나열해 보자 :

– 평면에서 주어진 직선 밖 한 점을 지나는, 그 직선의 평행선은 많아야 하나 존재한다.

– 평면에서 같은 직선과 평행하는 두 직선은 서로 평행한다.

– 평행한 두 직선의 거리는 어디에서나 일정하다.

– 모든(어떤) 삼각형의 내각 합은 180°이다. 모든 삼각형은 외접원을 갖는다. 피타고라스의 정리

– 합동이 아닌 닮음 삼각형이 존재한다. 삼각형들의 넓이는 상계를 갖지 않는다.

– 모든 원의 둘레와 지름의 비율은 같다. 직사각형이 존재한다.

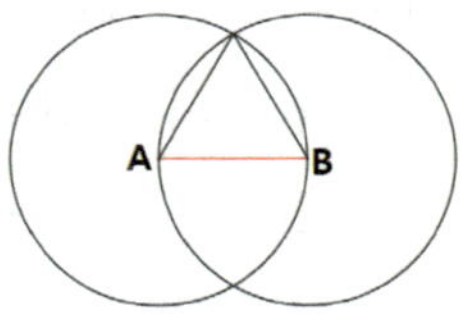

○ 첫째 명제: 주어진 선분을 한 변으로 하는 정삼각형을 작도할 수 있다.

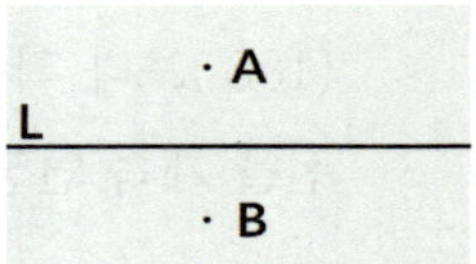

이 명제의 증명에서 선분 $\overline{AB}$를 반지름으로 하는 두 원이 왜 두 교점을 가지는지 공리(공준)에서 유도되지 않는다. 새로운 공리를 필요로 한다. 또 평면에 직선 L이 있을 때 **두 편이 존재**해서, 한 쪽 편에 있는 점 A, 다른 한 편에 있는 점 B를 직선으로 연결하면 L과 **만난다**는 사실도 증명 없이 사용되었는데, 원래 주어진 공리에서 유도되지 않는다.(이것은 라이프니츠가 찾아내었다.) 그 외 어떤 정리들은 완전히 잘못 증명되었는데, 19세기말 힐버트 등의 수학자들에 의해 유클리드 기하는 형식주의 관점에서 완전하게 재구성되었다.

3.9 그리스 수학의 의의

- 수학이 단지 자연에서 관찰된 단편적이고 실용적인 사실들의 모임이 아니라 이데아의 세계에 존재하는 추상화된 수학적 대상으로부터 논리적으로 유도되는 진리 체계로 만들어졌고, 공리와 논리로 수학을 탐구하는 방법론을 확립하였다. 수학을 자연을 설명하는 원리이자 도구로 인식하였다.

- 무리수, 제논의 역설 등 무한과 관련한 수학의 불확실성을 최초로 인식하였지만 이를 해결하기에는 역부족이었고, 무와 영을 존재하지 않는 것으로 규정하였다.

3.10 수학으로 자연을 탐구

우주에는 법칙과 질서가 있으며 그러한 질서를 밝히는데 수학이 열쇠가 됨을 발견한 것이야 말로 최초의 주요한 과학적 발견이라 할 수 있다. 가장 큰 성과는 천문학에서 이뤄졌는데 삼각법을 이용해 지구, 달, 태양의 크기와 거리를 구했다.

- 에라스토테네스의 지구 크기 측정: 같은 경도 상의 두 도시에서 태양의 남중 고도 측정

- 아리스타커스의 지구–달 거리, 달 크기, 지구–태양 거리, 태양 크기 측정

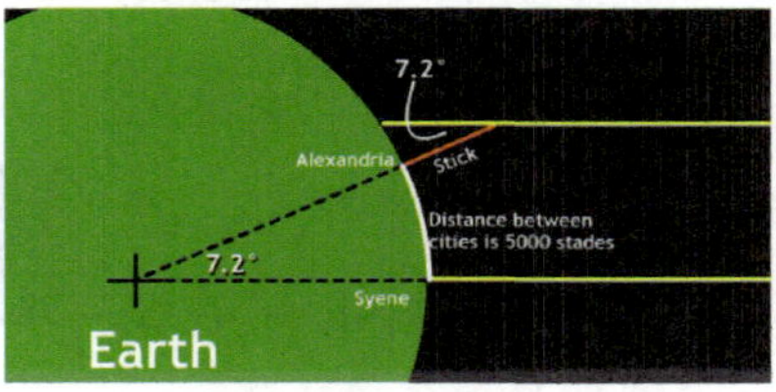

$$\frac{7.2°}{360°} = \frac{800km}{\text{지구 둘레}}$$

월식 때 시간 t를 측정하여 $2\pi R : 2r = T : t$로부터 달까지 거리 R을

구한[46] 다음, 오른쪽 그림에서 $D:d=L:l$로부터 달의 지름 D를 구한다.

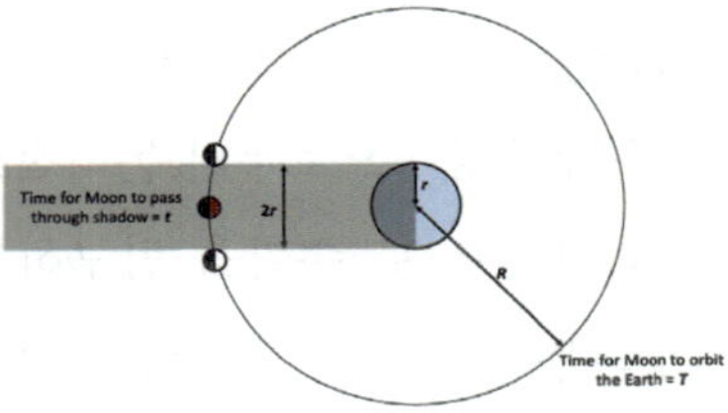

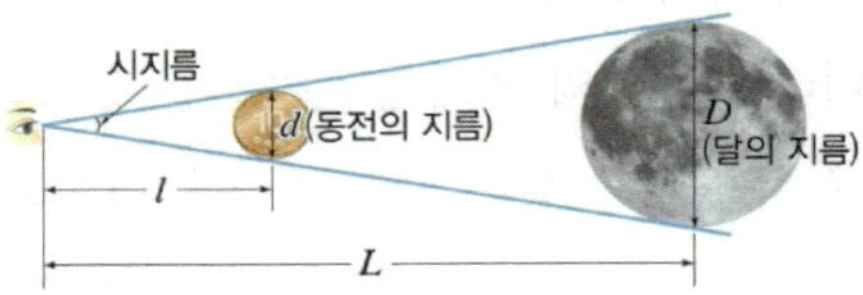

반달일 때, θ를 측정하고 $b\cos\theta=a$로부터 태양까지 거리 b를 구한 다음, 개기 일식 때 생기는 두 직각 삼각형의 비(1 : 400)로부터 태양의 반지름을 구했다. 태양이 지구보다 훨씬 크므로 작은 것이 큰 것 주위로 돌아야 한다는 생각에 최초로 지동설을 주장했지만, 외면당했다.

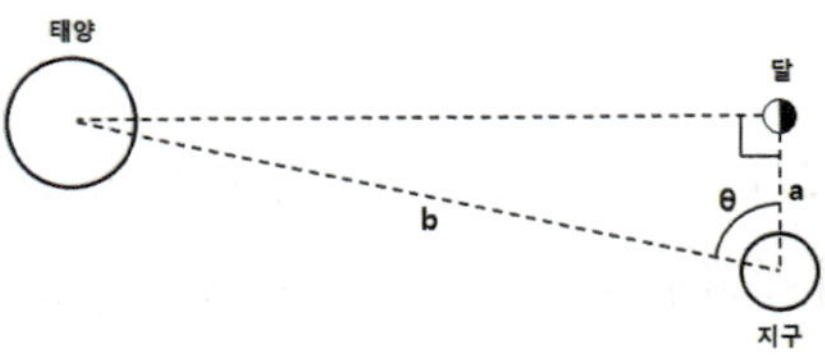

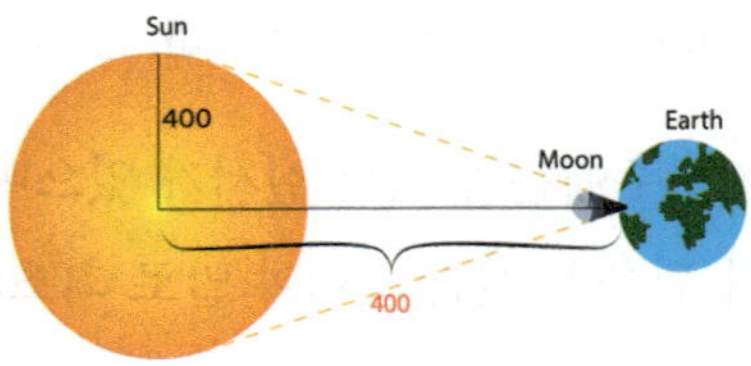

프톨레마이오스의 천동설(2세기)

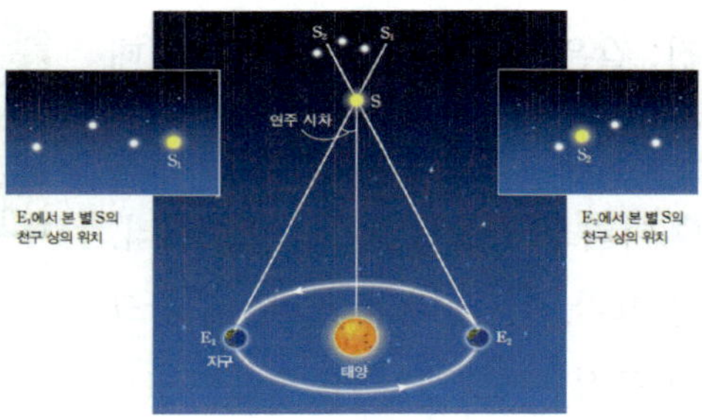

천체의 운동을 수학적으로 기술하라는 플라톤의 문제에 대한 답변이다. 아리스토텔레스나 프톨레마이오스도 지동설의 가능성을 고려

46) 실제로는 햇빛이 평행하지 않기에 그림자 구역의 폭이 $2r$보다 작아지기에 보정이 필요함.

하지 않은 것은 아니지만, 지구가 움직인다면 원심력에 의해 지구 위의 물체 등이 다 떨어져나갈 것이고, 그림처럼 연주시차가 관측되어야 하는데 관측되지 않기에 모든 천체가 지구 주위를 원 운동을 하는 천동설을 채택한다. 당시 관측 기술로는 매우 작은 연주 시차를 측정해내기 어려웠던 것이다.

천동설은 행성의 겉보기 역행을 설명하기 위해 주전원(周轉圓)을 도입하여 그 중심이 이심원(離心圓)의 둘레를 돌고, 행성은 주전원의 둘레를 돌게 해야 했다.[47]

또 행성의 속도가 일정하지 않은 것을 설명하기 위해 지구가 이심원의 중심에 있지 않고 약간 벗어나 있고, 이심원 중심으로 지구와 대칭을 이루는 동시심(equant)에서 볼 때 주전원의 중심이 일정한 각속도로 회전하도록 하는 등 실제 모델은 더 복잡했다.[48]

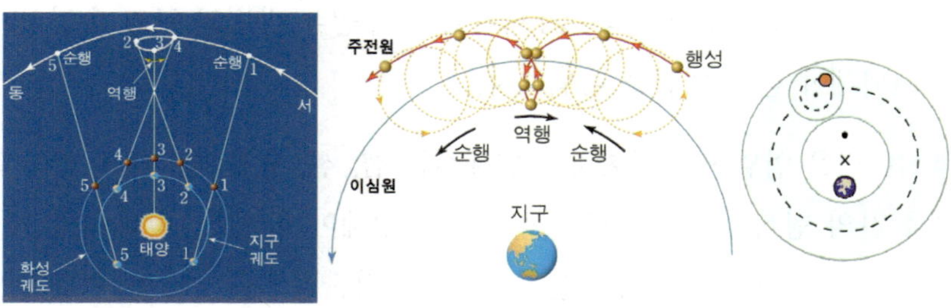

하지만 별과 행성의 운동을 정확하게 기술하고 예측해냈다.(심지어 지금도 별의 위치에 대한 근사적 계산법으로 널리 쓰이고 있다.) 프톨레

47) 천동설 재현 영상: https://www.youtube.com/watch?v=EpSy0Lkm3zM&t=60s

48) ad hoc (땜질 처방) 이론 수정의 전형적인 예이다. 물리학자 Bernd Matthias 는 다음과 같이 말했다. "If you see a formula in the *Physical Review* that extends over a quarter of a page, forget it. It's wrong. Nature isn't that complicated."

마이오스는 자신의 이론이 수학적 기술일 뿐 실제와 반드시 일치하지 않는다는 사실을 인식했고, 최대한 단순한 수학적 모델을 찾아가야 한다고 말했지만, 근 1500년 동안 천문학의 절대 진리로 군림하게 된다.

3.11 생각해 볼 문제들

❶ 고대 그리스에서 진정한 의미에서의 학문이 시작되었다는 사실은 민주적 정치 체제와 토론, 합리적 사고를 중시하는 문화적 풍토와 무관하지 않을 것이다. 그런 문화가 완전히 뿌리내린 서양과 달리 동양에서는 현대에 유입된 그런 문화와 함께 오랜 유교 경험에서 비롯된 아시아적 가치와 공부 방법이 혼재되어 있다. 자유로운 토론과 창의적 사고보다는 권위에 대한 순종과 암기 위주의 지식 습득을 중시하는 경향이 남아 있다. 하지만 한국과 일본[49]의 성공 사례에 비춰볼 때 아시아의 전통을 무조건 무시할 것도 아니다. 21세기 우리의 공부 방법과 학교 수업 방식은 어떠해야 할지 의견을 나눠보자.

❷ 기하학을 엄밀히 공리화하기 위해서는 점, 선, 면을 정의하지 않고 그것들 간의 형식적 관계들로 기하학을 구성해야 하지만, 학교 수학에서는 학생들의 인지 발달 수준을 고려할 때 직관적으로 설명할 수밖에 없다. 각급 학교의 수준에서 점, 선, 면을 어떻게 가르쳐야 할지 토의해보자.[50] 또한 다른 (수학적) 개념을 이용하여 점, 선, 면을 엄밀하게 정의하는 어떤 방법이 있을지 생각해 보자.

49) 일본은 2000년부터 거의 매년 노벨상 수상자를 배출하는데 대부분 자국에서 공부한 학자들이다.

50) 참고문헌 [33, 34] 참조. 미국의 초등 수학 교과서 Everyday Mathematics (Bell et al. 2002)에서는 점을 '공간에서의 위치'로, 선분을 '두 점과 그 사이를 곧게 이은 경로'로 설명하고 있다.

[점은 하나의 조그만 세계다. 이것은 어느 정도 사방으로부터 떨어져 있으며, 주변으로부터 거의 빠져나와 있다.]

❸ 고대의 셈과 산술에서 비롯되어 고대 그리스에서 개화하여 현대에까지 이른 수학 체계보다 더 자연스럽고 효율적이며 궁극적인 체계가 존재할 수 있다고 생각하는가?[51)]

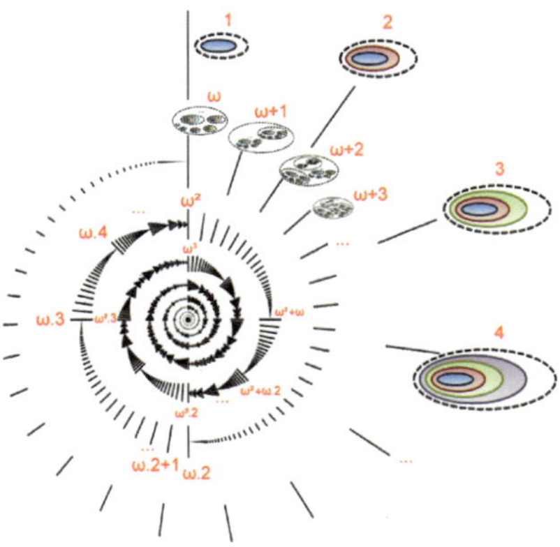

$$\sqrt{2} = 1 + \cfrac{1}{2 + \cfrac{1}{2 + \cfrac{1}{2 + \cfrac{1}{2 + \cdots}}}}$$

The simplified maths notation for this is:

$\sqrt{2} = [1 : 2, 2, 2, \ldots]$

51) 과학사학자 G. Sarton은 다음과 같이 말했다. "역사적 경험에 근거하여 보건대, 현재의 수학이 16세기 수학과 다른 것처럼 21세기의 수학은 현재의 수학과 다르리라는 것을 완전히 확신한다."

CHAPTER

04

과학 혁명: 수학, 과학, 종교의 삼중주

The book of nature is written in the language of mathematics.

- Galileo

16~17세기 유럽에서 일어난 과학 혁명은 과학을 철학의 하위 분야인 자연 철학에서 독립시키고 현대의 과학기술 문명의 토대를 이루는 발전을 이루어 냈을 뿐 아니라 과학적 세계관과 민주주의 정치사상을 촉발시키는데 사상적 기여를 한 유럽 문화 전체에 영향을 미친 혁명적[52] 현상으로, 수학과 기독교 세계관의 바탕 위에서 이루어졌다.

4.1 수학과 과학의 암흑기(중세)

- 알렉산드리아 도서관이 파괴되었다. 로마와의 전쟁(율리우스 카이사르가 (실수로) 방화, 로마 황제 아우렐리아누스의 침략)이 있었고, 기독교가 세라피스 신전을 허물면서 소장하던 책도 파괴되었고, 그나마 남아있던 책들은 7세기 아라비아(이슬람) 제국이 점령하여 다 불태워지면서 결국 수학과 과학은 암흑기에 들어서게 된다. 학자들은 책을 싸들고 동로마 제국의 수도인 콘스탄티노플로 이주하였다.

- 그 후 아라비아 지식인들이 그리스 책들을 수입해서 번역하고 지식을 보존했는데, 9세기 수학자이자 천문학자 al-Khwarizmi가 대수학 책『Al-Jabr』를 저술했다. 약분·소거 계산에 대한 책이라는 뜻을 가진 이 책은 진정한 의미에서 대수적 방법을 도입한 첫 번째 책으로, 대수학(algebra)의 어원이 되었고, 그리스 수학을 넘어서 무리수를 유리수와 같이 수로 받아들이고 대수적인 대상으로 취급하였다. 13세기 이집트의 수학자 Fallūs가 5,6,7번째 완전수 33,550,336, 8,589,869,056,

52) 혁명을 뜻하는 revolution은 코페르니쿠스의 책『천체의 회전에 관하여』제목에서 유래하였다. 역사학자 H. Butterfield에 따르면, 과학혁명은 유럽 역사상 기독교의 출현 이래의 어떠한 사건보다도 훨씬 더 중요한 일이었으며, 과학혁명에 비하면 종교개혁이나 르네상스는 단순한 에피소드에 지나지 않는 작은 변화였다. 과학혁명의 영향을 강하게 받은 계몽주의 사상이 프랑스 혁명이나 미국독립전쟁 같은 민주주의 혁명의 기초가 된 것을 생각하면 Butterfield의 주장이 과하지 않다.

137,438,691,328을 찾았다.[53)]

- 중세 유럽인들은 가톨릭 교회의 내세 지향적 경향으로 수학과 과학에 대한 큰 관심이 없었다. 12세기 수도원에서 아라비아 서적이 라틴어로 번역되면서 고대 그리스의 고전과 아라비아의 앞선 지식이 유럽에 유입되어 과학 혁명이 싹틀 토양이 되었고[54)], 최초의 대학들도[55)] 이즈음에 생겨났다.

이탈리아의 수학자 피보나치는 인도-아라비아 숫자를 유럽에 소개하는데 큰 역할을 했고, 피보나치 수열 $F_1 = F_2 = 1$, $F_n = F_{n-1} + F_{n-2}$을 연구하였고, 프랑스의 사상가 오렘은 조화 급수 $1 + \frac{1}{2} + \frac{1}{3} + \frac{1}{4} + \cdots$가 발산함을 최초로 증명하고, 직교 좌표에 대한 생각을 최초로 했다.

4.2 르네상스와 종교개혁

- 투르크 족에 의해 동로마 제국이 멸망하자 학자들은 그리스 책들을 갖고 이탈리아로 피신하였는데, 독일의 구텐베르크가 금속 활자를 발명하면서, 이탈리아에서 문예 부흥이 시작된다.

- 1517년 시작된 종교 개혁으로 등장한 개신교는 근면을 강조하고 인류를 위한 지식 활용을 독려하는 등 새로운 윤리관을 내세웠다. 자연이 수학적으로 짜여 있다는 그리스 사상과 자연이 하느님에 의해 창조되었다는 기독교 신앙이 융합되어 하느님이 우주를 수학적으로 창조했다는 세계관이 성립되었다. 따라서 수학과 이성을 사용하여 세상과 실재에

53) 그 다음에 몇 개를 더 적었는데 잘못 계산된 것이다.
54) 역사학자 C.H. Haskins는 『12세기 르네상스』라 불렀다.
55) 볼로냐 대학, 파리 대학, 옥스퍼드 대학, 케임브리지 대학 등

대한 진리를 발견할 수 있다고 믿게 되고, 수학과 자연을 탐구하는 것은 창조주의 위대함을 찬미하는 일로 고취되었다.

4.3 천문학의 혁명

- 아랍인들이 얻은 새로운 관측 자료들과 합치시키기 위해 천동설은 주전원들이 더 추가되어 정확도는 향상되었지만, 원이 총 77개나 되어 천문학자들도 혀를 내두를 정도가 되었다. 율리우스력의 1년은 365.25일로 실제보다 11분 정도 길어서 1500년간 누적된 오차가 열흘이 넘게 되자 교회가 달력 개혁을 의뢰했으나 천동설로 잘 해결하지 못하였다.

Ptolemaic Model

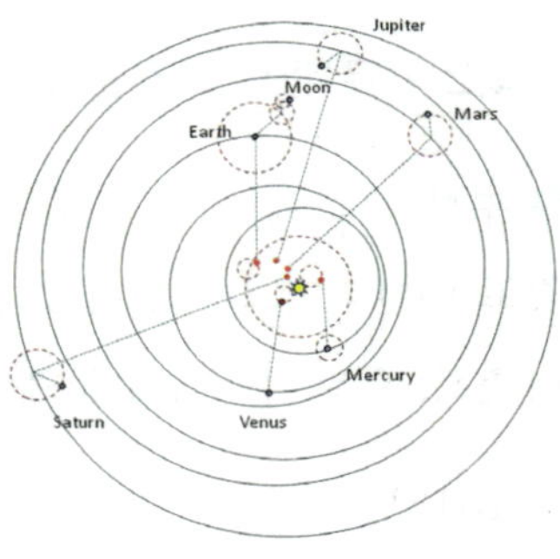

Copernican Model

- 폴란드의 성직자이자 천문학자였던 코페르니쿠스는 하느님이 우주를 이렇게 복잡하게 창조했을 리 없다고 생각하고, 아리스타커스의 지동설을 접하고서, 지구가 매일 자전을 하고 태양을 중심으로 모든 행성이 공전하는 모델을 제안하였다. 하지만 공전 궤도가 원이라고 고수한데다 행성의 일정치 않은 운동 속도를 설명하기 위해 여전히 주전원과 이심원을 이용하였다.

천동설보다 약간 더 단순해졌지만, 행성의 위치를 예측하는데 있어 천동설보다 정확도가 떨어지고, 지구 공전에 따른 연주시차를 관측할 수 없는데다 너무 혁명적인 제안이라 동시대인들에게 외면당할 수밖에 없었다.[56] 하지만 훗날 지동설에 매료된 중요한 한 사람은 바로 대학생 케플러였다. 지구가 우주의 중심이라는 교리를 채택한 교회도 처음엔 지동설을 금지하지 않았고, 지동설 모델을 이용해 그레고리력을 만들었다.

- 탁월한 관측 천문학자 튀코 브라헤는 조국 덴마크의 지원[57]에 힘입어 놀라울 정도로 정밀한 천문 관측 자료를 육안으로 수집하였는데, 구슬이 서 말이어도 꿰어야 보배다. 그래서 독일의 천문학자 케플러를 조수로 고용하였는데, 케플러가 정다면체를 이용해 만든 태양계 행성들의 공전 궤도 모델은 오차 5%로 꽤 정확해 당시 학계의 주목을 받았다. 시력을 많이 잃은 케플러는 관측은 할 수 없었지만 수학은 잘 해서[58] 서로에게 완벽한 공동 연구자가 될 수 있었지만, 상대방의 장점만을 탐내고 자신의 장점을 내놓기 꺼려 해 서로 사이가 좋지 못했다.

- 튀코 브라헤가 불의의 어이없는 사고로 세상을 떠나게 되자 그의 40년간의 정밀 관측 자료를 케플러가 넘겨받아 오늘날의 지동설 모델을 확립하게 된다.[59]

56) 코페르니쿠스가 사람들의 반대를 두려워하여 평생의 역작 『천체 회전에 관하여』를 발간하지 않고 있다가 제자 레티쿠스의 설득으로 출판했는데 그것을 받아보고서 바로 세상을 떠났다. 코페르니쿠스의 독일식 이름에서 유래한 단어 'Koppernecksch'는 '믿지 못할 것' 또는 '비논리적인 주장'을 뜻한다.

57) '하늘의 성'으로 불린 그의 연구 시설은 당시 덴마크 총생산의 5%를 지원받았다. 참고로 우리나라 정부는 GDP 대비 1% 정도를 연구개발에 투자하고 있는데 세계 최고 수준이다.

58) 고대 그리스 수학과 원뿔 곡선도 잘 알고 있어서 타원 궤도 가설을 세우는데 도움이 되었으리라 추측할 수 있다. 수학과 관련해 케플러의 추측이 유명하다. 3차원 공간을 같은 크기의 구(sphere)들로 가장 적은 빈틈으로 채우는 방법을 추측하였는데, 400년이 지난 최근 컴퓨터를 이용해 증명되었다.

59) 처음에 케플러는 8일이면 이론을 완성할 수 있다고 자신했지만, 무려 8년 동안 2절지 900장을 채우는 계산을 한 후에야 완성을 했다. 그 연구 논문에도 이렇게 썼다. "만일 이 책의 계산들이 지겹게 생각된다면 엄청난 시간 동안 적어도 70번은 반복해서 계산해야 했던 나를 생각해주길 바랍니다."

[1] 행성들은 태양을 초점에 두고 **타원** 궤도로 공전한다.(주전원이 불필요해짐)

[2] 행성과 태양을 연결하는 선분이 같은 시간동안 쓸고나간 면적은 같다.(운행 속도가 **변한다고** 가정함으로써 동시심(equant)도 불필요해짐.)

[3] 행성이 공전주기의 제곱은 타원의 긴 반지름의 세제곱에 비례한다.

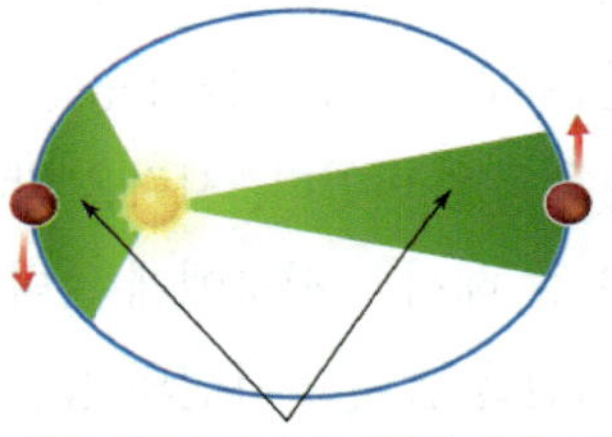
같은 시간 동안 같은 면적을 지나간다.

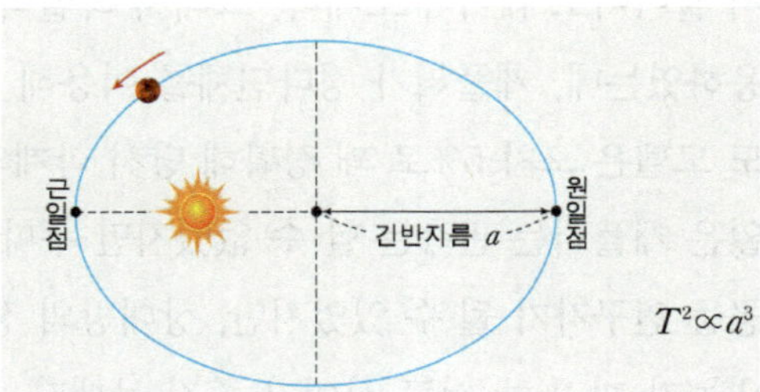

아리스토텔레스 역학에 의하면 하늘에서 자연스런 운동은 오직 등속원 운동뿐이고, 고대 그리스 이후로 원이 가장 완벽한(대칭적인) 도형으로 인식되어왔기에 케플러도 처음에는 행성의 궤도가 원이길 바랬지만, **관측 사실과 부합시키기** 위해 과감히 포기하였다. 태양과 행성 사이에 작용하는 만유인력 $F = G\frac{m_1 m_2}{r^2}$ 은 거리의 제곱에 반비례하는 원형 대칭성을 보여주는데, 왜 행성의 궤도는 원형 대칭성에서 약간 벗어난 타원을 이루고 있을까? 이것은 초기 조건 즉, 행성의 초기 위치와 속도가 원형 대칭성을 깨기 때문이다.

○ 케플러도 하느님이 단순하고 아름다운 수학적 원리에 따라 우주를 설계했다는 믿음을 가졌다. 세 법칙을 발견하고서 조화로운 천상의 세계를 지으신 하느님을 찬미하였고, 피타고라스의 천구 음악을 태양

중심 모델에 맞게 재구성하였다. 대부분의 천문학자들은 연주 시차를 관측할 수 없고 지구의 운동을 느낄 수 없다는[60] 등의 반론으로 인해 여전히 지동설을 거부했지만, 수학적 우주관을 확신한 수학자들은 지지하였다. 18세기가 되면서 케플러의 태양 중심 모델은 점점 더 많이 수용되어 갔다.

4.4 역학의 혁명

- 이탈리아의 물리학자 갈릴레오에 의해 역학의 혁명이 시작되었다. 그는 아리스토텔레스 역학처럼 운동의 원인과[61] 목적에 대한 철학적 설명을 포기하고, 수학적 기술에 주력하고 물리학의 제1원리는 관찰과 **실험**에 의해 얻어야 함을 주장함으로써 현대적인 과학 연구 방법을 처음으로 도입하였다. 자연이 하느님에 의해 **수학적으로 설계**되었으며, 수학은 절대적인 진리로서 수학의 공리적 방식이 모든 과학의 모델이라고 보았던 그는 현대 과학의 시조로 평가된다.

물체의 낙하 거리는 크기나 무게와 상관없이 $y(t) = y_0 + 0.5gt^2$(g: 중력 가속도)로 동일하게 낙하한다는 것을 수학적으로 증명하여 아리스토텔레스의 오류를 비로소 바로 잡았다. 피사의 사탑에서 낙하 실험을 했다는 설은 지어낸 이야기이며, 수직으로 떨어뜨리면 너무 빨리 떨어져서 측정하기 힘들므로, 대신 마찰이 거의 없는 경사면에 구슬을 굴리는 실험으로 중력 $W = mg$를 $W\sin\alpha$로 '약화시켜' 속도를 늦추어 낙하

60) 지구의 공전 속도는 거의 초속 30km에 달한다.

61) 아리스토텔레스에게 운동은 한 상태에서 다른 상태로의 변화 과정이었으므로, 비자연적 운동은 반드시 외부로부터 운동 원인의 작용이 있어야 했다. 그래서 물체를 던졌을 때 손을 떠난 후에도 운동을 계속하는 이유에 대한 설명을 필요로 했다.

법칙을 검증했다. (m : 구슬 질량)

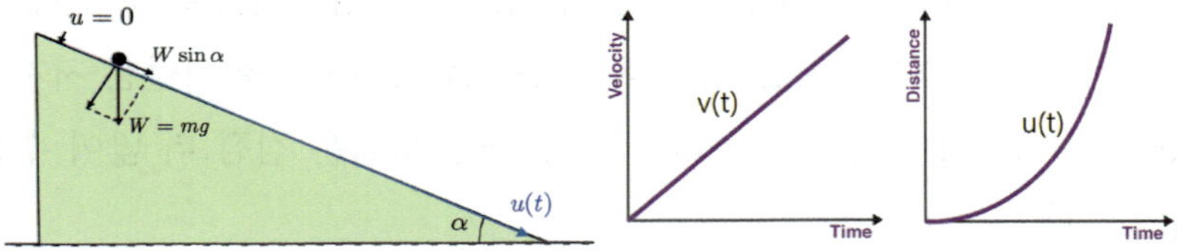

시간 t에서의 속도 $\mathrm{v}(t) = (g \sin \alpha)t$의 그래프의 기울기가 가속도이며, 이 그래프와 시간 축 사이의 면적 $\int_0^t \mathrm{v}(t)\,dt = \frac{1}{2}\mathrm{v}(t)t = \frac{1}{2}(g \sin \alpha)t^2$이 t초 동안 구슬이 움직인 거리 $u(t)$이다.

또 망원경을 제작하여 목성의 위성이 목성을 공전함과 보름달 모양의 금성을 관측[62]함으로써 지동설을 지지하는 증거를 제시하였고, 달의 울퉁불퉁한 표면과 태양의 흑점을 관측하여 천상계가 완전하고 불변하다는 아리스토텔레스적 관념을 깨트렸다.

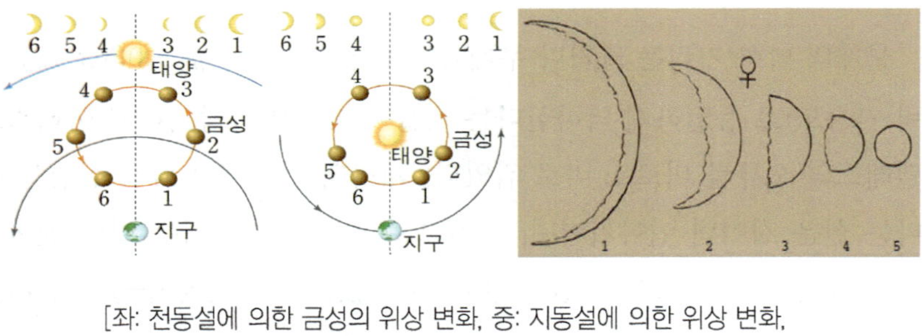

[좌: 천동설에 의한 금성의 위상 변화, 중: 지동설에 의한 위상 변화,
우: 갈릴레오가 실제 관측한 변화]

62) 금성은 내행성이므로 태양의 오른쪽에 있을 때는 해 뜨기 전에 잠간 볼 수 있고 태양의 왼쪽에 있을 때는 해 지고난 초저녁에 잠간 관측할 수 있다. 갈릴레오는 망원경으로 태양을 관측하느라 결국 녹내장으로 실명까지 하게 된다.

○ 르네상스 이후 쏟아진 고대 그리스 지식의 홍수, 종교개혁으로 지적인 권위가 없어지고 누구나 성경을 해석할 수 있게 되는 등 17세기 초 유럽 사회에는 지식의 위기와 회의론이 성행하였는데, 데카르트는 모든 것을 의심해보는 방법론적 회의를 거쳐 자신이 생각한다(cogito)는 절대 확실한 사실로부터 자신의 존재함, 신의 현존과 완전성, 자연 세계의 현존을 차례로 증명하고, 나아가 우주 전체에 대한 기계적 철학을 확립하였다. 자연 세계에 실재하는 근본 요소로 물질과 운동을 상정하고 이로부터 자연의 모든 현상을 설명하고자하는 시도는 현대에까지 과학의 근본 방법론이 되고 있다. 가령 아리스토텔레스가 냄새와 맛 자체를 실재로 본 것에 반해 데카르트는 미세한 입자들의 운동과 결합에 의해 그 현상을 설명하고자 하였다.

그는 수학이 하느님에 의해 인간의 마음에 심어진 확실한 진리로 자연법칙은 기하학적 원리로부터 연역 가능하다고 보았다. 갈릴레오가 지동설을 옹호하기[63] 위해 창안한 관성의 개념을 엄밀하게 정의하고, 영원불변한 신이 운동의 불변성을 유지하므로 관성의 법칙이 성립함을 주장하였다. 또 2차원 직교 좌표계를 고안하여 기하를 대수와 연관시키고 물리적 세계의 수학적 기술을 용이하게 하는 획기적인 발상을 하게 되는데[64], 현대에 와서 대수, 기하, 물리의 연관성은 점점 더 깊어지고 확대되고 있다. 미지수를 x, y, z로, 상수를 a, b, c로 표기하고, x의 제곱을 x^2으로 표기하는 현대적 표기법도 만들었다.

63) 자전하는 지구에서 물체가 지표면에 수직으로 떨어지는 이유에 대해, 지구와 함께 등속 원운동을 하는 물체가 수평 방향의 속도를 (관성에 의해) 그대로 유지하기 때문이라고 설명하였다.

64) 데카르트는 어릴 때부터 병약하여 침대에 누워있는 시간이 많았는데, 군대에서 침대에 누워 천장에 붙은 파리의 위치를 나타내려고 좌표계를 착안하게 되었다고 한다.

- 뉴턴은 가속도의 법칙 $F=ma=\frac{d}{dt}(mv)$와 만유인력의 법칙 $F=G\frac{m_1m_2}{r^2}$을 발견하고 『자연철학의 수학적 원리』를 저술하여 고전 역학을 확립하였다. 이로부터 케플러의 세 법칙을 수학적으로 연역해냄으로써 사람들이 지동설을 받아들이는데 큰 기여를 하였고, 천상의 세계를 관장하는 법칙이 지상의 세계의 법칙과 다르다는 고대로부터 내려오는 관념을 깨트렸다. 역학을 기술하기 위해 미적분학을 창안하는 등 수학에도 여러 업적을 남겼다.

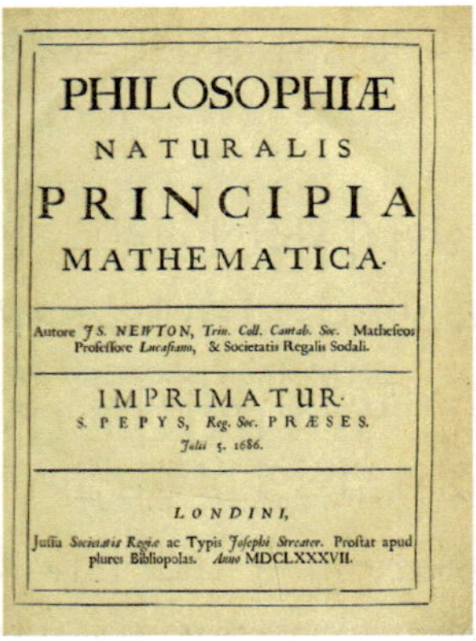
PHILOSOPHIÆ NATURALIS PRINCIPIA MATHEMATICA.

Autore JS. NEWTON, Trin. Coll. Cantab. Soc. Matheseos Professore Lucasiano, & Societatis Regalis Sodali.

IMPRIMATUR. S. PEPYS, Reg. Soc. PRÆSES. Julii 5. 1686.

LONDINI, Jussu Societatis Regiæ ac Typis Josephi Streater. Prostat apud plures Bibliopolas. Anno MDCLXXXVII.

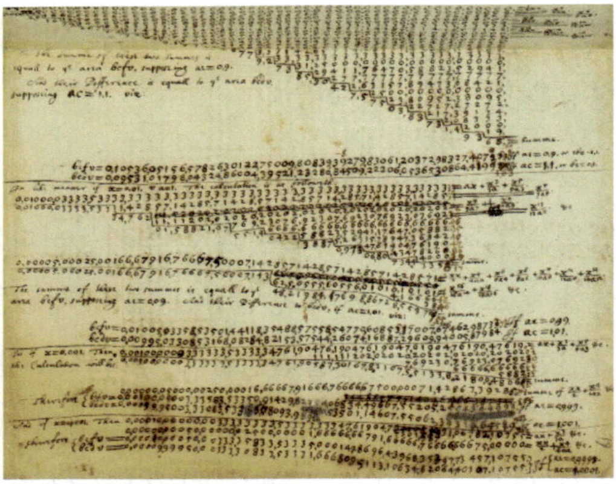

[좌: 프린키피아 초판본, 우: 뉴턴의 연구 노트로 매우 정밀한 계산을 보여준다.]

자연 세계의 만유(universal) 법칙 발견은 로크, 볼테르 등 계몽주의 사상가에도 영향을 미쳐 인간 세계의 만유 법칙을 찾아 세계를 변혁시키고자 하였는데, 로크의 사회계약론은 미국의 독립 혁명과 프랑스 대혁명의 이념적 기틀이 되었고 현대 민주주의의 이론적 기초가 되었다. 뉴턴은 오히려 신학 연구에 더 매진하였고, 과학 연구도 종교적 사명의 일부로 간주하였다.

뉴턴과 독립적으로 미적분을 발견한 라이프니츠는 수학 외의 여러 분야에 박학다식했고, 논리학에도 의미 있는 족적을 남겼는데, 수학이 논리로부터 유도 가능하고, 인간 사고의 상당 부분도 기호들의 계산으로 구현가능하다고 보았다. 실제로 계산기를 제작하며 논리적 추론 기계를 꿈꿨던 그는 다음 말을 남겼다. “Cum Deus calculat, fit mundus. 하느님이 계산하시니 세상이 만들어졌다.”

페르마[65]는 모든 자연 현상은 어떤 함수가 최대 또는 최소가 되는 방향으로 일어난다는 최소 작용의 원리를 최초로 발견하였다. 가령 빛의 굴절이 일어나는 이유도 물속에서 빛이 속도가 느려지므로 빛이 최단 시간이 소요되는 경로를 택하기 때문이다.

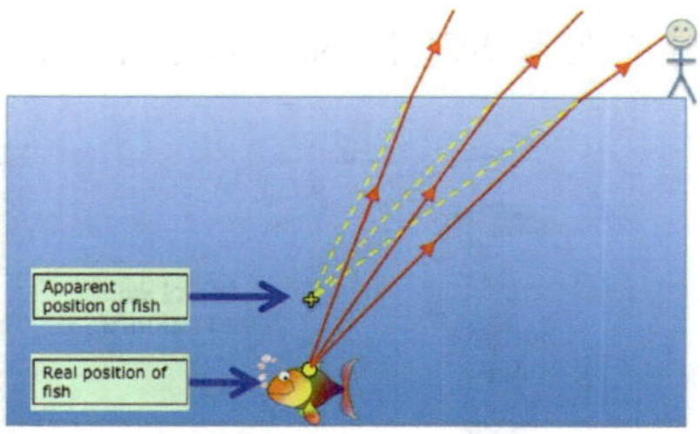

페르마의 이 원리는 18세기 오일러와 그의 제자 라그랑주에 의해 체계화되어 이 관점에서 뉴턴 역학은 라그랑주 역학으로 재구성되었는데, 모든 물체는 운동에너지와 위치에너지의 차이를 시간에 대해 적분한 값 $\int_{t_i}^{t_f}(T(q(t))-V(q(t)))\,dt$을 최소로 하는 경로를 따른다. 오일러는 다음과 같이 말했다. “우주의 구조는 완벽하고 또 가장 현명한 창조주의 작품이기 때문에 최대화나 최소화가 일어나지 않는 사례는 단 하나도 없다.”

65) 그는 변호사로서 정식 수학 교육을 받지 않고 취미로 수학을 했지만, 그 업적은 수론에서 확률론에 이르기까지 지대하다. 사실 데카르트보다 먼저 좌표계와 해석기하학을 창안했으며, 뉴턴이나 라이프니츠보다 먼저 미분을 발견했다. 뉴턴도 자신의 논문에서 페르마의 연구에서 착상을 얻어 미분법을 완성했다고 분명히 밝혔지만, 뉴턴의 명성에 가려 이러한 사실은 잘 알려지지 않고 있다.

현대에 와서 뉴턴의 만유인력의 법칙 $F=G\frac{m_1m_2}{r^2}$은 4차원 시공간의 곡률 방정식인 아인슈타인의 중력 방정식 $R_{\mu\nu}-\frac{1}{2}Rg_{\mu\nu}=8\pi GT_{\mu\nu}$으로 대치된다. 태양을 초점으로 하는 타원을 따라 운행하는 행성의 운행 경로는 태양의 중력에 의해 휘어진 4차원 시공간에서의 측지선(geodesic)에 해당되는데, 주어진 초기 속도에 대해 고유 시간(proper time)[66]을 최소화 하는 경로이다. 빛도 태양 중력에 의해 휘어진 측지선을 따른다. 이처럼 최소 작용의 원리는 자연에 내재된 **대칭성**과 함께 현대 물리학에서 수학적 모델을 세우고 탐구하는데 있어 나침반 역할을 하고 있다.

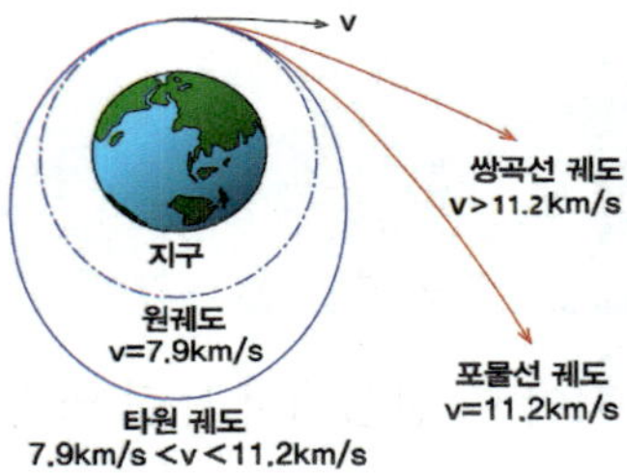

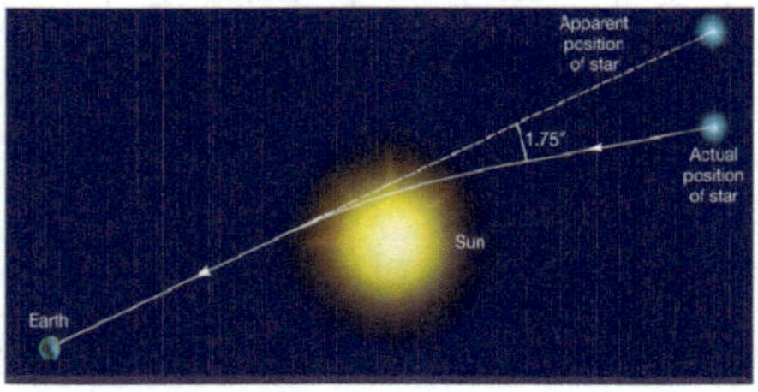

4.5 과학혁명이 주는 역사적 교훈들

천동설에서 지동설로 전환하는 천문학의 혁명을 통해 우리는 중요한 교훈을 배운다. 과학철학의 '오캄의 면도날'에 의하면, 만일 서로 다른 두 이론이나 설명이 있을 경우 다른 모든 것이 같다면 단순한 것이 사실일 가능성이 크다. 윌리엄[67]은 "Pluralitas non est ponenda sine necessitate."(꼭 필요하지 않은 경우에는 복잡성을 도입해서는 안 된다.)고

66) 경로를 따라 움직이는 관찰자가 느끼는 시간

67) 중세 영국 오컴의 수도자로 오컴의 면도날 원리를 주창한 것으로 추정되며 유명론의 선구자이다.

말했다.

○ 갈릴레오가 종교 재판을 받아 가택 연금을 받았는데, 지동설 주장은 표면적 이유이고, 이 문제를 성경 해석과 연관시킴으로써 교회의 권위에 도전하는 형태가 되었기 때문이었다. 개신교가 계속 확산되자 교황청은 자유로운 성경 해석을 엄하게 금지하였다.(당시 유럽은 가톨릭 국가와 개신교 국가 간에 참혹한 30년 전쟁을 벌이고 있었다.) 게다가 인간관계의 갈등도 문제를 더 악화시켰다.[68] 갈릴레오가 종교 재판을 받고 나오면서 "그래도 지구는 돈다."고 말했다는 이야기는 근거가 없다고 한다.

당시 문헌에 근거할 때, 갈릴레오의 재판을 과학과 종교의 근본적 대립으로 보기 어려우며, 과학과 종교의 갈등이라기보다는 아리스토텔레스적 세계관과 과학적 세계관의 대립으로 보는 것이 합당하다. 그레고리력 반포를 위해 교황청이 천문 관측소를 설치한 이래로 천문 연구를 지원하고 여러 천문학적 발견을 해왔다.[69] 코페르니쿠스도 그랬듯이 당시의 가톨릭 성직자들은 과학을 연구하고 또 사랑했다.[70] 종교개혁이 신앙을 교회와 교황의 권위로부터 해방시키고 각 신자가 직접 하느님의 책인 성경을 접하도록 했듯이, 과학혁명은 과학을 고대 아리스토텔레스의 권위로부터 해방시키고 하느님이 쓴 책인 자연을 직접 접해서 연구한 것이었다.

68) 갈릴레오는 평소에도 사람들과 논쟁을 많이 벌이고 사이가 원만하지 못했다고 한다. 갈릴레오가 쓴 책에서 천동설을 주장하는 인물인 Simplicio(바보라는 뜻)를 조롱하고 꾸짖는 이야기가 나오는데, 갈릴레오와 사이가 좋지 않던 천문학자들과 보수적인 추기경들이 Simplicio는 교황을 빗댄 것이라는 소문을 퍼뜨렸고, 화가 난 교황은 갈릴레오의 기소를 명령했다.

69) 지금도 교황청 산하 천문대가 있으며, 빅뱅 우주론을 처음으로 주창한 천문학자는 벨기에의 신부 르메트르이다.

70) 교황과 추기경들도 코페르니쿠스의 지동설에 관심을 가졌고, 어떤 추기경은 코페르니쿠스의 업적을 치하하고 책의 출간을 재촉하였다.

성 어거스틴이 말한 대로 "하느님은 자신을 계시하기 위해 자연과 성경이라는 두 가지 책을 주셨다." 일상의 언어로 기록된 성경과 수학의 언어로 기록된 자연은 진리를 찾는 상보적인 수단으로 각각 고유한 방법으로 해석되어야 한다.

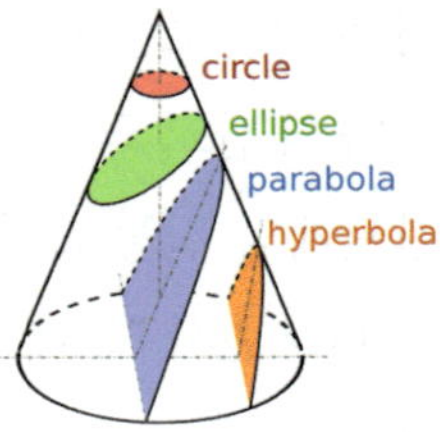

[원뿔을 자르는 각도에 따른 단면 곡선들]

● 무조건 단순하고 대칭성이 많다고 자연과 부합하는 것도 아님을 배우게 된다. 자연은 종종 인간의 소박한 기대를 벗어나 인간이 상상치 못한 새로운 구조를 보여준다. 코페르니쿠스와 초기의 케플러는 행성의 궤도가 완벽히 대칭적인 원형이어야 한다는 선입견으로 인해 타원 궤도를 발견하는 데 이르지 못했다. 그런데 사영 기하의 관점에서 보면 원과 타원을 포함한 모든 이차 곡선은 같은 수학적 대상으로 통합되므로, 더 높은 차원에서 보면 여전히 대칭성이 숨어 있는 것이다.

따라서 자연을 탐구함에 있어 수학적 아름다움과 대칭성은 중요한 길잡이가 되지만, 그것이 단순한 형식으로만 구현되지 않음을 명심해야 한다.

현대 물리학에서도 대칭성은 자연의 근본 원리로 간주되고 있는데, 많은 물리학자들이 자연의 모든 기본 입자들이 초대칭(Supersymmtery)에 의해 짝을 이루고 있다는 가정 하에 이론을 구성하고 있다. 즉 스핀 값이 정수인 보존(boson)[71] 입자에 대해 다른 성질은 같고 스핀 값이 1/2만큼 차이나는 페르미온(fermion)[72] 입자가 대응된다는 가설이다. 가령 스핀이 1/2인 전자의 초대칭 짝으로 스핀이 0인 초전자(selectron)가 존재한다는 것인데, 이는 수학적으로 매우 우아한 대칭을 보여주고

71) 광자나 글루온처럼 힘을 전달하는 게이지 보존, 입자들에게 질량을 부여하는 힉스 보존 등이 있다.
72) 물질을 구성하는 입자들이다. 양성자와 중성자 등을 구성하는 쿼크, 전자처럼 작은 렙톤이 있다.

현재의 이론을 완벽하게 들어맞게 만드는 만능열쇠와 같지만, 자연의 대칭을 너무 쉽게 단순화한 것은 아닐까? 대형 강입자 충돌기(LHC)[73]의 실험에서도 초대칭 짝인 입자가 하나도 발견되지 않고 있어 이 가설의 신빙성에 의문이 제기되고 있다. 물론 현재의 가속기보다 더 높은 에너지로 충돌시켜 초대칭 입자들이 발견될 수도 있지만, 천문학적인 자금과 수많은 인력이 소요되는 입자 가속기를 계속 건설할 수도 없고, 결국 초대칭 이론은 반증(反證) 불가능한 이론은 아닌가?

- 과학 혁명 당시 철학자와 천문학자, 교회의 지도자 대다수가 케플러의 모델이 계산하기에 좋다는 것은 인정했지만, 천동설을 철석같이 믿었는데, 이는 패러다임의 전환이 점진적이고 논리적인 선택이 아니며 오히려 종교적 개종과 유사하다는 토마스 쿤의 주장에 신뢰를 더하게 한다. 20세기 초 양자 역학(quantum mechanics)[74]을 최초로 발견한 막스 플랑크도 다음과 같이 말했다. "과학혁명은 점진적인 설득을 통해 반대쪽으로 전환되는 형식으로는 거의 일어나지 않는다. 사울이 바울이[75] 되는 일은 거의 일어나지 않는다. 실제로는 예전의 개념에 젖어 있던 사람들이 점차 사라지고 새로 자라나는 세대가 새로운 개념에 처음부터 익숙해지는 것이다."

73) 유럽 입자 물리학 연구소(CERN)의 가속기로 지하 175m에 27km 길이이며, 건설하고 실험하는데 수조 원이 소요되고 있는 인류 역사상 최대의 실험 장치이다. 만물에 질량을 부여하는 힉스 입자를 발견해냈다. 우리나라도 보조적인 참여국으로서 검출기를 제작하는 등 의미 있는 기여를 해오고 있다. 여기서 쏟아지는 데이터도 가히 천문학적인데, 데이터 분석을 위해 전 세계가 협업하고 있다. 과학 혁명기에 시작된 실험 과학이 현대에 와서 천문학적 자금, 수많은 인력, 대규모 컴퓨터를 요하는 거대과학(big science)이 되어가고 있다.

74) 모든 물질이 기본 단위인 입자들로 이뤄진 것처럼 에너지도 연속적인 양을 가지지 않고 기본적인 단위가 존재한다는 원리에 기초한다. 그 기본 단위가 매우 작으므로, 미시 세계에서 확연하게 드러난다.

75) 기독교를 탄압하던 사울이 환상 중에 예수님을 만나고서 기독교로 개종하고 이름도 '작은 자'라는 뜻의 '바울'로 고치게 된다.

케플러가 대학생 시절 천동설에 사로잡히게 되었고, 뉴턴도 대학생 때 만유인력과 미적분 이론을 발견했던 것처럼 젊은 나이일 때 창의적인 업적이 이뤄지는 경우가 많다. 인간의 뇌는 학습에 의해 신경망의 연결 즉 선입견을 형성하므로, 창의성의 발현을 어렵게 한다.

○ 사실이 아니어도 얼마든지 참인 것처럼 이론을 만들어낼 수 있고, 그것이 수천 년이나 지속될 수도 있다. 현재의 많은 사람이 그 이론을 신봉한다고 해서 반드시 사실이라는 보장도 없다. 진리는 다수결에 의해 결정되는 것도 아니며, 현재의 기술로 실증이 불가능할 수도 있다. 과학 혁명에 의해 확립된 고전 역학 등의 고전 물리로 만물이 다 설명 가능하리라는 소박한 기대를 가지게 되지만 고전 물리 역시 근사적인 이론일 뿐, 인간이 상상치도 못한 양자 역학과 상대성 이론으로 대치되게 된다. 하지만 인간은 자신의 현재 이론이 완전할 것이라는 환상에 쉽게 빠진다. 다수의 과학자들에 의해 신봉되는 이론은 더 많은 연구비를 받아 그 이론을 더 그럴 듯하게 꾸미고[76], 일반 대중에게 화려하게 호소함으로써 유행을 선도하고 젊은 학도들을 신도로 끌어들인다.

우리는 진리 앞에 겸허해야 한다. 과학자로서 조급히 결론을 이끌어내기보다는 철저히 신중해야 하고, 자신이 믿지 않는 다른 이론들도 열린 마음으로 그 가능성을 탐색해볼 수 있어야 한다. 그러기 위해서는 자기도 모르게 교만해지려는 자신을 부단히 채찍질해야 한다.

성직자이자 물리학자였던 르메트르가 신부복을 입고서 그 유명한 솔베이 학회에 참석하여 우주가 팽창한다는 이론을 아인슈타인에게

76) 연구비를 선정하는 심사 회의에 가보면, 연구자의 우수성, 연구의 객관적 중요성, 연구비의 합리적 배분이라는 관점보다는 항상 자신이 속한 분야에 많은 연구비가 할당되도록 하는 경향이 강하다. 거대과학의 시대에 소수 이론은 점점 더 설 자리가 없어진다.

설명했는데, 우주가 정적이라고 믿던 아인슈타인이 무시하면서 폄하하자 그는 절망하고 포기할 수밖에 없었다. 당시 물리학계에 미치는 아인슈타인의 영향력은 막강하였다. 훗날 허블의 관측에 의해 르메트르가 예상이 옳았음이 증명되는데, 아인슈타인은 "권위에 대한 도전으로 고통을 받던 내가 어느새 권위가 되어 버렸다."고 후회했다.

생물학자 토머스 헉슬리가 말한 대로 (인간이) 아는 것은 유한하고 모르는 것은 무한하며, 지적으로 우리는 설명할 수 없는 무한한 바다 한가운데 있는 작은 섬에 서 있다. 수학과 자연의 밀접한 연결은 광범위한 전체의 부분적 현상일지도 모르며, 인간은 결코 만물의 이론(Theory of Everything)[77]을 영원히 찾지 못할지도 모른다. 어쩌면 대 과학자 뉴턴이 그랬던 것처럼 아이로 돌아가는 것이 진리에 조금이나마 더 가깝게 나아가는 것일지도 모른다. "나는 미지의 진리가 가득한 거대한 바다가 펼쳐진 해변에서 노니는 아이와 같았다."

4.6 생각해 볼 문제들

❶ 티코 브라헤는 당대 세계에서 가장 정밀하고 방대한 관측 결과를 가지고 있었는데도 태양, 달, 별이 지구를 중심으로 돌고 모든 행성은 태양을 중심으로 도는 모델을 주창하였으나, 코페르니쿠스는 빈약한 관측 자료에도 불구하고 오랜 사유 끝에 지동설을 발견하였다는 사실은 어떤 시사점을 주는가?

77) 우주의 시작과 모든 운행을 하나의 이론 체계에 의해 다 설명하고자 하는 시도이다. 자연에 존재하는 네 가지 근본적인 힘인 중력, 전자기력, 강력, 약력을 하나로 통합하는 것이 관건인데 이 과정에서 대칭성이 중요한 역할을 한다. 만물을 매우 작은 끈의 진동으로 설명하는 끈 이론과 그것의 모태가 되는 미지의 M-이론이 그 후보로서 많은 지지를 받고 있는데, 이 이론들에 의하면 시공간이 4차원이 아니라 각각 10차원, 11차원이어야 한다.

참고 과학철학자 N. Hanson은 '논리 안에 없는 것은 지각 안에도 없다'고 주장하며 이론으로부터 자유로운 관찰이 존재할 수 없음을 지적한다. 결국 어떤 선행지식을 가지고 있느냐에 의하여 자신이 보고자 하는 것을 보게 된다. 또 철학자 비트겐슈타인[78]도 "두 동물의 형태를 선행학습으로 잘 알고 있는 경우에만 우리는 토끼와 오리의 진정한 모습을 볼 수 있다"라고 말했다.

[좌: Reality is not what it seems, 우: 토끼인가 오리인가?]

❷ 현대 생물학의 진화론은 절대적인 증거 없이 구성된 하나의 학설임에도 불구하고 주류 패러다임으로 선택되어 과거 천동설에 버금가는 절대적인 지위를 누리고 있다. 과학철학자 Michael Ruse는 열렬한 진화론자임에도 다음과 같이 말했다. "진화론은 그 종사자들에게 과학 이상으로 떠받들어진다. 진화론은 이념, 세속 종교로서 반포된다.… 진화론은 종교이다. 진화론의 처음부터 그것은 사실이었고 지금도 여전히 사실이다."

관찰의 이론 의존성과 토마스 쿤의 패러다임 이론을 염두에 두고 진화론을 재검토 해보시오.

참고 Charles Darwin: 셀 수도 없이 많은 중간 단계 화석이 존재

78) L. Wittgenstein. 논리실증주의와 분석 철학을 대표하는 철학자. 말할 수 없는 것(검증 가능하지 않은 것)에 관해서는 침묵해야한다고 주장했다. 1차 대전이 발발하자 군대에 자원입대하여 용감한 행동으로 여러 훈장을 받았으며, 부모로부터의 막대한 유산을 포기하고 산골에서 초등 교사로 일하기도 했다. 2차 대전이 발발하자 교수 신분을 숨기고 병원에서 봉사하였다.

해야만 하는데, 지층에서 왜 우리는 셀 수도 없이 많이 찾지 못하는가? 왜 모든 지층에서 중간 단계가 가득 있지 않은가? 지질학은 분명히 이러한 구분을 지어주는 생물 사슬도 보여주지 않으며, 이것이야말로 내 이론의 가장 커다란 반론일지 모른다.

❸ 천체의 궤도가 다 2차 곡선을 이루고 있고, 모든 물리적 작용은 최소 작용의 원리에 의해 일어나는 등 자연이 이토록 수학적으로 구성되고 운행하고 있는 이유가 무엇이라고 생각하는가? 맥스 테그마크의 주장대로 우주는 과연 수학적 구조 그 자체인가?

참고 테그마크는 수학적 언어에 의해 기술되는 것과 수학적 구조를 분별해야 한다고 말한다. 가령 5가지만 존재하는 정다면체라는 개념을 표현(구성)하는 수학적 방식과 언어는 다양할 수 있다.(힐버트의 형식주의적 방법에 의해, 정다면체를 어떤 기하적인 구성체가 아닌 맥주잔, 탁자, 의자의 어떤 특정한 결합 관계로 표현할 수도 있다.) 하지만, 어느 누구도 5가지 정다면체 외에 또 다른 정다면체를 만들어낼 수 없다는 수학적 구조는 벗어날 수 없다. 수학적 표현 방식과 언어는 인간이 만들어낸 것이지만, 수학적 구조 자체는 인간이 만들어낸 것이 아니며, 대상들의 관계로 구성되어 있다.

자연 과학에서 인간이 구성하여 덮어씌운 개념들(원자, 물, 바다, 고래 등)을 다 걷어내면 순전히 수학적 구조만 남는다. 빅뱅(Big Bang, 대폭발) 우주론에 의하면 태초의 우주는 매우 높은 에너지가 밀집된 매우 작은 점에서 팽창하였는데 그 특이점은 시간과 공간의 구분도 없고 물질적 구조도 갖지 않는 실체라고 할 수 있다. 수학적 구조와 우주를 구별짓는 어떤 특성이 존재한다면 그것은 비수학적인 것으로 근본적인 요소가 아니다. 그렇지 않다면 그 특성마저 수학으로 흡수되어 구별의 기준이

될 수 없기 때문이다.

테그마크의 주장은 피타고라스를 계승한 가장 강력한 형태의 수학적 우주관이다. 그의 수학적 우주 가설에 의하면, 모든 무모순인 수학적 구조가 어떤 물리적 우주로 실재하고 있다고 주장되는데, 그런 우주들은 우리 우주와 완전히 분리되어 있어 원천적으로 관측이 불가능하다. 따라서 이 이론은 반증가능하지 않으므로, 과학적 이론으로 볼 수 없다는 반박이 제기된다. 또한 우주가 수학적 구조와 동일시되기 위해서는 우주를 기술하는 궁극적이고 완전한 만물 이론의 존재를 전제해야 한다. 하지만 과학사를 살펴보거나 과학 철학의 여러 관점들에서 볼 때 과연 그러한 이론이 존재할지 의문을 갖게 한다. 무엇보다 괴델의 불완전성 정리에 의하면 심지어 수학조차도 그 완전성과 확실성을 보장할 수 없다.

❹ 고대 그리스인들이 자연에 대한 뮈토스(mythos)적 이해를 거부하고 로고스(logos)적[79] 설명을 시도하여 마침내 과학 혁명에서 꽃피웠고 현대에 와서 마지막 열매 즉 만물 이론이 맺어지길 기대하고 있다. 하지만 만물 이론의 가능성에 회의를 갖고 있는 과학자들도 있다. 과학사적으로도 과학 이론은 끊임없이 수정을 거치며 발전해오고 있으며, 현대 과학으로 설명할 수 없는 현상들이 계속 발견되고 있다. 토마스 쿤의 패러다임 이론을 거론하지 않더라도 유한한 인간이 어쩌면 무한한 자연이라는 실재에 대한 유일하고 완전한 이해를 가질 수 있다고 믿는 것은 근거 없는 자만이 아닐까? 불확정성 원리를 발견한 물리학자 하이젠베르크가

79) 뮈토스와 로고스는 모두 '말하다'라는 뜻의 고대 그리스어에서 나왔다. 뮈토스가 신이나 왕족, 영웅이 말할 때 쓰인 동사 뮈테오마이(mytheomai)에서 나온 반면 로고스는 여자나 노예, 모략가가 말할 때 쓰인 동사 레게인(legein)에서 파생했다. 뮈토스가 권위 있는 말이라면, 로고스는 논증을 통해 증명하고 설득해야 할 담론의 의미로 사용되었다. 플라톤 이후 뮈토스는 신화, 종교, 문학, 예술의 화법으로, 로고스는 이성적 사유에 의한 합리적 화법으로 그 의미가 바뀌게 된다.

말했던 것처럼 우리가 관측하는 것은 자연 그 자체가 아니라 우리의 질문 방법에 노출된 자연이다. 또 스티븐 호킹의 우려대로 수학 자체의 불완전성과 불확실성으로 인해 만물 이론을 유한한 체계로 형식화 불가능할 수도 있다.

로고스로 다 설명할 수 없는 세상과 자연을 뮈토스적 시각으로 바라볼 순 없을까? 뮈토스적 시각은 로고스가 보지 못하는 **숨겨진 실재**를 볼 수 있게 해줄지도 모르며, 실재에 대한 의미를 부여해준다. 사실 인간의 사유를 로고스와 뮈토스처럼 이분법적으로 나누는 것이 가능할까? 빅뱅 이론과 다중 우주 가설도 로고스를 가장한 뮈토스가 아닌가?

그 뿐 아니라 수학과 과학을 탐구하는데 있어서도 로고스만으로는 창의적 도약을 이뤄낼 수 없다. 뮈토스적 상상력과 열정을 가진 사람이 창의적 이론을 만들어낸다. 그래서 아인슈타인은 "종교 없는 과학은 절름발이이다."라고 말했던 것이다.

당신은 과학적 방법론만이 사실적 지식을 얻는 유일한 원천으로 보는가? 과학과 종교는 서로 어떤 관계에 있다고 보는가?

❺ 중국의 4대 발명품인 종이, 인쇄술, 화약, 나침반이 유럽의 근대화에 크게 이바지 하는 등, 어떤 면에서 중국의 과학 기술은 15세기까지 유럽보다 우월했다고 할 수 있으며, 고대 그리스, 인도, 아라비아의 우수한 수학과 과학도 중국에 소개되었다. 우리나라도 세종 시대에 과학 기술 수준이 세계 최고에 이르렀는데, 15세기 전반부의 세계 과학 기술의 주요 업적으로 한국이 29건, 중국이 5건, 일본이 0건이며, 그 외의 전 지역이 28건으로 집계되었다.(일본 측 자료) 세종은 친히 『산학계몽』을 공부하고 신하들도 수학을 공부시키고 시험을 보는 등 수학을 장려하였다.

일본에서는 관료들과 상인들의 실용적 목적 외에 수학 자체를 위한 연구가 민간인들에 의해 이뤄졌는데, 수학 책을 한문이 아닌 일본어로 써서 많은 사람에게 접근이 가능하도록 했고, 봉건 영주에서 상인, 농민에 이르기까지 다양한 계층으로 구성된 수학 연구 집단들이 있었다. 하지만 유럽의 과학 혁명과 같은 근대 과학으로의 발전이 동아시아에서는 일어나지 않은 이유가 무엇인지 논하시오.

CHAPTER

05

수 체계와 미적분학의 엄밀화

Why is there something rather than nothing?

- G. Leibniz

5.1 19세기 전반 수학의 상황

- 과학에서의 성공에 힘입어 18세기 후반 이성에 대한 신뢰가 극도로 확고해지면서 종교적 믿음은 약화되면서 과학적 사실은 가치 중립화되고, 계몽주의가 성행하게 되었다. 뉴턴의 역학을 태양계 전체에 상세하게 적용한 『천체 역학』을 저술한 라플라스는 신이 자연을 창조하였지만 더 이상 간섭하지 않고 자연은 오직 법칙에 의해서만 운행한다는 이신론(理神論)을 견지하였고, 초기 조건만 완전하게 주어진다면 운동 미분 방정식을 풀어서 우주 전체의 미래를 완전히 알 수 있다는 결정론적 세계관을 표방하였다.[80)]

- 비유클리드 기하의 발견: 드디어 가우스[81)], 로바체프스키, 보여이가 독립적으로 쌍곡 기하학을 발견하였다. 쌍곡 평면은 반지름 1인 단위원 내부이며, 거기에서의 "직선"은 원의 중심을 지나는 보통의 직선 또는 단위원 둘레와 수직으로 만나는 원의 일부분로 정의된다. 쌍곡 평면에서는 유클리드 기하의 첫 네 공리는 성립하지만, 평행선 공리는 성립하지 않아서, 직선 밖의 한 점을 지나 그 직선에 평행한 직선이 무수히 많이 존재한다. 따라서 쌍곡 평면의 임의의 삼각형의 세 내각의 합은 항상 180도보다 작게 된다.

80) 그는 『천체 역학』을 나폴레옹에게 헌정하였는데 나폴레옹이 "라플라스 경, 당신은 우주에 대해 이렇게 큰 책을 쓰면서, 우주의 창조주에 대한 언급은 하나도 없군요."라고 말하자 "폐하, 저는 그 가정이 필요 없었습니다."라고 답했다고 한다.

81) 가우스가 가장 먼저 발견했지만, 예상되는 논란이 두렵거나 대응하기 귀찮아서 연구 결과를 출판하지 않았다. 또한 그는 명예욕이 없이 수학적 성취 자체에 만족하였고, 완벽주의자여서 충분히 완숙한 소수의 결과만 발표한다는 신념으로 많은 수학적 발견들을 자신의 수학 일기에만 기록해 두었다. 그래서인지 그는 종종 타인의 걸작에 대해 칭찬이 인색하였다. 사실 사원수도 가우스가 먼저 발견했다.

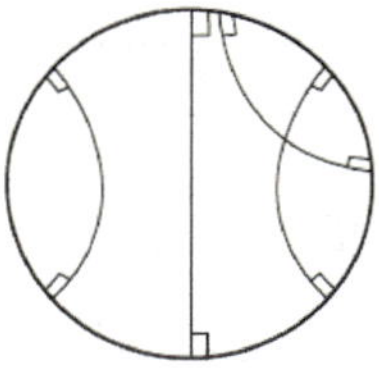
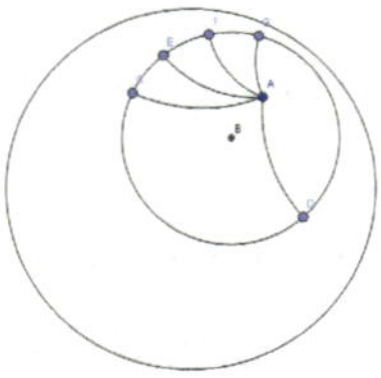
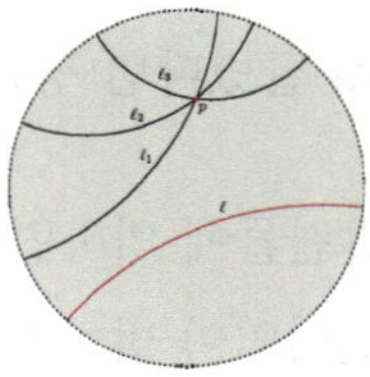
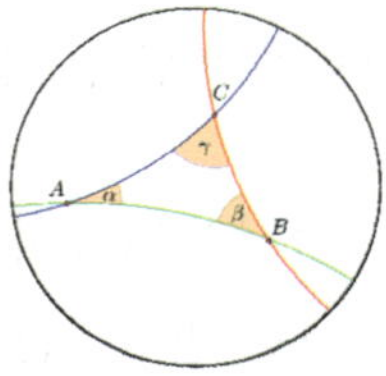

[1] 임의의 두 점을 잇는 직선이 존재한다.

[2] 선분을 이어서 직선을 만들 수 있다.

[3] 임의의 중심과 반지름을 가진 원을 그릴 수 있다.

[4] 모든 직각은 서로 같다.

- 해밀턴이 사원수(quaternion) $a+bi+cj+dk$ (a, b, c, d는 임의의 실수)를 발견하다.

$$i^2 = j^2 = k^2 = ijk = -1$$
$$ij = -ji = k$$
$$jk = -kj = i$$
$$ki = -ik = j$$

- 위의 두 발견으로 인해 수학은 실제 세계에 대한 필연적 절대 진리로서의 위상이 약화되었다. 가우스는 "순수 수학(수를 기초로 세워진 수학)이 담보하고 있는 절대적 확실성을 기하학은 결여하고 있다.… 복소함수도 모든 수학 구성물과 마찬가지로 사람이 만들어 낸 것에 지나지 않는다."라고 말했다.

사실 분수의 덧셈도 얼마든지 다르게 정의될 수 있다. 가령, 야구 선수가 어제 3타수 2안타를 쳤고, 오늘 4타수 3안타를 쳤다고 하면, 두 경기 합산 타율 $\frac{5}{7}$는 $\frac{2}{3}\oplus\frac{3}{4}$이고, 자동차가 2시간 동안 50km 달리고

3시간 동안 100km 달렸다면 평균 속력 $\frac{150}{5}$km/h는 $\frac{50}{2} \oplus \frac{100}{3}$이다.

하지만 나중의 발견들에 의하면 이런 새로운 수학들도 결국 실제 자연 세계를 반영하는 진리임이 밝혀진다. 가령 아인슈타인의 일반 상대성이론에 의하면, 우리 우주가 사실 유클리드 공간이 아니라 비유클리드 공간이고, 사원수는 전자 등 기본 입자의 스핀(spin)을 기술하는 유용한 대수적 도구가 된다. 로마의 철학자 세네카가 말했던 것처럼, 자연은 그 모든 신비를 한 번에 모두 드러내지 않는다.

- 수학은 외형적으로 비약적인 발전을 이루었지만 논리적 엄밀성이 취약했다. 아직도 무리수, 음수, 복소수에 대해서 수로서 거부감이 있었고, 극한에 대한 명확한 개념 없이 구성된 미적분학은 엄밀한 논리적 기초가 결여되어 있는 등 수학 전반에 확실성이 없었다.

- 17~18세기 수학자들은 수학을 이용한 과학에서의 뛰어난 성과와 수학적 진리에 대한 종교 적 확신에 힘입어 논리적 정당화에 소홀했고, 직관이나 물리적 논증에 의존하기도 했다. 15세기까지 수학에서 다룬 개념들은 경험에서 직접적으로 추상화한 것이어서 직관에 의존해도 심각한 오류가 생길 위험이 적었지만, 추상적 개념들로부터 연역과 재추상화 과정을 거치면서 나타나는 개념들에게 인간의 직관은 매우 위험한 도구가 될 수 있다.

심지어 앙페르[82] 등은 함수가 연속이기만 하면 미분 가능하다는 증명(!!)을 했고, 저명한 수학 교재들에 그 증명이 버젓이 실릴 정도였다. 나중에 Weierstrass가 모든 점에서 연속이지만, 모든 점에서 미분 불가능한

82) A. Ampère: 프랑스의 물리학자이자 수학자. 전자기학의 앙페르의 법칙을 발견함. 수학 교사 출신.

함수를 제시하자 온 세계는 충격에 휩싸였다.

자연 현상을 설명하는데 이룬 눈부신 성과에 도취된 자만심에 눈멀어 서인지 엄밀한 증명을 경시한 수학자들도 많았다. 케일리-해밀턴 정리[83)]를 발견한 케일리는 2×2 행렬에 대해서 증명하고 일반적인 $n\times n$ 행렬에 대해선 공연히 힘들여 증명할 필요가 없다고 넘어 갔다. 타원 함수와 야코비 행렬로 유명한 Jacobi는 "가우스가 요구하는 그런 수준의 엄밀성을 만족시키기엔 우리에게 시간이 없다."라고 말했다.

일부 수학자들은 이런 상황에 대해 우려하였는데, 노르웨이 수학자 아벨은 다음과 같이 말했다. "해석학에서 우리는 엄청난 모호함을 발견하게 됩니다. 나아가야 할 방향이나 체계가 전혀 없는데도 많은 사람들이 해석학을 공부하고 있다는 사실이 매우 이상하게 여겨집니다. 더욱 심각한 점은 지금까지 엄격하게 다뤄진 적이 한 번도 없었다는 점입니다. 논리적으로 타당한 방식을 통해 증명된 정리가 고등 해석학에서는 거의 없는 형편입니다. 특수한 경우에서 일반적 명제를 주장하는 터무니없는 방식을 도처에서 찾아볼 수 있는데, 이렇게 하고도 이른바 역설이 거의 생겨나지 않았다는 점은 극히 이례적이라 할 것입니다."

현재의 수학계에도 비슷한 우려가 드리워져 있다. 지금은 수학의 공리주의적 체계가 잘 확립되고 증명의 엄밀성이 매우 강화되었지만, 물질적 풍요에 힘입어 수학자들도 연구비를 과도할 정도로 받고, 연구 논문 생산에 대한 압박감이 어느 때보다 높다. 따라서 지나치게 많은 (급조된) 수학 논문들이 쏟아져 나오고 있는데 이 많은 논문들을 엄격히 심사할 수 있는 여유가 없는 실정이다. 제대로 검증받지 못한 논문에 기초하여

83) $n\times n$ 행렬 A의 특성 다항식 $f(t)=\det(t\cdot Id-A)$에 $t=A$를 대입하여 얻는 행렬이 0이다.

또 다른 논문이 양산되고 있는데 이러다간 현대 수학이 종이 집(House of Cards)처럼 무너질지 모르는 위기감이 있다.[84)]

그 뿐 아니라 현대 수학이 너무 고도화되고 정교한 기법들을 요구하게 되어 뛰어난 수학자들도 자신도 모르게 범한 실수로 인해 자신의 이론이 무너질지 모르는 두려움을 항상 안고 있다. 필즈상 수상자 Alain Connes는 증명을 마친 후의 불안감과 두려움을 다음과 같이 표현했다. 그것은 마치 절벽을 타고 내려가는 것과 같다. 자꾸만 아래를 내려다보며 "여기 아마도 내가 실수했을 것 같아."라고 끊임없이 되뇌게 된다.

5.2 음수의 정당화

- 무에 대한 관념에 익숙했던 인도인이 0을 최초로 발견한 것처럼, 음수는 3세기 경 음양오행설에 익숙했던 중국인이 돈 계산에 음수를 사용하여 가감 연산을 하였다. 인도의 천문학자이자 수학자 브라마굽타가 음수를 빚으로 이해하여 0을 포함한 모든 수에 대한 가감승제를 정의하였고, 무한대도 어떤 수를 0으로 나눈 결과로 정의하였다. 인도인들의 음수는 아라비아에 전해지고, 이어서 중세 때 유럽에도 전해졌지만 15세기까지 거의 사용되지 않았다.

- 17세기 중반 이후 음수는 자유로이 사용되었지만, 무리수와 달리 음수는 양적인 의미가 약해서인지 19세기 중엽까지도 유럽인들은 음수를 부조리한 수로 여겼고 논리적으로 정당화를 할 수 없었다. 음수 곱하기

84) 사실 이미 대형 사고가 발생했다. Perelman이 Poincaré 추측을 100년 만에 해결해 2006년 필즈상까지 수여되었지만, 몇 년 후 그가 증명에 핵심 도구로 이용했던 정리에 반례가 발견되었다. 그 정리는 수학계에서 아무 의심 없이 사용해오던 유명한 정리였지만 실상 오류가 있었던 것이다. 다행히도 그 오류를 수정할 수가 있어서, Perelman의 증명도 약간 수정하면 되는 것으로 잘 해결되었다.

음수가 양수가 된다는 사실만 봐도 그들이 느꼈을 심리적 저항감을 충분히 추측할 수 있다. 천재 수학자[85] 파스칼도 0에서 4를 빼면 0이라고 말했고, 달랑베르는 음수 해는 곧 그 수치의 정반대 값이 해가 된다는 뜻이라고까지 말했다. J. Wallis[86]는 음수가 0보다 작지만 무한대보다 크다고 주장했는데, 분모가 작아지면 더 커져야한다는 논리로 $\infty=\frac{1}{0}<\frac{1}{-1}=-1$에 이르렀던 것이다. 하지만 그는 처음으로 수를 직선에 표현하는 방법을 통해 음수 연산에 대한 의미를 부여했는데, 지금도 음수 개념을 가르치는 유용한 도구이다. 데카르트에 의해 도입된 직교 좌표계도 음수를 기하적으로 이해하는데 도움이 되었다.

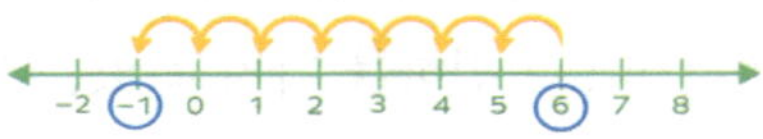

6-7=-1

19세기 중엽 이후 음수를 양적 개념보다는 추상적인 대수적 대상으로 이해하면서 음수에 대한 의미가 더 명확해졌다. 현대 수학에서 음수는 덧셈 연산에 대한 양수의 역원으로 형식화되며, 이 방법을 일반화하여 '더하기'가 정의된 임의의 수학적 대상에 대해서도 해당하는 음의 대상을 정의할 수 있다. 수학에서 엄밀화와 논리화는 종종 뒤따라오는 것이며, 우선은 직관과 경험에 의해 타당성을 부여받은 수학적 대상과 개념을 계속 사용하며 수학의 지평을 확장시켜 나가게 된다.

- 인간이 음수를 받아들이는데 오랫동안 어려움을 겪었던 것은 자연수에 대한 관념이 인식론적 장애로 작용하기 때문으로, 수학이 단순히 형식 그 이상의 의미를 담고 있음을 보여준다. 음수를 다루는 형식적 규칙은

85) 16세 때 파스칼의 정리를 발견했고, 세계 최초로 계산기를 발명했는데, 프로그래밍 언어 파스칼도 그의 이름을 딴 것이다.

86) 17세기 영국의 수학자이자 성직자로 ∞ 기호를 최초로 도입하였다.

단순하여 회계 등에서 유용하게 사용했지만, 인간이 수라는 형식에 부여한 의미를 음수가 갖고 있지 못했다. 음수를 받아들이기 위해서는 수의 의미가 더 확장되어야 했다. 인간은 단지 무모순일뿐 별로 의미 없는 아무런 형식을 탐구하지 않으며, 형식들이 가지는 의미로 인해 인간은 수학으로부터 통찰을 얻게 되는 것이다. 괴델의 불완전성 정리를 통해서도 수학이 단순히 형식 그 이상임을 알 수 있다.

- 음수는 인간이 구성해낸 대표적인 추상적 개념으로 볼 수 있지만, 인간과 무관하게 이미 자연계에 음수가 실재하고 있음을 보여주는 물리적 예로 전하량 보존 법칙이 있다. 전자는 음(−) 전하를 가지고 있고, 양전자는 양(+) 전하를 가지고 있는데, 가령 2개의 전자가 3개의 양전자와 부딪히면, 전자−양전자 두 쌍이 빛으로 바뀌고, 양전자가 하나 남아 전하 값이 +1이 된다. 이것은 자연에 “$-2+3=1$”이 실재한다는 증거가 아닐까?

5.3 복소수(複素數, complex number)의 발견

- $\sqrt{-1}$는 제곱해서 -1이 되는 형식적인 수로 16세기 중엽 G. Cardano가 처음으로 도입하여 $(5+\sqrt{-15})(5-\sqrt{-15})=40$을 얻었지만, 쓸모없고 궤변적인 것으로 간주했다. 그는 점성술을 지나치게 믿는 신비주의적 성격이라 이 발상을 할 수 있었는지 모르지만, 콜럼버스의 달걀처럼 아무도 가지 못한 길을 최초로 가는 것은 쉬운 일이 아니다.

같은 이탈리아 수학자 R. Bombelli는 여기서 한발 더 나아가 복소수의 연산을 정의하고 대수 방정식을 푸는데 이용하였다. 가령 3차 방정식 $x^3 = 15x + 4$의 해를 Cardano의 공식[87)]으로 구하면 $x = \sqrt[3]{2+\sqrt{-121}} + \sqrt[3]{2-\sqrt{-121}}$ 이 되는데, $\sqrt[3]{2+\sqrt{-121}}$ 를 $a+b\sqrt{-1}$ 로 놓으면, $\sqrt[3]{2-\sqrt{-121}}$ 는 $a-b\sqrt{-1}$ 가 되어 $x=2a=4$를 얻었다.

○ 음수도 받아들이기 어려운 추상적인 대상인데 그 음수를 다시 추상화하여 얻은 $\sqrt{-1}$ 은 훨씬 더 받아들이기 어려웠다. 하지만 음수처럼 복소수도 사용을 거듭하면서 점점 확신이 늘어갔다. 오일러는 $\sqrt{-1}$ 대신에 i 표현을 사용하고, 지수 함수와 삼각 함수의 정의역을 복소수에까지 확장하고 $e^{i\theta} = \cos\theta + i\sin\theta$를 발견하였다.

○ 복소수는 실재로서보다는 중간 계산 과정에서 나타난 형식으로 간주되었지만, 19세기에 와서 덴마크-노르웨이의 지도 측량사 Wessel, 파리에서 책방을 경영하던 Argand, 가우스는 복소수를 좌표 평면의 점으로 표현하고, 덧셈과 곱셈 연산도 기하적으로 표현함으로써 복소수에 대한 의구심을 해소하는데 일조했다. 따라서 복소수는 크기와 (x축과의)

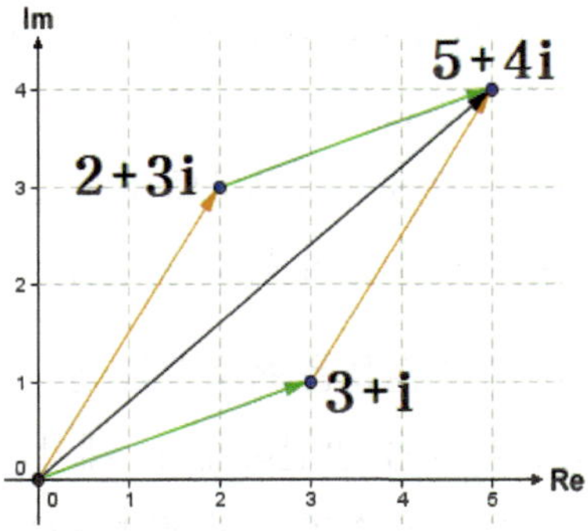

[$(2+3i)+(3+i)=5+4i$의 기하적 표현]

87) 사실 Cardano가 구한 것이 아니라 다른 이탈리아 수학자들 del Ferro와 Tartaglia가 각각 발견한 것을 그의 제자 Ferrari가 발견한 4차 방정식의 해법과 함께 자신의 책 『Ars Magna』에 수록한 것이다. Cardano는 음수를 체계적으로 사용한 최초의 유럽인이었고, 확률론을 연구해 도박에 이용해 학비를 대었고, 축의 회전력을 다른 축으로 전달하는 조인트를 발명하였다. 그는 수학자와 발명가 뿐 아니라 의사로서도 큰 족적을 남겼지만, 자녀들로 인해 불행한 인생이었다.

각도를 동시에 가진 벡터로 해석되며, 이 사실로 인해 복소수는 나중에 자연을 기술하는 핵심적인 도구가 된다.

가우스는 데카르트가 명명한 허수라는 이름과 $\sqrt{-1}$ 라는 서투른 표기 때문에 사람들의 복소수 이해를 힘들게 하고 있다고 말하고, 대신 복소수라는 이름과 i라는 표기를 사용했다.

- 복소평면에 정의된 함수의 미적분도 Cauchy, Riemann, Weierstrass 등에 의해 아름다운 이론으로 개발되어 유체 역학에 활용되었고, Cauchy는 복소수를 대수적인 대상으로 형식화하였다. 즉 복소수의 집합은 실수 집합 $\mathbb{R}$의 확대 체 $\mathbb{R}[x]/(x^2+1)$이다.

복소수가 가지는 중요한 대수적 성질은 가우스와 Argand이 독자적으로 증명한 대수학의 기본 정리로 복소수 계수를 가지는 임의의 n차 다항식은 (중복도를 포함하여) n개의 복소수 근을 가진다. 이는 실수에서 드러나지 않는 대칭성이 복소수로 확장할 때 보여짐을 함축한다. 다음 장에서 살펴볼 만델브로트 집합 뿐 아니라 인간이 예상치 못했던 아름다운 수학적 구조들이 복소수에 숨어 있다.

이런 사실들은 복소수의 실재성을 더 확신할 수 있게 해준다. 비록 복소수를 처음 발견하게 된 계기는 다소 인위적이었지만, 실수의 집합인 직선을 복소수의 집합 평면으로 확장하는 것은 매우 자연스럽고 필연적인 과정이다. 합리적인 사칙 연산이 가능한 수 체계는 직선과 평면에만 부여할 수 있기 때문이다. 아울러 실수가 거시 세계의 자연을 기술하는 것처럼 미시 세계의 양자 역학을 기술하는 데 있어 복소수가 필수적이라는 사실도 복소수의 실재성을 더 지지해준다.

5.4 무리수와 실수를 정의하다

○ 중세 때 아라비아 수학에서 전해져서 무리수도 수로서 받아들이고 오랫동안 사용되어 왔지만, 수로서 논리적 기초가 결여되어 있었다. 숫자로 표시하고자 하면 소수점 아래 무한히 불규칙적으로 계속되어 명확성이 결여되므로 실수로 간주하기가 어려웠다. Bombelli는 실수를 직선상의 길이로 가정하고 기하적으로 사칙 연산을 정의하여 무리수와 실수를 정당화하였다.

○ 하지만 이런 기하적 정당화는 실수를 엄밀하게 정의한 것이 아니다. 유클리드 기하학에서 직선은 무정의 대상으로 완비성의 개념을 가지고 있지 않기 때문이다. 완비성이란, 쉽게 말해 직선이 누락된 수 없이 모든 실수를 다 포함하고 있다는 뜻으로, 직선 상의 임의의 수열 a_n이 코시 수열이면, 즉 $\lim_{n\to\infty}|a_n - a_{n+1}| = 0$을 만족하면, 그 수열의 극한점이 존재한다는 것이다.

19세기 중엽 이후 Weierstrass, Dedekind, Cantor에 힘입어 비로소 무리수와 유리수를 통합하여 실수는 물리적 길이로서가 아니라 추상적인 대상으로 엄밀히 정의되었다. 이로부터 실수 집합[88] $\mathbb{R}$의 완비성이 얻어져 해석학의 기초가 마련되었고, 해석 기하도 $\mathbb{R}^2 = \mathbb{R} \times \mathbb{R}$에서 엄밀히 구현될 수 있게 되었다.

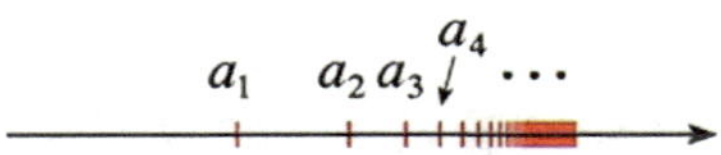

○ 실수를 구체적으로 구성하기 위해, 유리수의 집합을 더 확장해보자. 가령 $a_1 = 1$, $a_2 = 1.4$, $a_3 = 1.41$, $a_4 = 1.414$, ⋯ 으로 정의되는 수열 a_n은

88) 실수 집합 $\mathbb{R}$의 정확한 정의는 (유일한) "완비 순서 체(complete ordered field)"이다.

유리수들로 이뤄진 코시 수열로, $\sqrt{2}$ 로 수렴한다. 따라서 $\sqrt{2}$ 라는 수를 이 수열로 표현할 수 있다.

이제 유리수로 이뤄진 임의의 코시 수열 a_n이 하나의 수를 나타내는 것으로 **정의**하고, a_∞로 표기하자. 이제 실수는 이런 a_∞들을 말하며, 유리수와 기존의 알던 모든 무리수들도 다 실수가 된다. 수열 $a_n - b_n$이 0으로 수렴할 때, a_∞는 b_∞와 같은 것으로 간주하며, 실수들의 대소 관계와 연산도 다음과 같이 정의하면 된다.

$a_\infty > b_\infty \Leftrightarrow$ 어떤 자연수 N이 존재해서 $n > N \Rightarrow a_n - b_n > 0$,
$a_\infty \pm b_\infty :=$ (수열 $a_n - b_n)_\infty$, $a_\infty \times b_\infty :=$ (수열 $a_n b_n)_\infty$

드디어 인류는 $\sqrt{2}\sqrt{3} = \sqrt{6}$ 을 엄밀히 증명할 수 있게 된 것이다.

5.5 해석학의 엄밀화

- Bolzano, Cauchy, Weierstrass에 의해 극한, 수렴, 함수의 연속성 등이 $\epsilon - \delta$ 논법으로 엄밀히 정의됨으로써 해석학의 모호함이 해소되었다. 기존에 사용하던 정의들은 무한(소)를 이용한 것으로 단순하고 직관적이어서 이해하기 쉽지만 엄밀하게 규정되지 못하여 오류를 유발하기 쉬웠는데, $\epsilon - \delta$ 논법은 극한 개념을 곤혹스런 무한 개념으로 표현하지 않고, 위상 수학적(topological) 개념으로 표현하여 논리적으로 명확해졌다.

가령 수열 a_n이 실수 L로 수렴함은 다음으로 정의된다.:

임의의 (작은) 양수 ϵ에 대해서도 어떤 자연수 N이 존재해서, $n > N \Rightarrow |a_n - L| < \epsilon$

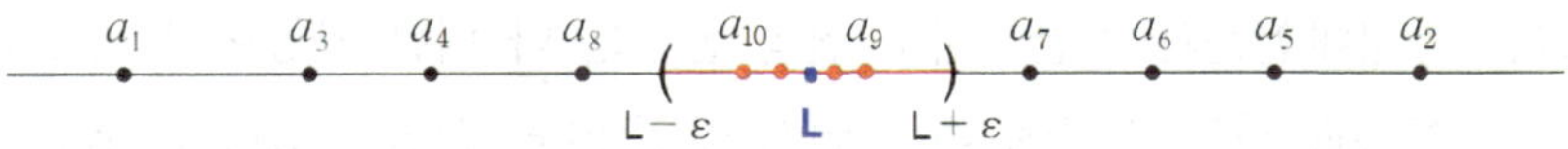

$\epsilon-\delta$ 논법으로 함수열 f_n이 f로 **평등 수렴**함도 정의할 수 있다.:

임의의 양수 ϵ에 대해서 어떤 자연수 N이 존재해서, $n>N \Rightarrow \forall x \ \ |f_n(x)-f(x)|<\epsilon$

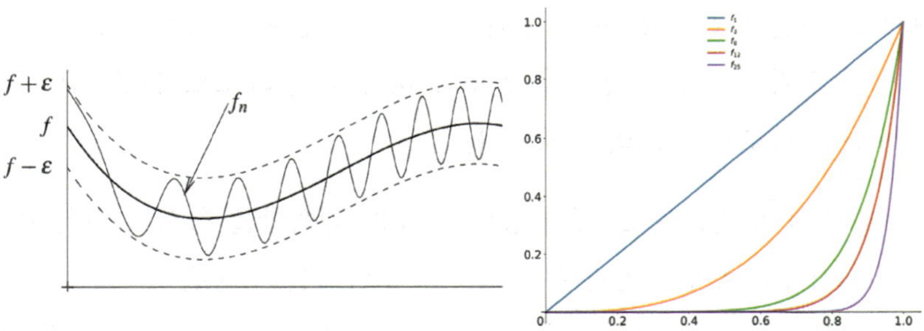

[우: $[0,1)$에서 정의된 함수열 $f_n(x)=x^n$은 $f(x)=0$로
각 점에서 수렴하지만 평등 수렴하지 않음]

함수열에서 평등 수렴의 중요성은 다음에 있다.

$$\lim_{n\to\infty} f_n(x): \text{평등 수렴} \Rightarrow \lim_{n\to\infty}\int_a^b f_n(x)\,dx = \int_a^b \lim_{n\to\infty} f_n(x)\,dx$$

$$\lim_{n\to\infty} f_n(x): \text{각 } x\in[a,\,b]\text{에서 수렴},\ \lim_{n\to\infty} f_n{}'(x): \text{평등 수렴}$$

$$\Rightarrow \frac{d}{dx}\lim_{n\to\infty} f_n(x) = \lim_{n\to\infty}\frac{d}{dx} f_n(x)$$

● 이 과정에서 독일의 수학자 Weierstrass의 공이 제일 크다. 코시도 해석학에서 엄밀성을 강조하고 엄밀화를 시도했지만, 수렴성 등 미묘한 개념을 너무 단순히 생각해서 실수가 많았고, 오개념을 많이 가지고 있었다.

그는 동시대인들과 마찬가지로 연속 함수는 다 미분 가능이라 믿었고, 평등 연속과 평등 수렴에 대한 인식이 없었다. 반면에 Weierstrass의 엄밀함은 "극도로 주의 깊은 추론"의 동의어로 불릴 정도였다. 그는 오랜 기간 중등 교사로서 재직했고, 나중에 교수가 되어선 아주 훌륭한 강의자이자 영감을 주는 선생이었다고 한다. 그의 강의는 매우 세심하게 준비되었고, 그의 수많은 수학적 발견은 논문이 아닌 강의를 통해 세상에 알려졌다. 또한 그는 매우 관대하게도 제자들이나 다른 이들이 자기의 발견 결과를 이용해 명성을 얻도록 허락했다. 최초로 실무한의 세계를 개척한 칸토르도 그의 제자였다.

- 아브라함 로빈슨은 20세기 중엽 비표준 해석학을 창시하였다. 비표준 해석학에선 무한대들과 무한소들을 포함하는 확장된 수(초실수) 체계를 사용하며 기존 해석학의 극한 개념이 무한 개념 없이 대수적으로 정의된다.

5.6 자연수의 공리화

- 그동안 직관과 경험에 의존해왔던 자연수도 19세기말 독일의 수학자 Dedekind와 이탈리아 수학자 Peano에 의해 형식화 되었는데, 보통 페아노 공리계라 부른다.

[1] 0은 자연수다.[89)]

[2] 임의의 자연수 n에 대해 유일한 "다음 자연수" $S(n)$이 존재한다.

[3] 임의의 자연수 n에 대해 $S(n)$은 0이 아니다.

89) 페아노는 1을 첫 번째 자연수로 택했는데, 현대 집합론에선 주로 0을 첫 번째 자연수로 택한다.

[4] 임의의 자연수 n, m에 대해, $S(n) = S(m) \Rightarrow m = n$이다.

[5] 자연수 n에 대한 각 명제 $p(n)$에 대해, $p(0)$가 참이고, $p(n) \Rightarrow p(S(n))$이면, $p(n)$는 모든 자연수 n에 대해 참이다. (귀납의 원리)

위에서 p는 임의의 명제가 아니라 구체적 공식으로 표현 가능한 가산 개의 명제들만 해당한다.[90] 만약 [5]가 빠지면, 아래 그림의 도미노도 자연수 집합이 된다.

자연수의 덧셈은 다음으로 정의된다.:

$1 := S(0)$, $2 := S(1) = S(S(0))$,
$3 := S(2) = S(S(S(0))), \cdots$로 표기하면,

임의의 자연수 n에 대해 $n + 0 = n$,
$n + 1 = S(n)$, $n + 2 = S(S(n))$, $n + 3 = S(S(S(n))), \cdots$

연습문제 $4 := S(3)$이라고 표기할 때, $2 + 2 = 4$를 보이시오.

○ 집합에 대한 ZF 공리계를 이용하면 위 공리계를 만족하는 자연수들을 구체적인 집합들로 구성할 수 있으며, 모든 자연수들의 집합은 "유일"(isomorphic)하다. 자연수에 곱셈을 정의하려면, 위 공리들에 다음을 추가해야 한다.

임의의 자연수 n, m에 대해 $n \times 0 = 0$, $n \times S(m) = (n \times m) + n$

○ 괴델의 제2 불완전성 정리로 인해, 페아노 공리계의 무모순성은 이 공리계 내에서는 증명이 불가능하다. 독일의 수학자 G. Gentzen은 무한

90) 위 [5]를 1차 논리만 사용하여 구성했기 때문이다. 2차 논리를 허용한다면 임의의 "추상적" 명제 p에 대해서도 귀납 원리가 성립하도록 요구한다.

서수[91] ϵ_0까지의 초한 귀납법을 이용해 페아노의 공리계의 무모순성을 보였다. 초한(transfinite)수 ϵ_0의 실재성을 부인하는 사람들도 있지만, 대부분의 수학자들은 페아노 공리계가 무모순일 것이라 믿고 있다.

○ 인류가 수학을 시작하고 거의 6천년 만에 2 + 2 = 4를 증명하게 되었다. 철학자 데카르트가 2 + 2 = 4에 대해 회의를 가진 이래 서구에선 종종 2 + 2에 대한 논란(?)이 있어 왔다. 전체주의 사회를 그린 George Orwell의 소설 『1984』에선 국가에 의해 "2 + 2 = 5"가 강요되는 사회이다. 사회적 구성주의에 의하면 절대적 진리는 존재하지 않고 모든 지식과 사상을 상대적으로 간주한다. 국가의 강요 혹은 다수의 합의에 의해 "2 + 2 = 5"도 성립될 수 있는 것일까?

5.7 생각해 볼 문제들

❶ 자연수에서 정수, 유리수, 실수, 복소수, 사원수 등으로 수는 대수적으로 계속 확장되어왔는데, 더 확장이 가능할까? (비)유클리드 기하를 일반화하여 새로운 관점에서 새로운 기하 체계를 하나 만들어 보시오.

❷ 학교에서 학생들은 주어진 알고리즘을 따라 계산하는 것은 잘 해내지만, 새로운 추상적 개념을 받아들이는데 큰 어려움을 느낀다. 역사적으로 음수에 대한 계산 규칙이 오래전에 주어졌지만, 수학자들도 그 개념을

91) 다음 장에서 다루게 되겠지만, ω를 가장 작은 무한 서수, 즉 자연수 전체의 서수라 할 때, 무한 서수 ϵ_0는 $\epsilon = \omega^{\epsilon}$를 만족하는 서수 ϵ 중 가장 작은 수로 정의된다.

받아들이는데 어려워했고, 인류가 그것을 온전히 받아들이는데 천년도 더 넘는 긴 세월이 걸렸다는 사실로부터 어떤 교육학적 시사점을 얻을 수 있을까?

❸ 실수의 집합이 (이데아의 세계 또는 자연에) 실재하는지 아니면 인간의 역사적 구성물인지 자신의 관점을 진술하되 논거를 들어 논증하고, 각각의 관점에서 실시한 수학 교육에 각각 어떤 영향을 미칠 수 있는지 논하시오.

CHAPTER

06

수학, 낙원의 문턱에 서다

No one shall expel us from the paradise which Cantor created for us.

- D. Hilbert

6.1 엄밀화와 공리화

- 힐버트 등에 의해 유클리드 기하학의 엄밀한 공리화가 이뤄졌다. 점, 선, 면 등은 무정의 대상이 되고, 그것들의 기본적인 형식적 관계들이 공리로 채택되었다. 『기하학의 기초』에서 힐버트가 지적한대로, 그 책의 모든 명제에서 점, 직선, 평면이라는 용어 대신 탁자, 의자, 맥주잔으로 바꾸어도 그 명제는 성립한다.

- 공리란 수학이라는 게임의 규칙을 정하는 일과 흡사하다. 가위, 바위, 보가 의미하는 것이 무엇인지 **정의할 필요 없이** 게임 진행 규칙만 상충되지 않게(**무모순적으로**) 잘 규정해 놓아서 가위 바위 보 게임을 얼마든지 할 수 있게 해주면 된다. 공리주의의 주창자라고 할 수 있는 힐버트는 『공리적 사고』에서 다음과 같이 말했다. "수학적 사고의 대상이 되는 모든 것은 그에 대한 이론 수립의 시기가 무르익으면 공리적 방법을 취하게 되고, 그래서 곧바로 수학의 영역으로 들어오게 된다. 공리를 깊이 파고들면 파고들수록 우리는 과학적 사고에 대해 깊이 있는 통찰력을 얻을 수 있으며, 인간 지식의 통일성을 배울 수 있다. 특별히 공리적 방식 덕분에 수학은 모든 지식의 선도적 역할을 부여받게 된다."

- 1900년까지 산술, 대수학, 해석학, 기하학의 엄밀화가 완료되었다. 1900년 파리에서 열린 제2차 세계 수학자 대회에서 Poincaré는 "이제 완벽한 엄밀성이 이루어졌다고 말할 수 있다."고 선언하였다

- 하지만 엄밀성에 그리 달가워하지 않는 수학자들도 있었다.

프랑스 수학자 Hadamard: 엄밀성은 직관이 정복해 놓은 것을 사후 승인할 따름이다.

프랑스 수학자 Picard: 진정한 엄밀성은 생산적이다. 순전히 형식적이고 성가시기만한 그런 엄밀성과는 구별된다. 그런 형식적인 엄밀성은 해결하고자 하는 문제에 오히려 어두운 그림자를 드리운다. … 연속함수가 반드시 도함수를 갖는 것이 아니라는 사실을 뉴턴과 라이프니츠가 알았더라면 미적분학은 절대 태어나지 않았을 것이다.

- 수학에서 엄밀성은 생명과도 같지만, 창조 행위에 장애가 될 수도 있다. 프랑스의 계몽주의 철학자 디드로는 다음과 같이 말했다. "누구나 어떤 방향으로든 우선 연구를 시작해야 한다. 그리고 시작은 항상 불완전하며 또 실패로 마무리되는 일이 많다. 꼭꼭 숨겨져 있어 모든 길을 다 가 본 후에야 최선의 길을 찾아낼 수 있는 그런 진리들이 있다. 사람들에게 올바른 길을 보여주기 위해서는 누군가가 반드시 잘못된 길로 들어설 위험을 감수해야 한다. 우리는 진리에 도달하기 위해서 반드시 먼저 오류를 경험해야 하는 운명을 타고난 존재들이다."

6.2 무한의 신세계가 열리다

- 제논의 역설 이후 아리스토텔레스는 완성되지 않는 잠재적 가무한은 존재하지만, 완료된 실무한은 존재하지 않는다고 못 박았다. 즉 무한히 많은 자연수들은 다 존재하지만, 자연수의 집합은 존재할 수 없다는 것이다. 그 이후 무한에 대한 인식론적 장애는 2000년 동안 인류를 속박해왔다. 갈릴레오도 무한에 대한 새 역설을 발견하였는데, 만약 모든 양의 정수들로 이뤄진 집합 ℕ이 존재한다고 하면, 제곱수들로 이뤄진 진부분 집합과 일대일 대응을 이루게 되므로, 『원론』의 공리 "전체는 부분보다 크다"에 모순이 된다. 힐버트의 무한 호텔 역설도 이와 같은 이유에서 연원하는 역설이라 할 수 있다.

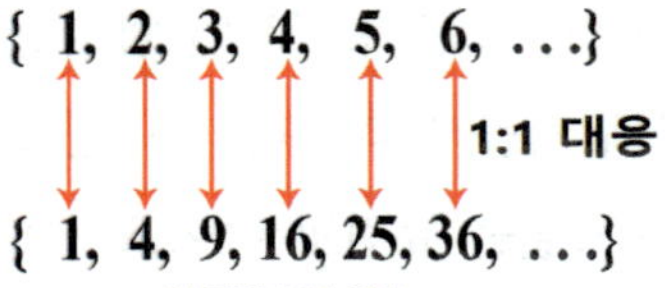

갈릴레오의 역설

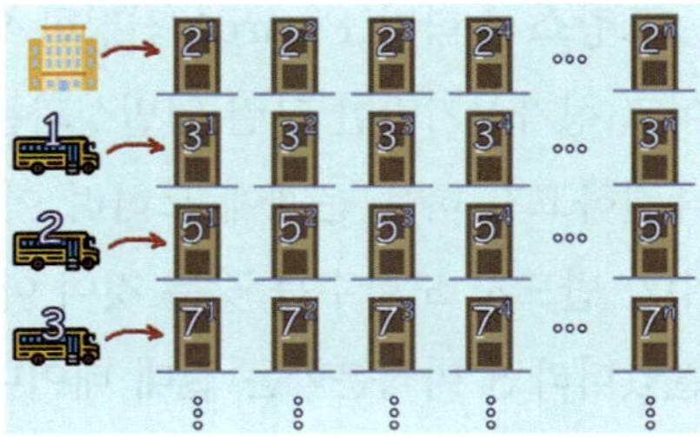

[우: 힐버트의 무한 호텔 역설]

◎ 그럼에도 불구하고 무한에 대한 금기는 조금씩 균열이 가고 있었다. 르네상스 이후 화가들이 원근법에 의해 그림을 그리면서 무한 원점(point at infinity)이 소실점으로 표현되었는데, 지평면에서 무한히 멀리 있는 점이 캔버스 상에서 한 점인 소실점으로 나타나게 된다. 17세기에 사영기하학을 창시한 G. Desargues에 의해 수학적으로도 정의되었다.

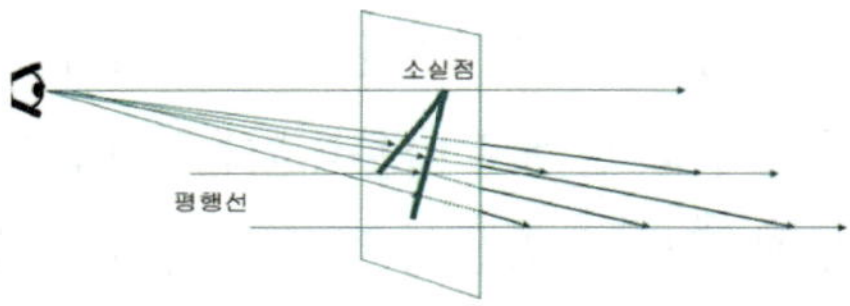

[눈동자에서 $\mathbb{R}^3$를 캔버스로 사영[92)]]

또 극 사영에 의해 구면 상의 북극점은 XY−평면의 무한 원점 ∞에 대응된다.

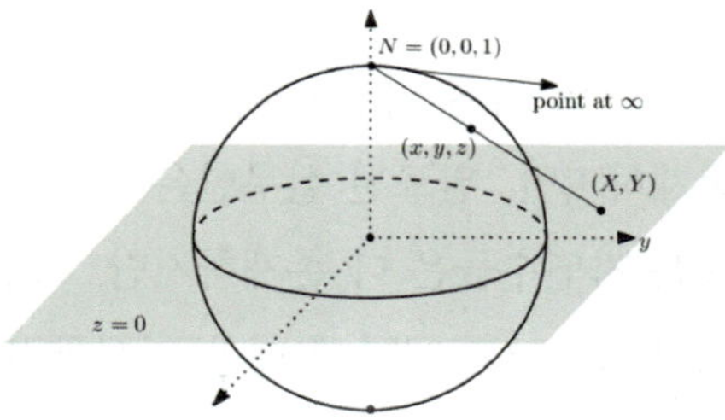

[극 사영 사상: 단위 구면$-\{(0, 0, 1)\}$ $\to$ 평면 $z=0$]

◎ 실무한을 무조건 금기시하는 것도 모순을 유발했다. 가령 직선은 점들로 구성되는 것으로

92) 사실 위 그림에서 캔버스와 평행인 시선들은 그 캔버스로 사영되지 못하고, 다른 캔버스를 택하면 거기에는 사영이 된다. $\mathbb{R}^3$ 전체를 다 "사영한" 추상적인 캔버스를 $\mathbb{R}^3$에서 **원점(눈동자)을 지나는 직선들의 집합**으로 정의하여 이를 사영 평면이라 부른다. 사영 평면에서는 서로 다른 두 직선은 항상 한 점에서 만나게 되어, 또 다른 비유클리드 기하인 타원 기하학이 성립한다.

볼 수 없었는데, 그것이 무한한 합이기 때문이다.

19세기 후반 독일의 수학자 데데킨드와 칸토르는 무한 집합은 유한 집합에 적용되지 않는 새로운 법칙을 만족한다고 보고, 갈릴레오의 역설을 역이용해 무한 집합을 **그 집합 자신과 1:1 대응을 이루는 진 부분 집합이 존재**하는 집합으로 정의했다. 칸토르는 서로 크기가 다른 무한 집합이 무한히 많이 존재한다는 놀라운 사실을 보였다.

[정의]

① 두 집합 A, B가 같은 크기(cardinality, 원소 개수)를 가진다. ⇔ A, B 사이에 1:1 대응이 존재한다.(이 때 $|A| = |B|$로 표기한다.)

② 집합 B가 집합 A보다 크다 ⇔ A가 B와는 1:1 대응을 이루지 못하고, B의 진 부분 집합과 1:1 대응을 이룬다.(이 때 $|A| < |B|$로 표기한다.)

정리(Cantor) : $\mathbb{N}$:양의 정수 집합, $\mathbb{Q}$:유리수의 집합, $\mathbb{R}$:실수의 집합, $\wp(X)$:X의 멱집합일 때,

① $|\mathbb{Q}| = |\mathbb{N}|$

② $|\mathbb{R}| > |\mathbb{N}|$

③ 임의의 집합 X에 대해 $|X| < |\wp(X)|$

증명 ① $\mathbb{Q}$에서 $\mathbb{N}$로 가는 전단사 함수를 구체적으로 보이겠다. 아래 그림에서처럼 유리수들을 하나씩 세어 가는 과정이 그런 함수를 정의해 준다.

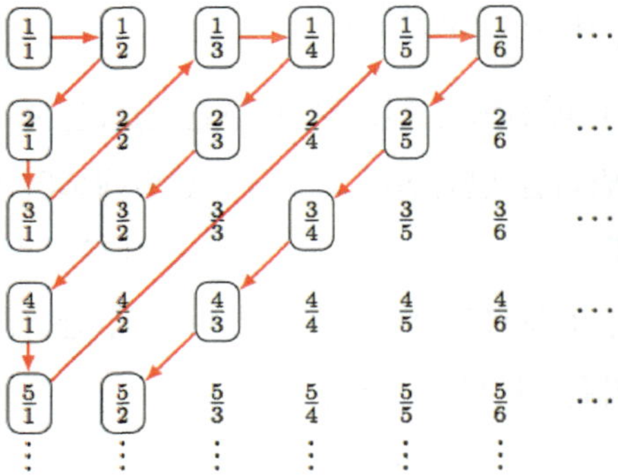

G. Cantor(1845-1918)

② $\mathbb{N}$에서 $\mathbb{R}$로 가는 단사 함수가 존재하므로 $|\mathbb{R}| \geq |\mathbb{N}|$임은 성립한다.

만약 $|\mathbb{R}| = |\mathbb{N}|$이라고 가정해보자. 자연수에 대응되는 순서대로 실수를 다 나열하자. 가령

첫 번째: 8.543543646…
두 번째: 917.634359898…
세 번째: −34.574584359…
네 번째: 846.000000000…
다섯 번째: 21.457434359…
⋮

그렇다면 0.64514…은 위 리스트의 어느 수와도 다른 실수이므로, 모순이다.

③ 우선 $f(x) = \{x\}$로 정의된 함수 $f : X \to \wp(X)$가 단사 함수이므로, $|X| \leq |\wp(X)|$.

이제 X에서 $\wp(X)$로 가는 전사 함수가 없음을 증명하면 된다. 귀류법

으로 보이기 위해 만약 $f: X \to \wp(X)$가 전사 함수라 하자. 집합 $S := \{x \in X \mid x \notin f(x)\} \in \wp(X)$를 고려해보자. 어떤 $z \in X$가 있어 $f(z) = S$이다. S의 정의에 의해 $z \in S \Leftrightarrow z \notin f(z)$. 한편 $f(z) = S$이므로, $z \in S \Leftrightarrow z \notin S$를 얻게 되어 모순이다.

6.3 기수(Cardinal Number)

- 기수란 크기가 같은 집합들을 같은 것으로 간주한 것으로, 크기가 같은 집합들 중 특별한 한 집합을 대표로 정하여 그 기수를 나타낸다. 가령 2는 $\{0, 1\}$을 택한다.[93]

$\{99, 3.14\}$ $\{0, 1\}$ $\cdots$

크기순으로 기수들을 나열해보면, 다음과 같다.[94]

$$0 := |\{\ \}|,\ 1 := |\{0\}|,\ 2 := |\{0,1\}|,\ 3 := |\{0, 1, 2\}|,\ \cdots$$

$$\aleph_0 := |\mathbb{N}|,\ \aleph_1 := |\omega_1|,$$

$$\aleph_2 := |\omega_2|,\ \cdots\ \aleph_\omega := |\omega_\omega|,$$

$$\aleph_{\omega+1}, \cdots, \aleph_{\omega^\omega}, \cdots, \aleph_{\omega_1}, \cdots, \aleph_{\omega_2}, \cdots, \aleph_{\omega_\omega}, \cdots$$

- 기수들에 대해 연산은 다음과 같이 정의한다. 임의의 기수 a, b에 대해

$$a + b := |A \cup B|\ (\text{단, } a = |A|,\ b = |B|,\ A \cap B = \varnothing)$$

$$a \times b := |A \times B|,\ a^b := |\{f: B \to A\}|\ (\text{단, } a = |A|,\ b = |B|)$$

93) 러셀: 인류가 닭 두 마리의 2와 이틀의 2를 같은 것으로 이해하기까지 수천 년이 걸렸다.

94) ω 등은 다음 절에 나오는데, 어떤 특별한 집합으로 순서를 나타낸다는 정도만 알아두자. $\aleph$는 히브리어의 알파벳 첫 글자로 '알레프'라고 읽는다.

그러면 교환법칙, 결합법칙, 분배법칙, 지수법칙이 다 성립하며, 만약 a, b중 적어도 하나가 무한 기수라면, $a+b=a\times b=\max\{a, b\}$이 성립한다.

예 ① $f:\mathbb{N}\cup\{0\}\to\mathbb{N}$를 $f(x)=x+1$로 정의하면 1:1 대응을 이루므로, $\aleph_0+1=|\mathbb{N}\cup\{0\}|=|\mathbb{N}|=\aleph_0$를 얻는다. 이를 n번 적용하면, $\aleph_0+n=\aleph_0$

② $C=\mathbb{N}\cup\{1', 2', 3', 4', \cdots\}$에 대해 $f:\mathbb{N}\to C$를
$f(n)=\begin{cases} k+1 & \text{if } n=2k+1 \\ k' & \text{if } n=2k \end{cases}$로 정의하면 1:1 대응이 되므로, $\aleph_0=|\mathbb{N}|=|C|=\aleph_0+\aleph_0$를 얻는다.
따라서 $\aleph_0+\aleph_0+\cdots+\aleph_0=\aleph_0$

③ $\aleph_0\times\aleph_0\times\cdots\times\aleph_0=\aleph_0$를 보이기 위해 $\aleph_0\times\aleph_0=\aleph_0$만 보이면 된다.
1:1 대응 $f:\mathbb{N}\times\mathbb{N}\to\mathbb{N}$을 오른쪽 그림처럼 지그재그 방식으로 정의하면 된다.

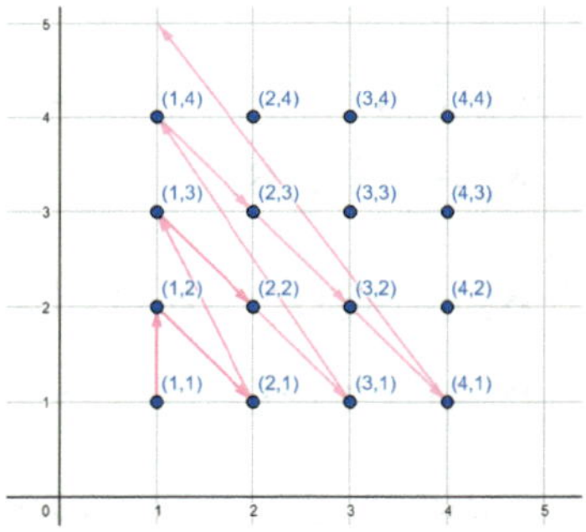

④ $|\mathbb{R}|=2^{\aleph_0}$를 보이기 위해 우선 $|\mathbb{R}|=|(0, 1)|$를 보이자.
$\Phi:\mathbb{R}\to(0, 1)$를
$\Phi(x):=\dfrac{1}{\pi}arctan\, x+\dfrac{1}{2}$로 정의하면 1:1 대응을 이루므로, $|\mathbb{R}|=|(0, 1)|$이다.

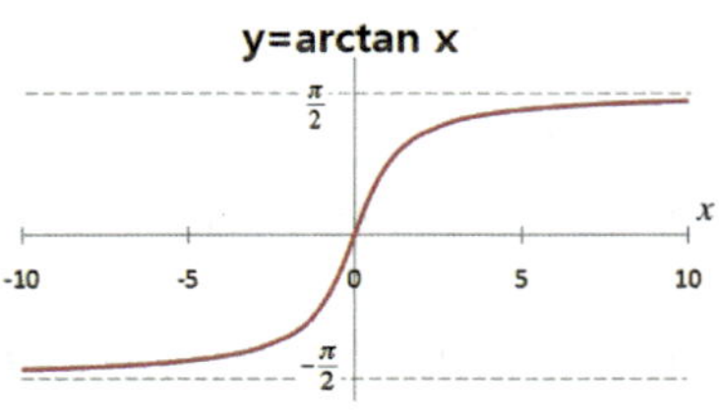

$E:=\{f:\mathbb{N}\to\{0, 1\}\mid f$가 영함수는 아님$\}$로 정의하면

$|E| = 2^{\aleph_0} - 1 = 2^{\aleph_0}$이다.

단사 함수 $\Psi_1 : (0, 1) \to E$을 정의하기 위해 $(0, 1)$의 임의의 실수를 이진법으로 $0.a_1a_2a_3\cdots$로 표현하면, $\Psi_1(0.a_1a_2a_3\cdots)$를 $f(1) = a_1$, $f(2) = a_2$, $f(3) = a_3$, $\cdots$를 만족하는 함수 f로 정하면 된다. 따라서 $|(0, 1)| \le |E|$이다.

또 단사함수 $\Psi_2 : E \to (0, 1)$를 $\Psi_2(f) := \frac{f(1)}{10} + \frac{f(2)}{10^2} + \frac{f(3)}{10^3} + \cdots$로 정의하면, $|E| \le |(0, 1)|$를 얻게 된다. 마지막으로 Cantor- Bernstein 정리[95]에 의해 $|(0, 1)| = |E|$를 얻는다.

연습문제 $|\mathbb{R}| \times |\mathbb{R}| = |\mathbb{R}|$ 즉, 평면 $\mathbb{R}^2$와 직선 $\mathbb{R}$는 1:1 대응을 이룬다.

6.4 서수(Ordinal Number)

자연수에 대해서는 기수나 서수나 사실 별 차이가 없지만, 무한한 수에 대해서는 기수와 서수가 다른 개념이다. 같은 기수라 하더라도 다른 순서 구조를 부여하여 세분한 것이 서수이다.

- 집합[96] A에 주어진 이항(二項)관계 $\le$가 다음을 만족하면 정렬 순서(well-ordering)라 한다.

  [1] 임의의 $a \in A$에 대해 $a \le a$

  [2] 임의의 $a, b \in A$에 대해 $a \le b$이고 $b \le a$이면, $a = b$

95) 임의의 두 집합 A, B가 $|A| \le |B|$이고, $|B| \le |A|$이면, $|A| = |B|$이다.

96) 사실 집합보다 더 일반적인 class(다음 장에서 다룸)에 대해서도 정의된다.

[3] 임의의 a, b, $c \in A$에 대해 $a \le b$이고 $b \le c$이면, $a \le c$

[4] 임의의 a, $b \in A$에 대해 $a \le b$이든지 $b \le a$

[5] 공집합이 아닌 임의의 부분 집합 $B \subseteq A$에 대해 B에서 가장 작은 원소가 존재한다.

○ 선택 공리에 의해 임의의 집합에 정렬 순서를 주는 것이 가능하다. 정렬순서가 부여된 집합 기호를 굵게 표시하고, 원소가 나열된 순서로 그 순서를 표시하는 것으로 약속하자. 가령 $\{c, b, a\}$의 정렬 순서는 $c < b < a$이다.

정렬 순서가 부여된 두 집합 A, B가 순서 동형이라($A \approx B$로 표시) 함은 순서를 보존하는 전단사 함수 $f : A \to B$가 존재하는 것을 말한다. ($A \approx B$이면 $|A| = |B|$도 성립한다.) 만약 순서를 보존하는 단사 함수 $f : A \to B$가 존재하면, $A \lesssim B$로 표시하자.

(예)

① $\{0, 1, 2\} \approx \{c, b, a\}$

② $N_0 := \{0, 1, 2, 3, \cdots\}$, $\hat{N} := \{1, 2, 3, \cdots, 1'\}$이면,
$N_0 \not\approx \hat{N}$, $|N_0| = |\hat{N}|$
$\mathbb{N} = \{1, 2, 3, 4, \cdots\}$이면 $N_0 \approx \mathbb{N}$이다.($f : N_0 \to \mathbb{N}$ $f(x) = x + 1$)

○ 순서 동형인 정렬 집합들을 같은 것으로 간주한 것이 서수로, 순서 동형인 정렬 집합들 중 특별한 한 집합을 대표로 택해 각 서수를 표현하는데, 직전 서수까지 순서대로 다 모은 집합으로 택한다. 서수들도 $\lesssim$ 관계에 의해 정렬 순서를 이루는데 크기순으로 나열해보자. 자연수 전체 집합의 서수를 ω로 표시한다.

0 : { }

1 : {0}

2 : {0, 1}

3 : {0, 1, 2}

⋮

ω : {0, 1, 2, 3, ⋯}

⋮

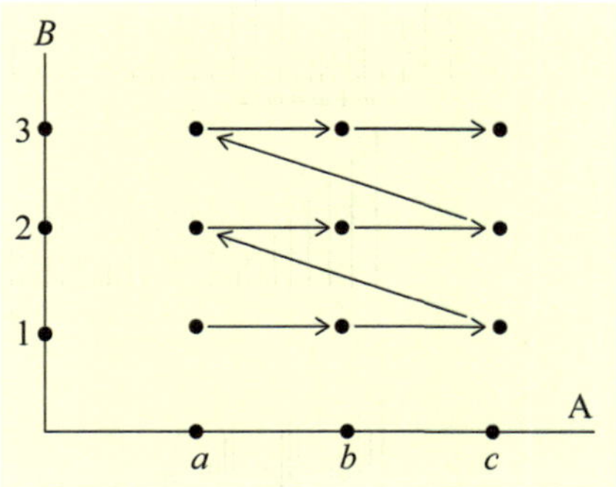

서수들의 연산은 다음과 같이 정의된다. 임의의 서수 α, β가 각각 정렬 집합 A, B의 정렬 순서를 나타낸다고 하면, $\alpha+\beta$는 $A \cup B$의 정렬 순서로 A를 먼저 세고, 그 다음 B를 센다. $\alpha \cdot \beta$는 $A \times B$의 정렬 순서로 오른쪽 그림처럼 센다.

ω 다음에 나오는 서수들을 계속 나열해보면 다음과 같다.

ω+1 : {0, 1, 2, 3, ⋯, ω}

ω+2 : {0, 1, 2, 3, ⋯, ω, ω+1}

⋮

ω+ω=ω • 2 : {0, 1, 2, 3, ⋯, ω, ω+1, ⋯}

ω • 2+1 : {0, 1, 2, 3, ⋯, ω, ω+1, ⋯, ω+ω}

이해하기 쉽도록 각 서수를 막대그래프로 표현하여 크기순으로 나열해보자.(참고문헌 [52])

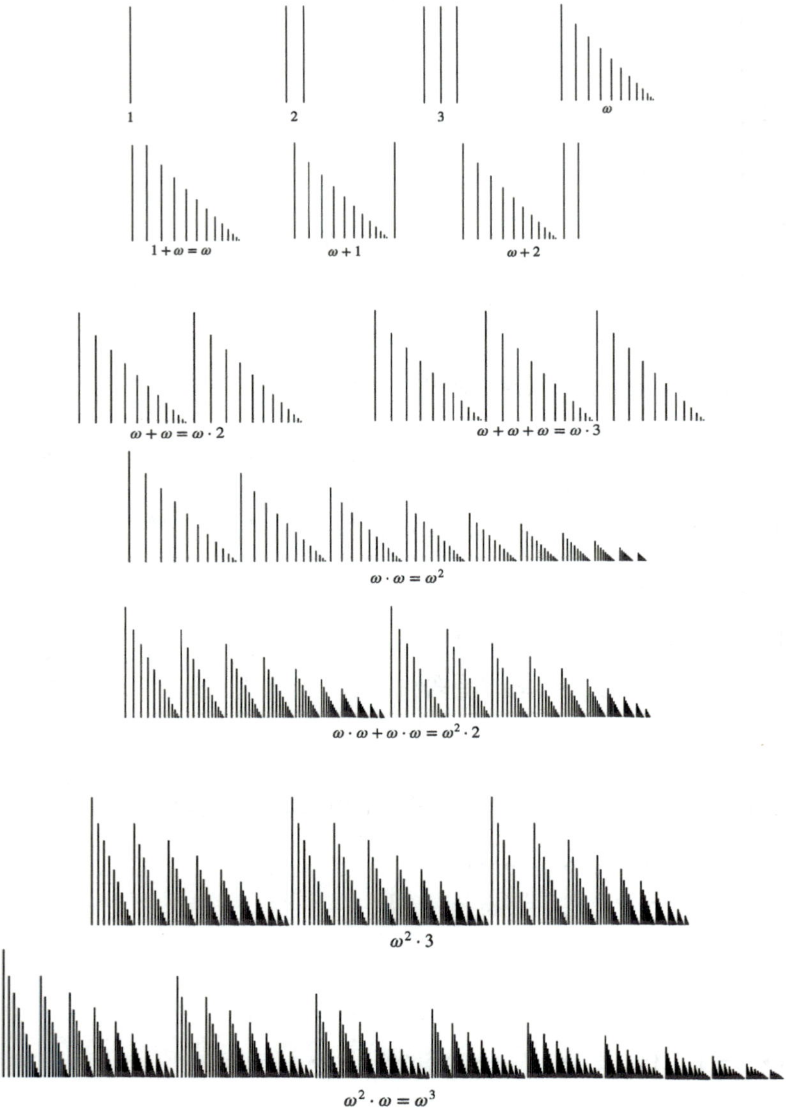

$\cdots,\ \omega^4,\ \cdots,\ \omega^5,\ \cdots,\ \omega^6,\ \cdots,\ \omega^{\omega},\ \cdots,\ \omega^{\omega^{\omega}},\ \cdots,\ \omega^{\omega^{\omega^{\omega}}},\ \cdots,\ \epsilon_0,\ \epsilon_0+1,$
$\cdots,\ \epsilon_0+\omega,\ \cdots\ \epsilon_0^{\omega},\ \cdots,\ \epsilon_0^{\epsilon_0},\ \cdots,\ \epsilon_0^{\epsilon_0^{\epsilon_0}},\ \cdots$

- 지금까지 모든 서수들은 다 집합으로서의 크기가 여전히 $\aleph_0$이다!

ω_1 : $|\alpha| > \aleph_0$를 만족하는 서수 α들 중 가장 작은 것, $\aleph_1$은 $|\omega_1|$로 정의

ω_2 : $|\alpha| > \aleph_1$를 만족하는 서수 α들 중 가장 작은 것, $\aleph_2$는 $|\omega_2|$로 정의

$\vdots$

ω_ω : 서수열 $\omega_1, \omega_2, \omega_3, \cdots$의 "극한", $\aleph_\omega$는 $|\omega_\omega|$로 정의

$\vdots$

모든 무한 기수들 $\aleph_0$, $\aleph_1$, $\aleph_2$, $\cdots$, $\aleph_\omega$, $\cdots$은 서수들과 1:1 대응을 이룸을 알 수 있다.

칸토르는 소위 연속체 가설 $\aleph_1 = |\mathbb{R}|$를 추측했지만, 증명할 수가 없었다.

- 서수에서는 덧셈과 곱셈의 교환법칙과 오른쪽 분배 법칙이 성립하지 않는다.

$\omega = 1 + \omega \neq \omega + 1$, $\omega = 2 \cdot \omega \neq \omega \cdot 2$,
$(1+1) \cdot \omega = 2 \cdot \omega = \omega \neq \omega + \omega = 1 \cdot \omega + 1 \cdot \omega$

6.5 무한은 과연 존재하는가?

- 칸토르는 무한을 물리적 양이 아닌 집합의 속성으로 보고, 1:1 대응의 방법으로 무한들에도 존재성과 상대적 크기를 부여함으로써 지성계 전체에 큰 파장을 불러 일으켰다. Weierstrass와 데데킨드는 칸토르를 지지

했지만, 칸토르의 대학 은사인 크로네커는 무한 집합의 존재를 절대로 인정할 수 없어 칸토르와 큰 불화를 겪었다. 그는 "정의에는 유한한 단계를 거쳐 판단에 이르는 방법이 들어 있어야 한다. 그리고 어떤 양이 존재한다는 증명이 제대로 이루어졌다면 그 양을 원하는 만큼 정확하게 계산할 수 있어야 한다."고 단언했다. 또 다른 직관주의 수학자 Poincaré는 "논리는 때로 괴물을 만든다."고 말했다.

20세기 초 수학자들은 무한의 의미와 실재성과 관련해서 격렬하게 논쟁했고, 어떤 이들은 무한을 수학에서 배제하고, 무한을 사물처럼 다루는 모든 기법들을 추방하길 원했다. 그 와중에 여러 학술지가 폐간되기도 했고, 여러 수학자들이 수학계를 떠나기도 했다. 크로네커와의 갈등과 자신의 정신 질환으로 고통을 겪으며, 칸토르는 수학을 그만두고 신학 연구에 몰두했다. 그는 수가 신의 정신 속에 존재하는 실재라고 믿었다.

힐버트는 칸토르의 초한(transfinite) 산술을 수학적 사고의 가장 놀랄만한 성과임과 아울러 순수 지성적인 영역에서 인간이 구현해낸 가장 아름다운 업적의 하나로 극찬하였다. 현재 칸토르의 집합론과 초한수들은 대학 수학의 정규 과정에 들어있다.

- H. Weyl: 많은 위대한 사상가들의 확신에 의하면, 본질적으로 순수하게 수학적인 탐구는 이것의 특별한 성격과 확실성 및 엄밀성에 의해 인간 정신을 다른 어떠한 매체를 통해 달성할 수 있는 것보다 훨씬 더 가까이 신성으로 끌어올린다. 수학은 **무한의 과학**이고, 수학의 목표는 유한한 인간의 수단을 사용한 **무한에 대한 상징적 이해**이다.

힐버트: 무한의 문제 이외의 어떤 문제도 그렇게 오랫동안 인간의 감성에 고통을 준 적이 없었고, 무한 관념 이외의 어떤 관념도 그토록 인간의

지성을 자극하고 풍요롭게 한 적이 없었으며, 무한 개념 이외 어떤 개념도 그렇게 명료하게 설명되길 요구한 적이 없었다.

우리 우주는 가속 팽창하고 있는데, 지구와 아주 멀리 떨어져 있는 은하들은 빛보다 빠른 속도로 지구와 멀어지고 있다. 그래서 인간은 우주의 유한한 부분(지구에서 약 465억 광년 떨어진 곳까지 해당)에 대한 정보만 얻을 수 있기에 우주의 크기가 무한인지 유한한지 결코 알 수 없다. 2차원 구면처럼 유한하면서도 끝이 없는 3차원 공간이 가능하다. 하지만 오늘날 상당수의 물리학자들이 우주가 무한하다고 믿고 있다. 심지어 이에서 더 나아가 우리 우주와 물리적으로 완전히 분리된 다른 우주들이 무한히 많이 존재하며 그것들 대부분은 우리 우주와 다른 물리 법칙을 갖고 있다는 다중 우주(multiverse) 가설도 있다. 다중 우주에 대한 사변적인 생각은 고대 그리스 철학자들에까지 거슬러 올라가지만, 물리적으로 의미 있는 논의는 현대에 와서 이루어지고 있다.

생명체가 존재할만한 우주이기 위해서는 극히 미세한 조율(fine tuning)을 필요로 하는데, 자연의 기본 상수들을 조금만 변형시켜도 환경이 크게 달라져 생명체가 존재하지 못하는 우주가 되고 말기 때문이다. 가령 중력이나 전자기력의 세기가 지금과 조금만 달랐다면 원자가 구성되고, 별과 은하계가 형성될 수 없다. 또한 생명체가 존재할 은하계가 형성되기 위해서는 우주의 팽창 가속도가 적정해야 하는데, 이것을 결정하는 우주 상수의 미세 조정 정밀도가 10^{-120} 정도이다. 우리 우주가 이토록 미세 조율된 이유를 설명하기 위해 다중 우주 가설이 제시되었는데, 무수히 많은 우주들 가운데 인간이 존재할 수 있는 우주에 우리 인간이 존재하고 있을 뿐이라는 것이다. 이 이유를 인류 원리(anthropic principle)라 하며, 노벨 물리학상 수상자 스티븐 와인버그는 미세 조정을 설명할 방법은 자비로운 창조주(benevolent designer)이거나 다중 우주(10^{120}개 이상의 우주)밖에 없다고 인정하였다.

하지만 다중 우주 가설은 반증 불가능하므로 과학적 가설로 보기 어렵다는 반론이 있고, 우리 우주를 설명하기 위해서 무한히 많은 우주들을 도입하는 것은 오캄의 면도날 원리에 반한다는 반론도 있다. 미시 세계의 불확정성과 마찬가지로 우주의 무한성에 대한 불확정성도 인간에게 주어진 숙명적 한계가 아닐까?

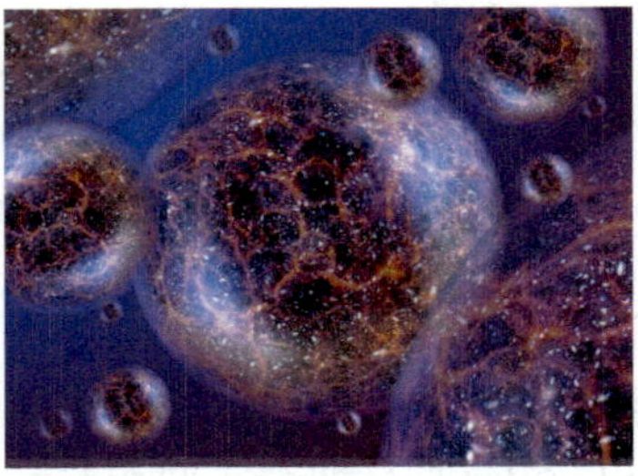
[다중 우주의 상상도]

- 미세 조정에 의해 그런 우주가 존재하더라도 사실 생명체가 만들어질 확률은 더 터무니없이 작다. 20가지 종류의 아미노산 수백 개 이상이 결합하여 단백질 분자를 이루는데, 가령 아미노산 130개가 임의로 결합하여 생명체를 이루는 단백질 분자 하나가 생성되려면 그 확률이 10^{-170}정도이다.(참고문헌 [50]) 10조년(우리 우주의 나이는 약 138억년)의 시간 동안 그런 단백질 분자 하나가 만들어지려면 1초에 10^{149}번 이상의 결합 시도가 있어야 하는데, 관측 가능한 우주에 존재하는 원자들의 총 개수는 겨우(?) 10^{82}개 정도밖에 안 된다. 단백질 분자들이 결합하여 실제로 생명체가 만들어질 확률은 더 희박해진다. 생물학자 E. Koonin의 연구(참고문헌 [49])에 의하면, 500개의 nucleotide 분자로 구성된 RNA 복제 효소 하나가 만들어질 확률이 10^{-1018}로 계산된다.

- 공간적 우주의 무한함만이 아니라 시간의 영원성도 인간의 인식이 미칠 수 없는 영역이다. 현대 물리학에서도 우리 우주의 미래가 어떻게

전개될지, 영원할지 알 수 없으며, 다만 호킹-펜로즈 특이점 정리는 우리 우주가 유한한 시간 전에 한 점에서 시작되었음을 요구한다.

이 태초의 특이점에 또 다른 미세 조정의 극치가 있다. 열역학 제 2법칙에 의하면 우주의 엔트로피(무질서도)는 시간이 갈수록 증가하고 있는데 거슬러 올라가면 태초에는 엔트로피가 매우 낮아야 함을 얻는다. 태초의 우주가 그렇게 질서 정연한 상태에 있을 확률이 펜로즈의 계산에 의하면 무려 $10^{-10^{123}}$이다. 관측 가능한 우주에 존재하는 원자들의 총 개수는 약 10^{82}개이므로, 십진법으로는 가히 기록조차 할 수 없는 수이다. 이것을 미세 조정에 의지하지 않고 급팽창(inflation)[97] 이론으로 설명할 수도 있다.

- 칸토르는 모든 서수들 중 가장 큰 서수(Ω로 표기)를 절대적 무한이라 불렀는데, 사실 그런 서수의 존재는 모순을 야기하며, 신을 의미하는 것으로 해석된다. 데카르트, 라이프니츠, 괴델 등의 수학자들은 신의 존재를 존재론적으로[98] 증명하기도 했지만, 절대적 무한을 유한한 언어로 개념화하는 순간 그것의 외연이 존재할 수밖에 없고 절대적 무한이 아니게 된다. 성 어거스틴은 다음과 같이 말했다. "하느님은 표현되는 것보다 더 참되게 상상되고, 상상되는 것보다 더 참되게 존재한다."

- 무한에 대해 다음의 8가지 입장이 가능하다.

97) 급팽창 이론은 빅뱅 이론이 갖는 여러 가지 문제점들을 해결하기 위해 Alan Guth 등이 도입한 가설로, 태초 이후 10^{-34}초에서 10^{-32}초 사이에 우주가 갑자기 10^{78}배 팽창했다고 주장한다. 이 가설에 의하면 태초에 우주의 엔트로피가 매우 높았어도 급팽창에 의해 엔트로피의 밀도는 극도로 떨어지게 된다.

98) 괴델은 신의 속성을 만족하는 대상이 존재하는 것이 가능하다면, 신의 속성을 만족하는 대상이 존재하는 것이 필연적임을 양상 논리(modal logic)를 이용하여 증명하였다.

무한의 존재 방식 / 8개의 입장	수학적 무한	물리적 무한	절대적 무한
아브라함 로빈슨	비존재	비존재	비존재
플라톤	비존재	존재	비존재
토마스 아퀴나스	비존재	비존재	존재
브라우어	비존재	존재	존재
아리스토텔레스, 힐버트	존재	비존재	비존재
러셀	존재	존재	비존재
괴델, 아인슈타인, 디랙	존재	비존재	존재
라이프니츠, 칸토르	존재	존재	존재

유한한 공간 내에 내재된 무한

점화식 $a_{n+1} = a_n^2 + c,\ a_0 = 0$로 주어진 복소 수열 a_n이 무한으로 발산하지 않는 복소수 c들을 다 모은 집합 Mandelbrot 집합이 아래 복소 평면에 검은 색으로 표현되어 있다.

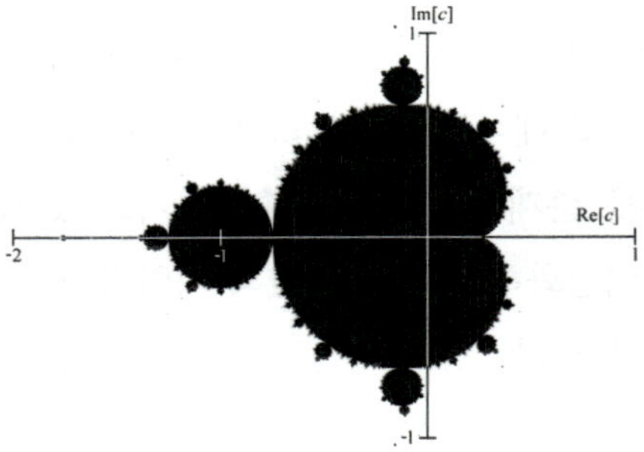

무한으로 발산시키는 c들도 발산하는 속도에 따라 다른 색깔들로 칠하면 더 아름다운 무늬를 얻는데, 가까이 들여다(zoom in) 볼수록 유사하면서도 한없이 다양한 기하학적 구조가 **무한히** 계속 나오는 경이로움을

[만델브로트 집합의 경계처럼 보이는 한 부분을 확대한 것으로 전체와 유사한 부분이 다시 들어 있다.]

볼 수 있다.[99] 이런 형태의 구조를 프랙탈이라 부른다.

복소수가 처음 도입된 계기는 수학적 실재로서보다는 중간 계산 과정의 편리를 위해서였지만, 복소수들의 집합에 무한한 기하적 구조가 담겨져 있음을 만델브로트 집합을 통해 보게 된다. 이 "작품"은 누가 고안해낸 것도 아니며(이를 발견한 만델브로트는 처음엔 컴퓨터가 고장난 것으로 생각했다!), 어느 누구도 그 무한한 구조를 완전히 이해할 수도 없고, 어느 컴퓨터로도 다 계산해낼 수 없다.

신라의 의상 대사는 "작은 티끌 하나에 온 우주가 들어있다.(一微塵中含十方)"고 말했다.

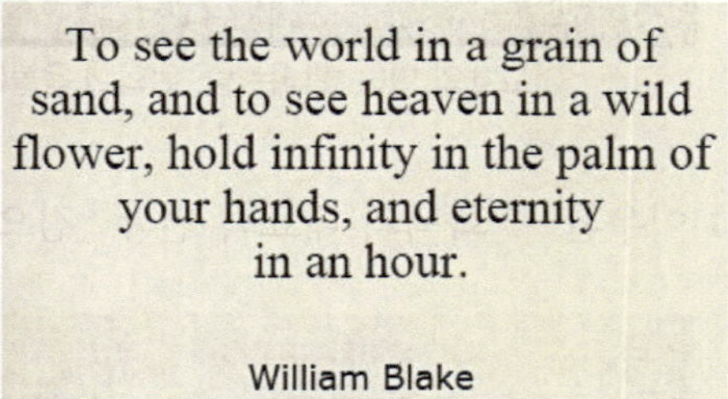

[좌: 소용돌이 은하 M51a, 우: 윌리엄 블레이크의 시, 순수의 전조 중에서]

99) 미 확대 영상: https://www.youtube.com/watch?v=BsjHdx83J9A
줌 인 영상: https://www.youtube.com/watch?v=zXTpASSd9xE&t=333s (10^{198}배),
https://www.youtube.com/watch?v=3rfHGorRmPM (10^{1116}배)

6.6 미술로 표현된 무한

빈센트 반 고흐[100]: 나는 무한을 그리는 중이다.

[고흐의 별이 빛나는 밤, 위의 소용돌이 은하를 상상해 그린 것일까?]

이우환[101] 화백의 대표적 연작 『점으로부터』

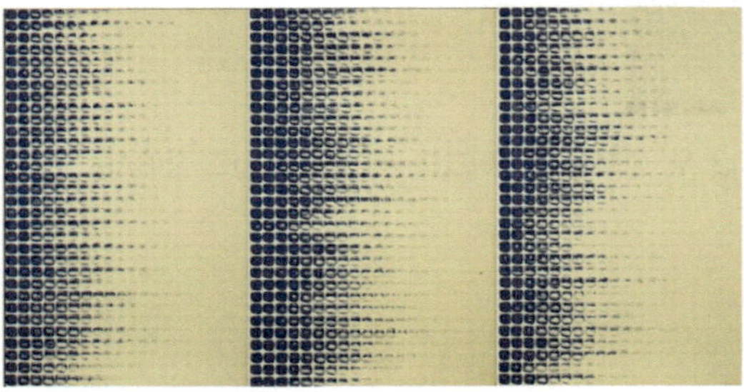

100) 19세기 네덜란드의 화가로 서양 미술사상 가장 위대한 화가 중 한 사람으로 여겨진다. 무한의 세계를 개척한 칸토르가 그랬던 것처럼 고흐도 정신 질환을 앓았다.

101) 2011년 뉴욕의 구겐하임 미술관에서 'Marking Infinity'라는 제목으로 개인전을 열었다. 한국 작가로는 백남준에 이어 두 번째, 아시아 작가로서는 세 번째라고 한다.

○ Roman Opalka의 연작 『1965/1－∞』

그는 1965년에 1부터 숫자를 적기 시작하여 작고하기까지 수백만에 이르는 수를 적었다. 캔버스가 바뀔 때마다 바탕색의 흰색 물감을 점점 증가시켜 나중에는 거의 흰색 바탕에 흰색으로 숫자를 적어나갔다.

○ 아래 오른쪽 두 그림은 Mauritz Escher가 쌍곡 평면의 타일링(tiling)에서 영감을 받아 그린 것으로, 그는 "무한히 작은 극한에 도달하는 것은 논리적으로 가능한 일로 수의 무한성과 총체성을 상징하는 작업"이라고 말했다.

[좌: 쌍곡 평면의 타일링, 우: Circle limit III, IV(Heaven and Hell)]

쿠사마 야요이의 설치 미술 『무한 거울 방』

6.7 생각해 볼 문제들

❶ 무한은 인간 상상의 산물인가 실재인가? 무한에 대한 8가지 견해 중 당신은 어떤 입장을 가지는가? 당신은 들꽃 한 송이와 작은 티끌 속에서 온 우주를 볼 수 있음을 믿는가?

❷ 다중 우주가 실재하든 안하든 생명체가 존재할 수 있는 우주가 형성되기 매우 어려운 것만큼은 사실이며, 그런 우주가 존재하더라도 생명체가 만들어질 확률 역시 터무니없이 작다. 한없는 것처럼 보이는 우주에 이토록 매우 희박한 존재 확률을 가지는 인간이 존재하는 이유와 의미는 무엇이라고 생각하는가?

❸ 수학의 세계는 '무한'한가? 단지 수학적 사실들이 무한히 많음만이 아니라 수학적 개념과 구조의 다양성, 수학적 사고의 창의성은 무한할 것인가?[102)]

102) 가령 피타고라스 정리의 증명은 알려진 것만 해도 370여 가지 이상이고, 계속 새 증명법이 발견되고 있다.

Clifford 대수

$\Uparrow$

{1, 2, 많다} $\Rightarrow$ 자연수 $\Rightarrow$ 정수 $\Rightarrow$ 유리수 $\Rightarrow$ 실수 $\Rightarrow$ 복소수 $\Rightarrow$ 사원수 $\Rightarrow$ 팔원수 $\Rightarrow \cdots$

$\Downarrow$ $\Downarrow$ $\Downarrow$

군 체 $\mathbb{R}^n \Rightarrow$ 벡터 공간 $\Rightarrow$ Lie 대수 $\Rightarrow \cdots$

$\Downarrow$ $\Downarrow$

환,모듈 유클리드 거리 공간 $\Rightarrow$ 유클리드 기하 $\Rightarrow$ 리만 기하 $\Rightarrow \cdots$

$\Downarrow$

위상공간 $\Rightarrow$ topos $\Rightarrow \cdots$

CHAPTER

07

수학과 이성의 위기

Cretans are always liars.

- A prophet in Crete

칸토르가 구성한 집합론은 집을 완성하자마자 기초가 붕괴되기 시작했다.

7.1 논리적 역설들

무한과 관련된 대표적인 역설들로 다음이 있다.

- 칸토르의 역설: V를 모든 집합들의 집합이라 정의하자. 그러면 $\wp(V) \subset V$로부터 $|\wp(V)| \leq |V|$가 되는데, 이는 칸토르의 정리(;임의의 집합 X에 대해 $|X| < |\wp(X)|$)에 모순이다. 모든 서수들의 집합에 대한 Burali-Forti 역설도 비슷한 유형의 역설이다.

- 러셀의 역설: 집합 $S := \{x | x \not\in x\}$는 자기 자신을 원소로 갖지 않는 모든 집합들을 다 모은 것으로 정의된다. 그러면 $S \in S$인가 아니면 $S \not\in S$인가? 만약 S가 S의 원소라면, 조건 $S \not\in S$을 만족해야 하므로 모순이고, 만약 S가 S의 원소가 아니라면, 조건 $S \not\in S$을 만족하지 않으므로 $S \in S$이 성립하게 되어 모순이다.

7.2 의미론적 역설들

- 거짓말쟁이의 역설: "이 문장은 거짓이다."라는 명제는 참인가? 거짓인가? 만약 참이라면, 문장 내용에 의해 거짓이 되고, 만약 거짓이라면 참이어야 한다.

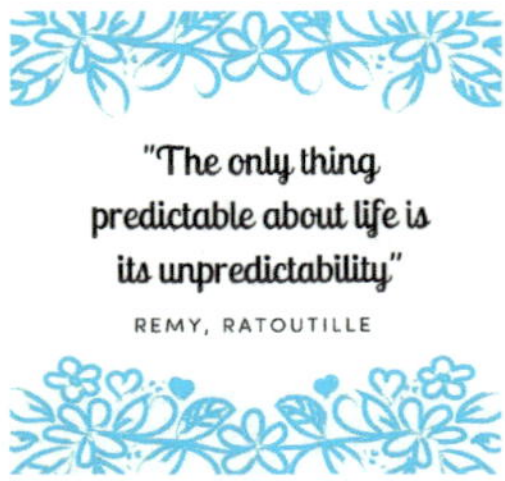

아리스토텔레스 이후 수많은 논리학자들이 고민해온 역설이지만 여전히 미봉적 해결에 그치고 있다. 반면 "이 문장은 참이다."라는 명제는 참이라 가정해도 거짓이라 가정해도 모순이 발생하지 않는다.

- 이발사의 역설: 어느 마을에 이발사가 오직 한 명 있는데, 그는 스스로 면도를 하지 않는 마을 사람에게만 빠짐없이 면도를 해주겠다고 한다. 그 이발사는 자기 자신의 면도는 어떻게 해야 하는가?

만약 그가 자신을 면도하려 하면, 스스로 면도하는 사람의 면도를 해주지 않는다는 원칙을 깨게 되고, 만일 자신을 면도하지 않는다면 그런 사람에게 면도를 해주겠다고 했으므로 면도를 해야 한다. 따라서 모순이다.

- 베리[103)]의 역설: 집합 $B := \{n \in \mathbb{N} \mid n:$영어 알파벳 100자 이내로 표현될 수 있는 자연수$\}$는 유한 집합이다.(알파벳은 모두 26자이므로, $|B| \le 27^{100}$이다.) 이 B에 포함되지 않는 자연수 중 최소인 수를 n이라 하면, n은 다음과 같이 표현될 수 있으므로, $n \in B$가 되어 모순이다.

> "The smallest natural number not describable in a hundred letters or fewer"

7.3 미봉적인 해결책들

- 거짓말쟁이 역설과 이발사의 역설은 스스로를 지칭하는 명제이어서 모순을 일으키는 것처럼 보인다. 그러나 "이 문장은 아홉 음절이다."에서 보듯 스스로를 지칭한다고 반드시 모순을 일으키는 것은 아니다. 또한

103) G. Berry: Oxford 대학 도서관의 사서로 이 역설을 최초로 발견했다.

다음 역설은 스스로를 직접 지칭하지 않아도 모순을 유발한다.

"다음 문장은 거짓이다. 앞의 문장은 참이다."

두 번째 문장은 참인가? 거짓인가? 만약 참이라면, 첫 번째 문장에 의해 두 번째 문장이 거짓임을 얻고, 만약 거짓이라면, 앞 문장은 거짓이 되어 두 번째 문장이 참임을 얻는다.

- 칸토르의 역설과 베리의 역설에 나오는 정의는 자기 참조적 정의, 즉 정의하려는 대상이 포함돼 있는 모임을 이용해 정의를 하고 있다. H. Poincaré는 이런 정의를 잘못된 것으로 보고 금지해야한다고 주장했다.

하지만 자기 참조적 정의는 수학에서 많이 사용되어왔다. 어떤 함수의 최댓값은 그 함수가 취할 수 있는 값들 중 가장 큰 값으로 정의된다. 실수로 이뤄진 어떤 유계인 집합의 최소 상계는 상계들 중 가장 작은 수로 정의된다. 자기 참조적 정의를 사용하지 않고 정의하고자 노력했지만 불가능하다.

- 러셀은 위 역설들의 바탕에 순환적 논증의 오류가 있다고 보고, 어떤 모임의 전체는 그 모임에 속해서는 안 된다고 주장했다. 가령 원소 개수가 5개 이상인 집합들의 집합은 자기 자신을 포함해서는 안 된다는 것인데, 이 역시 수학에서 자주 사용되어왔던 표현이다.

7.4 공리적 집합론

칸토르가 구성한 naive set theory를 공리적으로 엄밀하게 재구성함으로써 역설의 발생을 피하는 방법이 제안되었다.

- 우선 논리적 역설을 피하기 위해서 두 가지 방법이 제안되었다. "너무 큰"

모임은 집합으로 허용하지 않는 방법과 그런 것도 허용하되 다른 모임의 원소가 되지 못하게 하는 방법이다.

전자의 방법은 집합을 구성하기 위해 더 엄격한 제약을 두는 방법으로 독일 수학자 E. Zermelo에 의해 제안되고 이스라엘 수학자 A. Fraenkel에 의해 개선되어 현대 수학의 기초를 이루는 집합론으로 채택되었다. 가장 보수적인 이 방법으로도 기존 수학의 거의 모든 부분을 구성해낼 수 있다. 이 방법에서 집합을 조건 제시법으로 구성하기 위해선 반드시 어떤 **한 집합의 원소들 중** 어떤 조건을 만족하는 것들을 추출해야 한다. 즉 아무 집합 A에 대해

$$\{x \in A \mid x\text{는 어떤 조건 } P(x)\text{를 만족}\}$$

는 집합으로 존재한다. 따라서 칸토르의 V와 러셀의 S는 집합이 아니다.

후자의 방법은 von Neumann[104)]에 의해 제안되어 P. Bernays와 K. Gödel에 의해 다듬어졌는데, 집합(set)보다 더 일반적인 모임인 class를 허용한다. 모든 집합은 항상 어떤 다른 집합의 원소이지만,[105)] 모든 class가 다 어떤 class의 원소인 것은 아니다.

조건 제시법에 의해 class를 구성하는 경우, 반드시 **어떤 class의 원소가 되는** 것들만 모아 새로운 class를 구성할 수 있다. 즉 $\{x \mid x$는 어떤 class의 원소가 되며, 조건 $S(x)$를 만족$\}$ 꼴이어야 한다.

러셀의 S를 $\{x \mid x$는 어떤 class의 원소가 되며, $x \not\in x$를 만족$\}$로 정의

104) 폰 노이만과 괴델은 오스트리아-헝가리 제국에서 태어나 미국으로 이주하여 프린스턴 고등연구소에 재직하였다. 폰 노이만은 상상을 초월하는 천재로 많은 일화가 있으며 다음과 같은 말을 남겼다. "사람들이 수학이 단순하다는 걸 믿지 못한다면, 그건 오로지 인생이 얼마나 복잡한지 깨닫지 못했기 때문이다." "수학에서는 무언가를 이해하는 것이 아니라 단지 익숙해지는 것이다."

105) 곧 다루게 되겠지만, 임의의 집합 A는 집합 $\{A\}$의 원소이다.

하면, 정당한 class로 존재하며, 만약 $S \in S$라면 주어진 조건에 의해 $S \notin S$를 만족하므로 모순이 되고, $S \notin S$이면서 S가 어떤 class의 원소이면, $S \in S$가 되어 또 모순이 되고, 마지막으로 S가 아무 class의 원소도 아니라면 모순을 일으키지 않는다.

칸토르의 V는 $\{x \mid x$는 아무 class의 원소가 됨$\}$로 정의하면, 정당한 class로 존재하며, V의 멱집합 $\wp(V)$는 존재하지 않는다. 멱집합은 집합에 대해서만 구성할 수 있는데, 이 V는 집합이 아니기 때문이다. 따라서 모순이 발생할 수가 없다.

○ 의미론적 역설을 피하기 위해서는 집합을 구성하는 조건은 자연 언어가 아닌 형식적 기호로 표현되도록 요구되었다. 베리의 역설은 "표현되다"라는 말이 명확하게 규정되지 않아서 발생한다. 조건 제시법에서 사용 가능한 기호는 x, y, z, $\cdots$, A, B, C, $\cdots$등의 변수, 등호 $=$, 괄호, 원소로 포함됨을 나타내는 $\in$, 논리연산자(부정 $\sim$, and $\wedge$, or $\vee$, 함의 $\Rightarrow$, 동치 $\Leftrightarrow$), 논리 양화사(for all을 뜻하는 $\forall$, there exists를 뜻하는 $\exists$) 뿐이다.

그리고 $\{x \in A \mid x$는 어떤 조건 $P(x)$를 만족$\}$에서 $P(x)$는 자유 변수 x에 대한 문장이어야 한다. 즉 x에 $\forall$나 $\exists$와 같은 논리 양화사가 결부되어서는 안 된다. 가령 "$\exists y \ s.t. \ x < y$"는 $P(x)$로서 합법적이다.

7.5 ZFC 공리계[106)]

[1] 존재 공리: 공집합(아무 원소를 갖지 않는 집합, $\varnothing$로 표기)은

106) Zermelo-Fraenkel-Choice를 줄여 ZFC라 한다. 이해를 위한 Tip: 수학에서 모든 존재하는 것은 집합이다. 집합과 기호 $\in$는 정의하지 않으며, 집합들 간의 관계를 다루는 것이 수학이다.

존재한다.[107)]

[2] 외연 공리: 두 집합이 같은 원소를 가지면 같은 집합이다.

[3] 내포 공리 형식(The Axiom Schema of Comprehension): $P(x)$가 x에 대한 조건문일 때, 임의의 집합 A에 대해 집합 $\{x \in A \mid x$는 $P(x)$를 만족$\}$가 존재한다.

[4] 쌍 공리: 임의의 집합 A, B에 대해 집합 $\{A, B\}$가 존재한다.[108)]

[5] 합 공리: 임의의 집합 S에 대해 S의 원소들의 합집합 $\sqcup S$이 존재한다. 즉, $x \in \sqcup S \Leftrightarrow x \in A$ for some $A \in S$를 만족하는 집합 $\sqcup S$가 존재한다.

[6] 멱집합 공리: 임의의 집합 S에 대해 S의 멱집합 $\wp(S)$가 존재한다.

[7] 무한 공리: 다음 두 성질을 만족하는 집합 I가 존재한다.(그런 집합을 귀납 집합이라 함.)

$$\varnothing \in I,\ x \in I \Rightarrow x \cup \{x\} \in I$$

[8] 치환 공리 형식: 임의의 집합 A에 대해, 모든 $x \in A$에 대해 $P(x, y)$를 만족시키는 y가 유일하게 존재하면, $P(x, y)$에 의한 A의 상을 포함하는 집합이 존재한다.

[9] 선택 공리: 공집합이 아닌 서로 소인 집합들로 이뤄진 집합 $\mathscr{B}$에

$\mathscr{B} =$ 

107) 외연 공리에 의해 공집합은 유일하다.

108) 특별히 $A = B$인 경우, $\{A, A\}$는 $\{A\}$로 쓴다.

대해 $\mathscr{B}$의 각 원소에서 하나의 원소씩만 추출하여 구성한 집합이 존재한다. (구체적인 선택 방법이 안 주어져도 됨)

◐ 공집합에서 출발하여 위 공리체계에 의해 허용된 집합 구성법을 이용하면 지금까지 배운 모든 수학 개념을 구성할 수 있다! 몇 가지 기초적인 예를 들어보자. 임의의 집합 A, B에 대해

$A \cap B = \{x \in A \mid x \in B\}$, $A \cup B = \sqcup \{A, B\}$,
$A - B = \{x \in A \mid x \notin B\}$

순서쌍 $(A, B) = \{\{A\}, \{A, B\}\}$, 곱집합 $A \times B = \{(x, y) \mid x \in A \text{ and } y \in B\}$

A에 주어진 이항(二項) 관계라 함은 $A \times A$의 아무 부분 집합 R을 말한다. $(x, y) \in R$이면, xRy 또는 $x \sim_R y$로 표현한다. 정렬 순서 $\leq$와 동치 관계도 이항 관계의 예이다.

집합 A에서 집합 B로 가는 함수 f는 $A \times B$의 부분집합으로서 다음 두 성질을 만족하는 것을 말한다.:

(i) 임의의 $x \in A$에 대해 $(x, y) \in f$인 $y \in B$가 존재한다.

(ii) 만약 $(x, y_1) \in f$이고 $(x, y_2) \in f$이면, $y_1 = y_2$이다.

자연수(0을 포함)의 집합은 모든 귀납 집합들의 교집합으로 정의할 수 있다. 이렇게 정의하면 페아노의 공리를 다 만족하고, 대소 관계도 $m < n \Leftrightarrow m \in n$로 정의할 수 있다. 자연수들을 크기순으로 나열하면 다음과 같다.

$0 = \varnothing$, $1 = \{0\} = \{\varnothing\}$, $2 = \{0, 1\} = \{\varnothing, \{\varnothing\}\}$,
$3 = \{0, 1, 2\} = \{\varnothing, \{\varnothing\}, \{\varnothing, \{\varnothing\}\}\}$, $\cdots$

7.6 선택 공리에 대한 논란

○ 선택 공리는 수학에서 암묵적으로 늘 사용해오던 공리인데 Zermelo가 최초로 주의를 환기 시켰다. 명확한 선택 규정도 없이 **무한번의 선택**을 통해 새로운 집합이 구성될 수 있다는 주장에 대해 반대하는 목소리도 많았다. 과연 수학에서 말하는 존재의 의미가 무엇인지 되묻게 된다. 기존 수학과 모순을 일으키지만 않는다면, 구성 방법을 보여주지 않아도 존재한다고 보는 것이 합당한 것인가? 아무튼 유클리드 기하의 평행선 공리 다음으로 가장 많이 논의된 공리였다.

괴델은 선택 공리가 나머지 집합론 공리 즉 ZF 공리계를 써서 반증될 수 없음을 보였고, P. Cohen은 ZF 공리를 써서 증명도 불가능함을 보였다. 즉 선택 공리는 ZF 공리와 독립적이다.

○ 선택 공리를 사용해서 얻어지는 정리들은 너무 많다. 몇 가지 예를 들면 다음과 같다.

함수 $f: A \to B$가 전사라면, $f \circ g = Id_B$를 만족하는 함수 $g: B \to A$가 존재한다.

$\mathbb{R}$의 임의의 부분집합 안에 길이를 잴 수 없는 부분집합이 존재한다. ($\mathbb{R}^2$에 대해선 면적)[109]

임의의 무한 집합에 정렬 순서를 부여할 수 있다.($\mathbb{R}$의 정렬 순서는 어떤 형태일까?…)

109) 여기서 길이라 함은 개(폐)구간의 길이를 확장한 개념인 Lebesgue 측도를 말한다. 임의의 개(폐)구간들로부터 가산 번의 합 또는 교집합을 계속 시행해 얻는 집합들은 다 측도 가능하다. 가령 유리수들로 이뤄진 부분집합 $\mathbb{Q}$는 길이가 0이다. 마찬가지로 $\mathbb{R}^n$에서도 측도 불가능한 집합이 존재한다.

무한 집합 $\{A_i | i \in I\}$에 대해 곱집합 $\Pi_{i \in I} A_i$가 공집합이 아니다.

무한 차원 벡터 공간에 기저가 존재한다. 무한 환(ring)에서 극대 아이디얼이 존재한다.

콤팩트 위상공간들의 무한 적 위상은 콤팩트이다.

○ 선택 공리를 사용하면 다음의 Banach-Tarski[110] 역설이 제기된다. 반지름이 1인 3차원 공을 유한개의 부분으로 적당히 쪼갠 후 **아무 변형 없이** 회전 및 평행 이동으로 재조합하면 같은 반지름 1을 가지는 공 2개를 만들 수 있다.

무한이 수학에 존재하는 한, 역설은 피할 수 없는 것일까? Banach-Tarski 역설을 피하고자 선택 공리를 약화시키면 다른 이상한 역설이 발생한다.

Banach-Tarski의 역설을 실제로 물리적으로 구현하긴 불가능하다. 모든 물질은 균질한 연속체가 아니기 때문이다. 모든 물질은 원자들이 힘에 의해 결합되어 있는 형태인데, 각 원자는 몇 개의 전자들이 핵 주위를 "공전"하고 있는 거의 텅 빈 공간이다.(원자 핵 크기는 원자 크기의 10만분의 1 정도) 게다가 전자 등의 기본 입자는 특정한 하나의 상태가 아니라 모든 가능한 상태가 중첩되어 있는 상태로 존재한다.

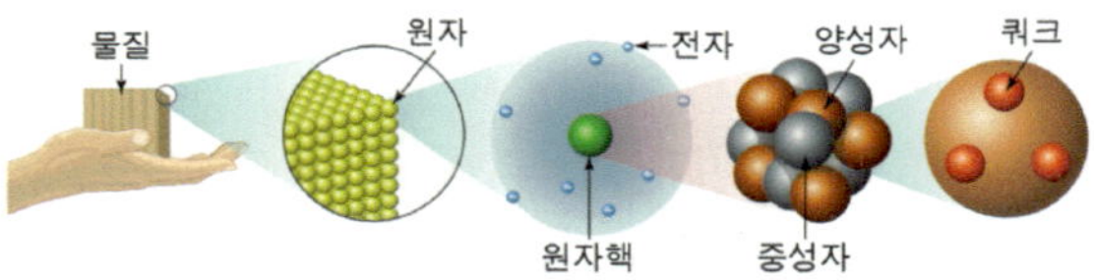

110) S. Banach, A. Tarski: 폴란드 수학자들로 각각 함수 해석학과 논리학에서 큰 업적을 남겼다.

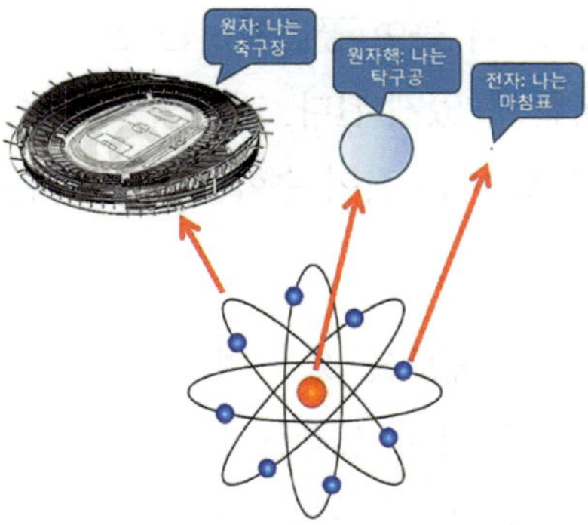

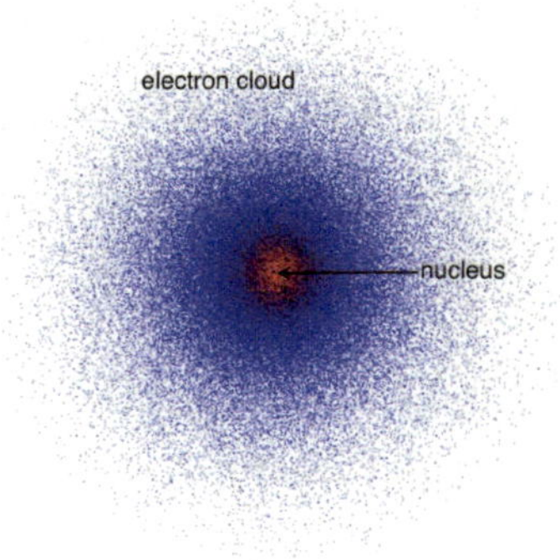

7.7 연속체 가설

칸토르가 제기한 연속체 가설 "$\aleph_1 = |\mathbb{R}|$"는 괴델과 Cohen에 의해 각각 ZFC 공리계에서 반증도 증명도 할 수 없음이 증명되었다. 즉 연속체 가설은 ZFC 공리계와 독립적인 명제로, $\aleph_1 = |\mathbb{R}|$을 가정하는 수학도 가능하고, $\aleph_1 \neq |\mathbb{R}|$이 성립하는 수학도 가능하다.

따라서 $\aleph_1$ 또는 $\mathbb{R}$, 더 일반적으로 무한 집합이 과연 실재하는가에 의문이 제기된다. 그럼에도 괴델과 같은 수학적 플라톤주의자는 연속체 가설보다 직관적으로 더 자명한 공리가 발견되어 새로운 공리 체계에서는 연속체 가설이 참이든지 거짓이든지 결정되길 기대하고 있다.

7.8 모순과 역설에 대한 다른 관점들

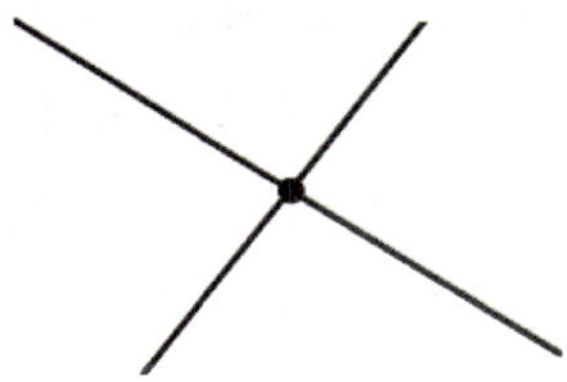

- $(2-4)^2 > (1-2)^2$이나 $\sqrt{-1}$처럼 기존의 수학 체계에서 모순적으로 보이는 사실들은 종종 새로운 수학의 세계로 통하는 통로가 된다. 평면에 놓인 평행하지 않은 두 직선은

결코 교차를 피할 수 없지만, 한 차원만 더 높여 공간에서는 한 직선을 살짝 들어 올림으로써 쉽게 교차를 피할 수 있게 된다. 기존의 사고의 지평을 넘어서 한 차원 더 도약하는 사고를 하는 것이 수학적 사고의 본질이다.

- 비트겐슈타인: 모순은 숨겨진 한 전혀 해로울 것이 없기에, 어떤 모순이 수학이나 논리학에서 발견되어도 그다지 심각한 문제가 아니며, 나아가 사람들은 모순으로 논리학이나 수학을 할 수도 있을 것이다. 따라서 소위 수학의 위기는 존재한 적이 없다. 대부분의 학자들은 그저 모순의 역할을 잘못 이해하고 있을 뿐이다. … 수학을 하는 것은 발견하거나 발명하는 것이 아니라 수학적인 상황에서 사용되는 언어를 이해하고 보다 쓰임새 있는 언어로 발전시켜 가는 것이다.

- 수학은 결국 언어와 기호로 표현되는 것만 공식적으로 인정되지만, 모든 진리를 인간의 언어로 온전히 표현 가능한 것은 아니다. 초월을 그 본질적 속성으로 갖는 종교에서는 종종 진리를 설명하기 위해 모순 화법을 사용한다. 인간은 무한의 존재를 탐구하고 이해해 나가야 하지만 무한의 존재를 유한한 언어와 논리 안에 다 담을 수 없다. 무한을 다루는 한 수학에서 역설은 존재할 수밖에 없으며, 모든 (수학적) 진리를 인간이 다 증명할 수 있는 것도 아닐 것이다. 그것은 인간의 근본적 한계이다. 다음 장들에서 살펴보게 되겠지만, 괴델의 불완전성 정리는 수학의 무모순성 증명이 불가능함을 증명했고, 수학의 확실성을 확립하고자 했던 수학자들의 노력은 다 실패로 돌아가고 만다. 이러한 이성의 한계는 인간을 옥죄는 영원한 굴레인가? 오히려 인간의 한계를 수긍함으로써 참된

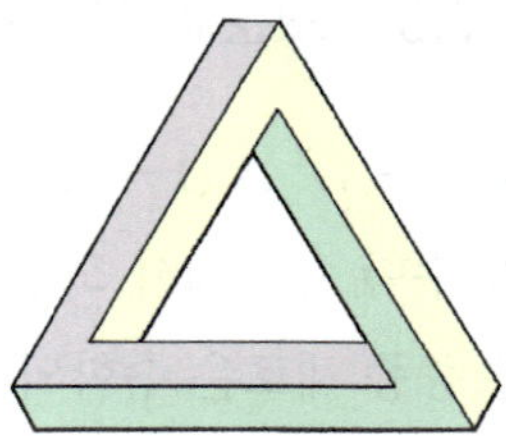

인간성을 찾을 수 있지 않을까? 밝은 대낮에 모든 것을 볼 수 있을 것 같지만, 어두운 밤에만 볼 수 있는 신비가 있다. 야스퍼스가 말한 대로 좌절은 초월자가 우리에게 말을 전해 오는 암호인지도 모른다.[111)]

7.9 생각해 볼 문제들

❶ 소박한(naive) 집합론에서 엄격한 공리적 집합론으로 바뀌면서 집합의 개념이 인위적으로 변경되고, 선택 공리가 직관에 반하는 역설적 결과를 초래하고, 연속체 가설의 비결정성으로 인해 $\aleph_1$의 실재성이 의심되는 등의 여러 사례들은 ZFC 공리 체계로 건설된 수학적 구조가 과연 인간 정신과 독립하여 실재하는 것인지, 수학적 플라톤주의에도 의문을 품게 한다.

만약 수학이 더 발전되어 새로운 공리 체계를 잘 구축하면 이런 역설적 상황이 해소되거나 이런 이례적인 형태들은 더 큰 자연스런 수학적 구조의 일부분임으로 드러나게 될 것인가? 아니면 선택 공리와 연속체 가설이 보여주는 역설적 상황은 논리적 모순이 아니고, 유한한 양적 경험에 익숙한 인간의 직관에 배치될 뿐이므로 폰 노이만이 지적한 대로 수학은 (의미 없는 기호들의 조합이므로) 그 개념을 이해하려하기 보다는 단지 익숙해지면 되는 것일까? 또는 직관주의자의 주장대로 수학을 대폭 축소하여 유한 집합만 다루어야 할까? 혹은 준경험주의나 사회적 구성주의의 주장대로 수학은 인간이 구성한 오류 가능한 지식일 뿐 절대적인 참 거짓을 논할 수 없는 성질의 것인가? 그렇다면 수학이 자연을 기술하고 예측하는데 보여준 놀라운 정확성과 효율성의 이유는 어떻게

111) Karl Jaspers, 독일의 실존주의 철학자로 현대 문명에 의해 잃어버린 인간 본래의 모습을 지향했다.

설명할 수 있는가?

❷ 러셀의 역설 등은 소박한 집합론에 근거하여 가르치는 현재의 학교 수학에서 충분히 제기될 수 있다. 당신의 학생이 이와 같은 질문을 해온다면 어떻게 설명하겠는가?

❸ 무모순적 공리 체계를 하나 구축해보시오.

CHAPTER

08

논리주의, 직관주의, 형식주의

To be, or not to be, that is the question.

- Hamlet

수학의 확실성을 근원적으로 확립하기 위해 수학의 본질에 대한 세 가지 다른 철학적 관점이 대두되었다.

8.1 논리주의(Logicism)

- 공리적 집합론으로 집합론의 모순들이 해결되었지만, 다소 임시방편적(ad hoc)인 방법일 뿐 아니라 이제 집합은 매우 추상적이고 엄격한 구성물로 제한되었다. 즉, 이미 존재하는 집합에서 몇 가지 형식적 기호들로 표현되는 조건을 만족하는 원소들의 모임만 집합으로 허용되고, 직관적으로 타당해 보이는 구체적 사물들의 모임은 더 이상 집합을 이룰 수 없게 되었다. 가령 모든 사과들의 모임, 우주의 모든 원자들의 모임은 집합으로 허용되지 않는다.

- 직관적으로 타당해 보이는 집합들을 수학적 대상으로 다시 복귀시키기 위해 논리주의자의 대부 격인 러셀은 집합에 대한 유형론(type theory)으로 집합론의 역설을 피할 수 있음을 보이고, 논리로부터 수학을 도출한다면 수학은 무모순적 체계가 되리라 생각하였다. 땀 흘려 성실히 일해서 얻는 것이 아니라 원하는 것을 공리로 삼는 방식을 도둑질에 비견했다.

- 수학이 논리로부터 도출 가능하다는 생각은 17세기 라이프니츠로 거슬러 올라간다. 어떤 명제의 부정 명제를 가정하면 모순이 나올 때 그 명제를 필연적 진리(또는 이성 진리)라 하고, 진리이지만 필연적이 아닐 때 경험적 진리로 구분했다. 가령 사과나무에서 사과가 지구 중심방향으로 떨어지는 것은 경험적 진리이며, 수학적 진리는 필연적이기 때문에 논리학으로부터 도출된다고 생각하였다.

○ 200년 후 데데킨드는 공간과 시간의 직관으로부터 수를 도출할 수 없으며 수는 사고의 순수 법칙으로부터 즉각적으로 발현되어 나오며, 오히려 수로부터 공간과 시간의 개념을 얻는다고 주장하였다.

○ 논리주의의 주장대로 산술(arithmetic)을 논리로부터 도출하는 작업을 본격적으로 수행한 사람은 독일의 수리논리학자 G. Frege이다. 그는 수를 논리적 대상으로 보았는데, 선분 A와 평행한 선분이라는 개념의 외연[112)]을 선분 A의 방향으로 정의할 수 있듯이 개념 F에 해당하는 수는 개념 F와 1:1 대응 관계가 있는 개념의 외연으로 정의하였다. 가령 수 2는 "철수의 부모이다."라는 개념 또는 "영희가 신고 있는 신발이다." 라는 개념의 외연이다. 그는 논리 법칙으로부터 산술 법칙을 유도하였고, 연구 결과의 출판을 바로 앞두고 러셀의 역설을 접하고서 크게 좌절하여 결국 산술에 관한 논리주의를 포기하였다.

8.2 Principia Mathematica

○ 집합론의 역설들을 피하면서 논리로부터 수학을 다 도출하려는 원대한 계획이 러셀과 화이트헤드에 의해 시도되어 집합론과 산술을 완성하여 『수학 원리』로 출간되었다. 뉴턴의 『프린키피아』에 버금갈만한 대작이지만, 3권 합계 약 2000 페이지로 매우 방대해서 제대로 검증하기도 쉽지 않고, 탈진하여 기하학은 포기하였다. 하지만 Quine이 말한 대로, 기하학의 개념을 해석 기하학을 통해 대수적 개념과 동일시할 수 있다고 생각한다면 기하학도 『수학 원리』의 체계 안에 들어있다고 볼 수도 있다.

112) 그 개념이 적용되는 모든 대상들의 모임(class). 가령 '의자'의 외연은 모든 의자들의 모임이다.

○ 논리주의의 관점에서 자연수는 1:1 대응이 존재하는 모든 집합들의 공통된 속성의 추상화라고 할 수 있으므로, 수 1은 하나의 원소만을 가지는 모든 집합들의 모임(class)으로 다음 조건을 만족한다.[113)]

$x \in 1 \Leftrightarrow$ 임의의 두 실재(집합) v, w가 $v \in x$이고 $w \in x$를 만족하면 $v = w$이다.

마찬가지로 수 2도 두 개의 원소를 가지는 모든 집합들의 모임으로, 다음 조건을 만족한다.

$y \in 2 \Leftrightarrow$ $u_1 \in y$, $u_2 \in y$인 u_1, u_2가 존재하고, $v \in y$인 임의의 v는 $v = u_1$ 이거나 $v = u_2$ 이다.

그러면 명제 $1 + 1 = 2$는 다음과 같이 표현되는데, 그 증명은 매우 어렵다.

$x \cap y = \varnothing$인 임의의 집합 x, y에 대해 $x \in 1$이고, $y \in 1$이면, $x \cup y \in 2$

$1 + 1 = 2$을 『수학 원리』 1권 362페이지에서 비로소 증명한다.

***54·43.** $\vdash :. \alpha, \beta \in 1 . \supset : \alpha \cap \beta = \Lambda . \equiv . \alpha \cup \beta \in 2$

Dem.

$\vdash . *54{\cdot}26 . \supset \vdash :. \alpha = \iota`x . \beta = \iota`y . \supset : \alpha \cup \beta \in 2 . \equiv . x \neq y .$

[*51·231] $\quad \equiv . \iota`x \cap \iota`y = \Lambda .$

[*13·12] $\quad \equiv . \alpha \cap \beta = \Lambda \qquad (1)$

$\vdash . (1) . *11{\cdot}11{\cdot}35 . \supset$

$\quad \vdash :. (\exists x, y) . \alpha = \iota`x . \beta = \iota`y . \supset : \alpha \cup \beta \in 2 . \equiv . \alpha \cap \beta = \Lambda \qquad (2)$

$\vdash . (2) . *11{\cdot}54 . *52{\cdot}1 . \supset \vdash .$ Prop

From this proposition it will follow, when arithmetical addition has been defined, that $1 + 1 = 2$.

○ 각 집합(또는 class)에 대해 유형을 부여하였다. 개별자의 유형은

113) 1을 엄밀히 정의하면, 단 하나의 원소를 갖는 유형 1인 모든 class들로 이뤄진 유형 2인 class

제 0형이고, 개별적 대상물로 집합을 구성하면 그 집합은 제 1형, 그러한 집합들을 모아 다시 집합을 구성하면 그 집합은 제 2형이 되는 등, 이런 식으로 유형은 계속 높아지며, 각 집합의 원소는 다 동일 유형이어야 한다. 따라서 {a, {a,b}}는 금지되며, A가 B에 속한다고 하면 B는 A보다 유형이 높게 되어 자기 자신을 포함하는 집합과 모든 집합의 집합은 존재할 수가 없어서 집합론의 역설은 원천적으로 차단된다.

- 각 명제에 대해서도 유형을 부여하였는데, 모든 명제는 그 내용에 등장하는 대상물의 유형보다 높은 유형을 가진다. 따라서 모든 명제에 대한 언명은 이 문법에 맞지 않게 되어서 “모든 규칙에는 예외가 있다”라는 역설을 피할 수 있다. 거짓말쟁이 역설 “나는 거짓말을 하고 있다”를 이 문법에 맞게 표현하면, “나는 명제 P를 주장하고 있는데 이 명제 P는 거짓이다”가 되는데, P에 관한 언명이 참이라면 P 자체는 거짓이 되고, P에 관한 언명이 거짓이라면 P 자체는 참이 되어 아무 모순을 일으키지 않는다.

- 유형 이론에 따라 수학을 재구성하려면 매우 복잡해진다. 가령, 무리수는 유리수를 이용해 정의되고, 유리수는 자연수를 이용해 정의되므로,

무리수의 유형 > 유리수의 유형 > 자연수의 유형

이 되는데, $\mathbb{R}$은 여러 유형의 수를 포함하므로 모든 실수에 대해선 어떤 주장도 할 수 없고, 각 유형 별로 따로따로 명제를 주장해야 한다. 또한 실수로 이뤄진 어떤 집합의 최소 상계는 실수보다 높은 유형을 가지므로 최소 상계는 실수가 아니라는 모순에 이른다.

이런 문제를 피하기 위해 “높은 유형을 지닌 명제(또는 집합)는 항상 적당한 제1형 명제(또는 집합)와 동치이다”라는 환원 공리(axiom of reducibility)를 도입해야 했다.

- 논리주의는 미국의 수리논리학자 W. Quine과 A. Church에 의해 비판적 계승되었으며, 논리주의가 지금까지 이런 저런 형태로 수학뿐 아니라 철학, 언어학, 컴퓨터과학, 경제학 등 다양한 분야의 발전을 이끌고 있다는 점에 대해선 논란의 여지가 없다. 영국의 시인 T.S. 엘리엇은 다음과 같이 말했다. "논리학자의 작업이 영어를 명료하고 정확하게 어떤 주제에 대해 생각할 수 있는 언어로 만드는 데 얼마나 큰일을 했는가. 『수학 원리』는 수학보다 우리의 언어에 더 크게 기여했다."

8.3 논리주의에 대한 비판들

- 우선 러셀 자신도 인정했듯이 환원 공리가 지나치게 자의적이고, 모든 자연수를 다 구성하기 위해 도입한 무한 공리(:무한히 많은 개체들이 존재한다)와 선택 공리가 과연 논리학의 공리가 될 수 있는지 논란이 되었다. 유형 이론도 여러 모순들을 피하기 위해 ad hoc으로 도입한 인위적 방편이라는 비판을 받았다.

- 괴델의 불완전성 정리에 의해 『수학 원리』가 무모순인지 그 체계 내에서는 증명할 수 없고, 무모순이라 할지라도 그 체계 내에서 증명할 수 없는 참인 수학 명제가 존재한다.

- 수학이 논리적 사고에서 연역되어 나온다는 기본 가정으로선 수학이 자연 세계와 합치되는 이유를 잘 설명하지 못한다는 비판이 있다. 비슷한 취지로 Poincaré는 다음과 같이 말했다. "어떤 수학적 개념은 논리보다 더 근본적이며, 논리적인 어휘로 기술될 수 없다. 논리가 제공하는 재료들로 모든 구조물을 지을 수 있다 해도 선택 과정이 존재해야 한다.

진정한 기하학자는 이 선택을 신중하게 하는데 그 이유는 확실한 영감 또는 더욱 심오하고 숨어 있는 기하학에 대한 인식을 바탕으로 하기 때문이다. 그것만으로도 그 구조물을 세우는데 중요한 기여를 한다."

- 더 근본적인 철학적 비판은 논리학의 공리가 과연 진리인가에 대한 의심이었다. 러셀도 논리학의 원리가 선험적 지식이라는 확신을 버렸고, 수를 논리적 허구로 간주하며 존재론적 실재론을 벗어났다. 그는 다음과 같이 토로했다. "수학을 견고하게 세울 코끼리를 만들어 냈지만, 그 코끼리가 비틀거리자 그것을 받쳐줄 거북을 만들어내기 시작했지만, 거북이 코끼리보다 더 견고하지 못했다. 20여 년간의 신고를 겪고 난 후에, 수학 지식을 의심할 여지가 없는 확실한 것으로 만드는 데에 나는 더 이상 아무 일도 할 수 없다는 결론을 내리게 되었다.… 내가 항상 수학에서 찾고자 했던 드높은 확실성은 당혹스러운 미로 속에서 행방불명되었다. 그것은 참으로 복잡하기만 한 개념의 미로이다."

- 철학자 쇼펜하우어는 "생각은 글로써 실체화되는 순간 죽어 버린다." 고 말했고, 노자(老子)의 도덕경에서도 다음과 같이 말한다. "진실된 훌륭한 사람은 논거에 의해 증명하지 않고 논리에 의해 증명하는 사람은 훌륭하지 않다."

8.4 직관주의(Intuitionism)

- 논리로부터 유도된 명제는 직관에 의해 얻어진 명제보다 덜 직관적이고 역설적인 결과가 얻어지므로, 수학의 확실성을 확립하기 위해 논리학이 아닌 인간의 직관에 기대고자 하는 시도가 직관주의로, 수학적 대상의 범위를 인간에 의해 **구성**될 수 있는 것으로 국한한다.

- 직관(直觀)이란 판단, 추론 등의 사유 작용을 거치지 않고 대상을 직접적으로 인식하는 것을 말하는데 직관주의는 17세기 데카르트와 파스칼에까지 거슬러 올라갈 수 있다. 데카르트에 의하면 인간이 진리의 인식에 이르는 확실한 수단으로 직관과 연역이 있으며[114], 직관이란 불확실한 감각이 가져다주는 정보가 아니라 너무나 명료해 어떤 의심도 들어설 수 없는 청정한 마음의 관념으로, 단번에 명증적(明證的)으로 참임을 인식하는 것이다. 직관은 이성 자체보다 더 단순하기에 연역보다 더 확실하며, 자기 자신이 생각을 하고 있고 존재한다는 사실, 삼각형이 세 개의 변으로 둘러 싸여 있고 구는 한 면으로 둘러싸여 있다는 사실 등은 직관으로 파악할 수 있다고 말했다.

- 합리주의와 경험주의를 종합한 철학자 칸트는 수학이 선험적이면서도 단지 분석적이 아님을 설명하면서 직관의 역할을 강조하였다. 그는 선험적(a priori) 인식과 경험적(a posteriori) 인식으로 나누는 지식 분류를 더 세분하여 분석(analytic) 판단과 종합(synthetic) 판단으로 나누었는데, 분석 판단은 술어가 주어의 개념에 포함되어 있는 것으로 주어의 개념을 분석함으로써 얻어지는데 반해, 종합 판단은 논리적으로 필연이 아닌 것으로 새로운 술어가 주어에 종합되어 새로운 지식을 산출한다. 수학적 지식은 시간과 공간의 구조에 관한 것으로 종합 판단이지만,[115] 경험에 의존하지 않고 순수(선험적) 직관에 의존하므로 필연적, 보편적이다.

---

114) 그렇다고 귀납과 실험의 필요성을 무시한 것은 아니다. 실제로 그는 많은 관찰과 실험을 했다.

115) 논리주의의 관점에 의하면 수학적 지식은 선험적 분석 판단이다. 칸트도 7+5=12가 분석적 즉, 논리적으로 얻어질 수 있음을 부정하는 것은 아니지만, 그런 산수는 시간과 공간의 체계가 아니라고 주장하는 것이다. 7+5가 10 아니면 13이 되는 'non-Peano' 산수도 모순을 유발하지 않는다면 개념적으로는 가능하다.

분석 판단	종합 판단	
삼각형은 세 각으로 이뤄진 도형 총각은 결혼하지 않은 남자 모든 물체는 공간을 차지함	$7+5=12$ 직선은 두 점 사이를 잇는 최단 거리	겨울에는 눈이 온다 모든 물체는 무게를 지님
선험적		경험적

칸트는 오직 직관을 통해서만 종합 명제가 얻어진다고 주장하며,[116] 직관을 감각 기관이 받아들인 경험적 직관과 이를 정돈하고 배열하는 형식인 순수 직관으로 나누었다. 이 직관의 형식은 바로 시간과 공간으로, 외적 경험에서 추상된 개념이 아니라 인간 마음에 선천적으로 존재하며, 수와 기하학적 도형을 표상하고, 그것에 대한 추론을 전개하기 위해 반드시 필요하다.

가령 직선이라는 개념과 둘이라는 개념으로부터 두 직선으로 둘러싸인 도형이 성립할 수 없다는 종합 판단을 도출하는 것은 불가능하다. 두 직선으로 둘러싸인 도형이라는 개념 그 자체로서는 어떤 논리적 모순도 없다. 그것의 불가능성은 개념 그 자체에 기인하는 것이 아니라, 공간의 조건에 기인한다. 두 직선으로 둘러싸인 도형은 직관에 나타낼 수 없지만 세 직선으로 둘러싸인 도형은 직관에 나타난다. 구성 가능한 개념이란 순수 직관에 나타내어질 수 있는 개념으로 수학적 인식을 산출한다. '$7+5=12$'도 7과 5를 순수 직관에서 합을 (상상적으로) 구성해봄으로써 얻을 수 있다.

- 새로운 무모순적인 기하학인 비유클리드 기하학이 발견되고, 일반 상대성 이론에 의해 우리가 살고 있는 우주도 비유클리드 공간임이 드러남

116) 칸트는 "인간의 지식은 모두 직관에서 시작되고 개념으로 나아가 관념으로 끝난다."라고 말했다.

으로써 유클리드 기하학을 선험적 진리로 보는 칸트의 주장은 수정이 불가피해졌다. 현대 직관주의의 대부인 브라우어는 공간적 직관의 선험성을 포기하고 시간적 직관으로부터 수학 전체가 구성된다고 주장하였다.

인간의 자아가 시간의 흐름을 인식하면서 시간적 분리에 따른 "이원성(twoness)"의 개념이 생겨나고 이를 추상화함으로써 1과 2를 얻고, 이런 과정의 반복을 통해 모든 자연수를 구성할 수 있다. 시간적 직관에서 "사이(between) 직관" 즉 선형 연속체 직관이 산출되는데 바로 이것이 실직선이며, 이산적 개별자들의 총합이 아니다.[117)]

각 실수는 이 실직선 상에서 점점 축소하여 길이가 0으로 수렴하는 유리수 구간들 $[a_n, b_n]$의 열(sequence)로 정의되지만, 이 무한 열은 꼭 규칙에 의해 제시될 필요는 없으며[118)], (창조 주관 즉, 이상화된 수학자의) 자유 선택에 의해 구성되는 비법칙적(lawless) 열도 포함한다. 비법칙적 열이라도 처음의 유한한 부분은 구성적으로 제시되고, 나머지 부분은 미결정 상태로 제시되어야 한다.[119)]

칸트는 실무한이 구성될 순 없지만 논리적으로 불가능하다고 보진 않았는데, 브라우어는 수학에 있어서 실무한을 인정하지 않았다. 유한한 과정에 의해 구성되는 것만 존재하며, 무한히 많은 원소가 "동시에" 한 자리에 존재하는 무한 집합을 배격함은 크로네커, H. Poincaré 등 (신) 직관주의자들의 대표적 신념이었다.

원주율 π처럼 원하는 소수점 이하 자리까지 유한 번의 단계에 의해

117) 그런 총합은 구성적으로 주어지는 집합이 아니므로 직관주의 관점에선 존재하지 않는다.

118) 그런 열들은 가산 개에 지나지 않음.

119) 이것을 선택 열이라 하는데, 과연 구성적인 것으로 볼 수 있는지 구성주의 내에서도 이견이 있다.

계산할 수 있는 방법이 제시되는 경우와 수학적 귀납법도 구성적인 것으로 인정되지만, 구성 방법 없이 속성만으로 집합을 정의하는 것이나 구체적 선택 규칙 없이 선택 공리에 의해 정의된 집합은 비구성적인 것으로 배격된다.

- 수학을 논리로 환원하는 논리주의에 반대하여 논리학의 원리들이 선험적임을 불인정할 뿐 아니라 직관적 개념보다 훨씬 더 불확실하다고 보았다. 논리학의 결함에 의해 역설이 발생하는 것이지 수학의 결함이 아니다. 논리학은 언어에 속하며 말은 단지 진리를 전달하기 위해 사용되며, 기호 언어를 포함한 어떤 수학적 언어로도 수학을 완벽하게 표현할 수 없다. 수학은 본질적으로 언어 없이 이뤄지는 마음의 활동이라고 본다.

- 현대 직관주의가 다른 수리 철학과 극명한 대비를 이루는 지점은 고전 논리학의 법칙인 배중률의 부정이다. 직관주의에선 경험(증명)되지 않는 참(truth)을 부정한다. 따라서 $P \vee \sim P$를 주장하기 위해선 P의 증명이 있거나 $\sim P$의 증명이 있어야 하며, 단지 배중률이라는 논리 규칙에 의해 공짜로 $P \vee \sim P$가 성립함을 말할 수 없다고 주장한다.

연속체 가설은 결정 불가능하므로, "$\aleph_1 = |\mathbb{R}|$ 또는 $\aleph_1 \neq |\mathbb{R}|$"이 성립하지 않을 수 있다는 주장도 타당해 보인다. 그런데 다음 예를 보자.

정리 a^b가 유리수가 되는 무리수 a, b가 존재한다.

증명 만약 $(\sqrt{2})^{\sqrt{2}}$가 유리수라면, 그런 무리수 a, b로 $\sqrt{2}$를 택하면 된다. 만약 $(\sqrt{2})^{\sqrt{2}}$가 무리수라면, 그 수를 a라 놓으면 $a^{\sqrt{2}} = (\sqrt{2})^{\sqrt{2}\sqrt{2}} = 2$가 되고, 무리수 $b = \sqrt{2}$에 대해 a^b가 유리수가 된다.

위 정리의 증명은 배중률을 이용했는데, 유한 집합에서처럼 각 원소에 대해 주어진 성질의 성립 여부를 다 체크할 수 있다면 배중률이 적용 가능하지만, $\mathbb{R}$처럼 무한 집합에서는 그렇게 할 수 없으므로 직접 체크하지 않고서 아무 실수가 유리수이든지 무리수라고 말할 수 없다는 것이다.[120] 인간은 오직 유한한 것들만 경험할 수 있으며, 유한한 경험들로부터 유추된 배중률을 무한한 상황에까지 확대 적용해선 안 된다는 뜻이다. H. Weyl[121]은 "배중률은 무한한 자연수를 한 눈에 내려다볼 수 있는 신에게는 타당하게 여겨질지 몰라도 우리 인간의 논리로는 그렇게 보이지 않는다."고 말했다.

다른 예로 자연수 $n>1$에 대해 아래에 정의된 명제 $P(2n)$에 대해선 배중률이 성립한다.

$P(2n)$: $2n$은 두 소수의 합으로 표현된다.

(아무 $2n$이 주어지면 두 수의 합으로 표현되는 경우가 유한하므로 다 체크해보면 된다.) 하지만, 다음의 명제 G는 참이거나 거짓 둘 중 하나라고 지금은 말할 수 없다.[122]

G : $\forall n>1$, $P(2n)$이 성립한다.

각각의 $P(2n)$이 참인지 거짓인지 체크하는 알고리즘은 있지만, G 진위 여부를 체크하는 알고리즘은 존재하지 않는다.

- "임의의 실수 x에 대해 $(x=0)\vee(x\neq 0)$"의 구성적 증명이 만약 존재한다면, 많은 수학 난제들이 구성적 과정에 의해 해결될 수 있게 된다. 가령 다음 예를 보자.

120) 위 정리는 다행히 구성적 증명도 존재한다. $a=\sqrt{2}$, $b=2\log_2 3$으로 택하면 된다.
121) 형식주의의 대부 Hilbert의 제자였지만 직관주의를 따라갔다가 환멸을 느끼고 나중에 돌아온다.
122) (강한) Goldbach의 추측으로 아직 미해결이다.

$$x_n = \begin{cases} 2^{-n} & \text{if } \forall m \le n \text{에 대해 } P(2m) \text{ 성립} \\ 2^{-k} & \text{if } k : \sim P(2m) \text{이 성립하는 } m \in [2, n] \text{중 가장 작은 정수} \end{cases}$$

위 코시 수열 $\{x_n | n > 5\}$은 구성적으로 잘 정의되었으며, 이것의 극한값을 α라 하면, "$\alpha = 0 \Leftrightarrow G$"가 성립한다. 만약 $(\alpha = 0) \vee (\alpha \neq 0)$에 대한 구성적 증명이 존재한다면, Goldbach 추측 G의 진위 여부를 가리는 구성적 과정이 있음을 의미하게 된다.

- 배중률이 허용되지 않으므로 귀류법(reductio ad absurdum)에 의한 증명도 할 수 없다. 직관주의에서 명제의 참·거짓은 증명 가능성 여부를 뜻하므로, $\sim P$는 "P가 거짓이다"라기 보다는 "P가 모순을 유도한다"로 해석된다. 따라서 P를 가정해 모순이 유도되면, $\sim P$를 얻는 것은 직관주의 논리에 부합한다. 반면에 어떤 명제 Q를 증명하기 위해 $\sim Q$를 가정해 모순이 얻어진다고 해서 Q가 참이라고 주장할 수 있는 것이 아니라 단지 $\sim(\sim Q)$를 얻게 된다. 고전 논리에서 $\sim(\sim Q)$는 Q와 동등하지만, 직관주의 논리에선 "Q의 증명이 불가능함을 보이는 것은 불가능하다"를 의미할 뿐이다.

따라서 어떤 대상이 존재함을 보이기 위해서는 직접 구성 가능성을 보여야 하며, 단지 비존재를 가정하여 모순이 유도됨을 보이는 것으론 불충분하다.

- 선택 공리가 비구성적 존재를 주장하기도 하지만, 배중률을 함의하므로 이 역시 거부된다.

정리(Diaconescu) 선택 공리를 가정하면, 임의의 명제 P에 대해 $P \vee \sim P$가 성립한다.

증명 두 집합을 정의하자. : $X = \{1\} \cup \{x \in \{2\} | P\text{가 성립}\}$,

$Y = \{2\} \cup \{y \in \{1\} \mid P$가 성립$\}$

선택 공리에 의해 $f(X) \in X$, $f(Y) \in Y$를 만족하는 선택 함수 f: $\{X, Y\} \rightarrow \{1, 2\}$가 존재한다. 두 자연수가 같은지 다른지 유한한 단계 내에 검증할 수 있으므로 (배중률이 적용 가능하여) $f(X) \neq f(Y)$ 또는 $f(X) = f(Y)$가 성립한다.

$f(X) \neq f(Y)$인 경우, 만약 P가 참이라면, $X = Y$가 되어 모순이 되므로 $\sim P$를 얻고, $f(X) = f(Y)$인 경우, $2 \in X$이거나 $1 \in Y$이어야 하므로, P가 참이어야 한다.

- 브라우어의 제자 A. Heyting에 의해 직관주의는 직관 논리로 형식화되었다. 직관 논리에서 참인 모든 명제는 고전 논리로 참이지만, 그 역은 일반적으로 성립하지 않는다. 물리학에서 관찰자인 인간도 관찰 대상인 우주의 일부이므로, 고전적인 논리로 정확히 다 설명할 수 없고 직관주의 논리가 필요하다는 주장이 있다.

A. Markov, E. Bishop, P. Martin-Löf 등은 다양한 구성주의 수리철학으로 계승하였다. 구성주의적 수학은 컴퓨터 알고리즘으로 구현되기에 적합하여 컴퓨터를 이용한 수치적 문제 해결에 유용하며, 수학교육의 구성주의적 관점에 이론적 기반을 제공해준다.

8.5 직관주의에 대한 비판들

- 언어는 의사소통의 수단만이 아니라 사고를 진행하는 도구로서, 과연 존재와 분리될 수 있을까? 하이데거[123]는 언어를 존재의 집이라 했고,

123) 독일의 실존주의 철학자

독일의 상징주의 시인 Stefan George도 "말이 부서진 곳에서는 어떤 사물도 존재하지 않으리라."고 말했다. 분석 철학자인 비트겐슈타인에 의하면 생각도 일종의 언어이며, 내 언어의 한계가 내 세계의 한계이다. 마지막 장에서 살펴보게 되겠지만 GPT처럼 인간의 언어 데이터만 학습시킨 인공 지능이 인간과 유사한 또는 더 나은 지능과 창의성을 보여주고 있다는 사실은 언어가 단지 사유의 수단이 아니라 사유와 분리될 수 없는 실체가 아닌가하는 생각이 들게끔 한다. 수학도 언어 즉 기호와 논리 없이 존재할 수 있을까?

- 명확한 언어 표현과 논리적 증명 없이 직관이 얻어낸 확신이 과연 확실한 것인지 어떻게 알 수 있는가? 수학의 확실성의 근거를 불완전한 인간 마음에서 찾았다는 비판을 면키 어렵다. 브라우어도 인정하였듯이, '동일하다'나 '삼각형' 같은 단어의 의미는 크게 혼동할 여지가 없더라도 그런 단어마저 두 사람이 완전히 같은 방식으로 생각하는 것은 아니다. 수학이 개인의 주관적 사고의 산물로 전락된다는 점에서 수학의 객관성을 부인하지 않는 다른 구성주의 수학관과 구별된다.

 이러한 공통주관성(intersubjectivity)의 문제를 해결하기 위해 이상화된 유일한 정신인 창조 주관(The Creating Subject)을 도입했는데 이렇게 추상화된 직관이 실제로 존재하는지 또 순전히 직관이라고 할 수 있는지 의문이다.

- 수학적 명제의 진리 여부가 인간과 독립하여 존재하는 것이 아니라 인간 역사의 진행에 따라 결정된다. 가령, Goldbach 추측 G에 대해 현재로선 $G \vee \sim G$가 참이 아니지만, 만약 어느 날 Goldbach 추측이 참 또는 거짓으로 증명된다면 그 때부터 $G \vee \sim G$가 참이 된다.

- 배중률 및 귀류법을 사용하지 못하게 되어 기존 수학의 상당 부분이 포기된다. 가령 사잇값 정리[124], 최대 최소 정리[125], $\mathbb{R}$에서 위로 유계인 부분집합은 최소 상한을 가진다는 정리, Bolzano-Weierstrass 정리[126], Brouwer 고정점 정리[127] 등 많은 존재 정리를 잃게 되었다. 사잇값 정리는 다음의 정리로 약화된다. 연속 함수 $f:[a,b]\to\mathbb{R}$가 $f(a)<0$, $f(b)>0$이면, 임의의 자연수 n에 대해 $|f(x)|<\frac{1}{n}$을 만족하는 $x\in[a,b]$가 존재한다.

귀류법을 쓰지 않고 구성적인 증명에 의해 기존 수학을 재건하고자 했지만, 그 증명이 아름답지 못할 뿐 아니라 매우 힘들고, 또는 아예 불가능하여 근사적 존재 정리로 만족해야 했고, 결정 불가능한 명제가 존재할 수도 있다. 가령 n차 복소 계수 방정식은 (중복 포함) n개의 복소수 근을 가진다는 대수학의 기본 정리는 반 페이지만으로 증명 가능하지만, 직관주의의 구성적 증명은 무려 10페이지나 된다!

- 수학에서 실무한 등을 제거함으로써 기존의 역설로부터 자유롭게 되었지만, 직관주의로부터 비직관적이고 역설적인 명제들이 얻어진다.

가령 직관주의의 관점에 부합하게 정의된 모든 $f:\mathbb{R}\to\mathbb{R}$는 연속 함수이다. 아래 f는 직관주의 관점에서 잘 정의된 함수가 아니다.

$$f(x)=\begin{cases}1 & \text{if } x\geq 0\\ 0 & \text{if } x<0\end{cases}$$

124) $f:[a,b]\to\mathbb{R}$가 연속, $f(a)<0, f(b)>0$이면 $f(c)=0$인 $c\in(a,b)$가 존재한다는 정리

125) 임의의 연속 함수 $f:[a,b]\to\mathbb{R}$는 최댓값과 최솟값을 가진다는 정리

126) $\mathbb{R}^n$에서 유계인 무한 집합은 극한점을 갖는다는 정리

127) 브라우어 자신의 가장 유명한 정리이다. D가 닫힌 원판과 위상 동형일 때, $\Phi:D\to D$가 연속 함수라면, $\Phi(p)=p$인 점 $p\in D$가 적어도 하나 존재한다는 정리

임의의 실수가 0이상이거나 0 미만이라고 할 수 없기 때문이다. 불연속 함수들은 수학 뿐 아니라 과학과 공학에서 필수적으로 사용된다. 하지만 브라우어는 과학의 필요에 맞추어 수학을 재단할 수 없다고 생각했다.

비슷한 이유로 어떤 진부분 집합 $U \subset \mathbb{N}$가 존재하여 전사함수 $g : U \to \mathbb{N}$가 존재하지만, 이 g는 $\mathbb{N}$ 전체로 확장이 불가능하다.

직관주의자들이 받아들인 전통 수학의 정리들 중에도 직관으로 보기에 상당히 미묘하고 낯설어 보이는 것들이 있는데, 논리적 전개 없이 과연 직관만으로 발견해낼 수 있을까?

- 구성의 개념도 명확하지 않다. 가령 다음 수 A는 구성적으로 정의되었는가? 원주율 π의 소수점 아래 전개에서 123456789가 나온다면 p를 그 첫 번째 자리수라 하고 A를 $1+(-0.1)^p$로 정의하고, 그런 숫자 열이 나오지 않는 경우에는 A를 1로 정의하면, p의 정의가 비구성적임에도 불구하고 원하는 정도로 A의 근사 값을 구할 수 있다.

사실 직관주의 내부에서도 모든 의견이 일치되지 않았다. 다수가 실수를 인정했지만 정수나 유리수, 계산 가능한 수만 인정하는 사람도 있었는데, 계산 가능에 대한 관점도 사람마다 달랐다. 브라우어는 나중에 가서 자연수 집합의 존재를 인정하였다.

8.6 직관을 중시한 학자들

- 수학을 탐구하는 두 가지 주요 도구는 논리와 직관이다. 논리가 그 탐험의 길을 직접 걸어가는 발이라면, 직관은 목표를 꿈꾸게 하고 나아갈 방향을 찾아주는 눈에 비유할 수 있을 것이다. 뛰어난 과학자들에 의하면,

고민하던 문제의 해결책이 (종종 다른 일을 하는 도중에) 갑자기 직관적으로 떠오르게 되는데 너무나 필연적이고 자연스럽게 보이기 때문에 논리적 증명이 없어도 그것이 옳다는 강한 확신을 갖게 된다고 한다. 어떤 조사에 의하면 노벨 과학상 수상자의 86.7%가 자신은 직관을 통해 성공을 거둘 수 있었다고 확신했다.

- 인도의 수학자 라마누잔(S. Ramanujan, 1887~1920)은 정식적인 대학 수학 교육 없이 독학으로 수천 개의 놀라운 공식들을 단지 직관에 의해 얻었는데, 아무 증명이 없다. 후대의 수학자들이 그의 노트에 실린 공식을 다 증명하는데 근 1세기가 걸렸는데, 몇 개의 오류를 제외하면 다 맞는 공식임이 밝혀지고 있다. 영국의 수학자 하디는 무명이었던 그를 케임브리지 대학으로 초청해 함께 연구하였는데, 증명을 불필요하게 여기는 그와 불화를 겪기도 했다.

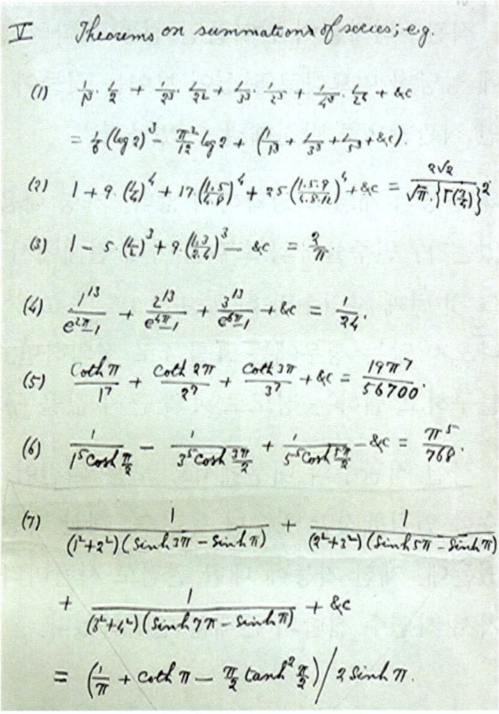

$$\frac{1}{\pi} = \frac{\sqrt{8}}{99^2} \sum_{k=0}^{\infty} \frac{(4k)!}{(4^k k!)^4} \frac{1103 + 26390k}{99^{4k}}$$

[상: 라마누잔의 노트, 하: 라마누잔의 공식 중 하나]

- 아인슈타인만큼 직관을 중시한 과학자도 없는데, 직관에 대해 많은

말을 남겼다. "자연의 법칙에 이르게 하는 논리적인 길은 없다. 오로지 직관에 의해서만 거기에 다다를 수 있다. 우리의 사고 과정의 대부분은 부호, 언어를 사용하지 않고 진행되며 또한 어느 정도까지는 무의식적으로 진행된다고 하는 사실에 조금도 의심의 여지가 없다고 본다. 직관은 이전의 지적 경험의 결과이다."

- 노벨 물리학상 수상자이자, 이해하기 쉬우면서 깊이 있는 명강의로 유명했던 R. Feynman도 수식보다는 직관을 중시했고, 무언가를 1학년 학생이 이해할 수 있을 정도로 설명을 할 수 없다면 제대로 이해하고 있지 못하는 것이라고 말했다.

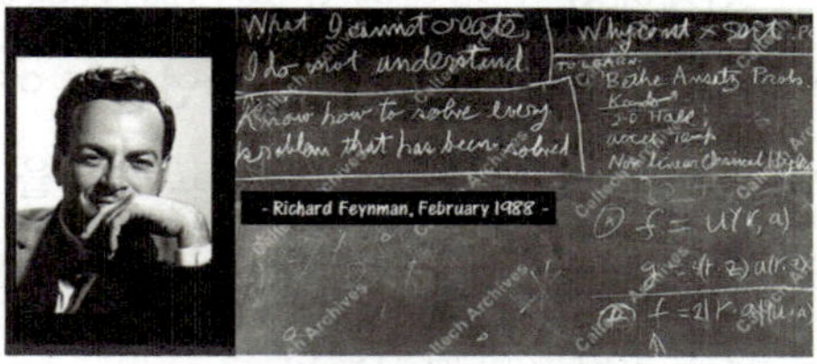

[파인만이 마지막으로 남긴 강의 판서: What I cannot create, I do not understand.]

- 프랑스의 수학자 J. Hadamard의 조사에 의하면, 수학자와 과학자들이 마음에서 사고할 때 관념적인 언어, 대수적 또는 정확한 기호를 사용하지 않고, 대체로 시각적, 운동적인 심상을 이용한다고 한다. 그래서 인지 수학자들이 종종 직관력을 시적 상상력에 비유하곤 한다. 해석학을 논리적으로 엄밀하게 확립한 K. Weierstrass는 "어떤 의미에서 시인이 아닌 수학자는 결코 온전한 수학자가 되지 못할 것이다."라고 말했다. 필즈상을 수상한 허준이 교수도 한때 시인이 되고자 고교를 자퇴했었는데, 수학은 외부(자연)의 입력에 의존하는 과학보다는 인간 내부에서 창조되는 예술에 더 가까운 것 같다며, 무엇을 표현하고자 할지 아직 모르지만 표현하고 싶은 무언가가 있다는 것을 인지하는 그 상태가 예술의 그것과 수학의 그것이 굉장히 닮아 있다고 말했다.

- 아인슈타인의 말한 대로 직관적 사고력을 키우기 위해선 다양한 많은

지적 경험을 쌓는 것이 중요하지만, 이전의 경험에서 형성된 직관만 너무 신뢰하면, 새로운 개념을 받아들이는데 장애가 되는 선입견이 될 수도 있음을 주의해야 한다. 아인슈타인은 양자 역학을 수립하는데 누구보다 큰 공을 세웠지만(그것으로 노벨상을 받음), 실재가 모호해지고 확률적 정보만 존재한다는 양자 역학을 결코 받아들이지 못했다. 주로 거시 세계에서의 경험에서 형성된 직관이기에, 초미시 세계를 기술하는 양자 역학이 비직관적임은 당연하지 아닐까? 양자 역학의 대부 닐스 보어는 "양자 역학을 처음 접하고 충격을 받지 않았다면 양자 역학을 이해하지 못한 것이다."라고 말했고, 파인만도 "양자 역학을 이해한 사람은 아무도 없다."고 단언했다.

8.7 형식주의(Formalism)

힐버트는 직관주의에 의해 수학이 파괴되는 현실을 좌시할 수 없었다. 배중률을 이용한 증명을 부인하는 것은 수학이라는 학문 전부를 포기하는 것과 다름없어서 수학에서 배중률을 제외하는 것은 마치 천문학자에게 망원경 사용을 금하고 권투 선수에게 주먹을 사용하지 못하게 하는 것과 같다고 말했다.

> "칸토르가 우리들을 위하여 만든 낙원에서 아무도 우리를 쫓아낼 수 없다."

그는 수학의 확실성을 확보하기 위해 기존의 수학을 의미가 제거된 기호들의 형식 체계로 재정립하고자 제안했다.(Hilbert's Program) 즉, 모든 명제를 형식적 기호들의 조합으로 표현하고, 논리학 규칙에 의해 기호를 조작해 공리로부터 참인 명제들을 유도해내고, 공리 체계의 무모순성과 완전성(모든 참인 수학 명제들이 공리 체계 내에서 증명할 수 있음)을 보이는 것이다.

○ "형식 체계가 무모순적이다."의 정의는 "그 체계 내의 어떤 형식 문장 P에 대해서도 P와 $\sim P$가 다 (공리로부터) 유도되는 것은 아니다."이다.

만약 하나의 모순 (A and $\sim A$)만 존재해도 임의의 명제 B가 함의된다. 배중률에 의해 ($\sim A$ or A)는 참이므로, $\sim B \Rightarrow (\sim A$ or $A)$는 참이다. 대우 명제 $\sim(\sim A$ or $A) \Rightarrow B$ 역시 참이므로, (A and $\sim A) \Rightarrow B$를 얻는다. 따라서 무모순성을 보이기 위해 $0=1$라는 명제가 얻어지지 않음을 보이면 된다.

○ 형식화의 장점은 형식 체계의 무모순성과 완전성에 대한 증명을 역시 형식적인 방법으로 다룰 수 있다는 것이다. 힐버트는 증명 이론 또는 메타 수학을 개발하여 그 목표를 이루고자 했는데, 메타 수학에서 사용하는 논리는 어떤 반대도 있을 수 없을 정도로 자명한 논리만 사용하고자 했으며 결국 직관주의에서 허용하는 원리와 흡사했다. 실무한, 귀류법, 선택 공리, 초한 귀납법[128], 자기 참조적 정의를 사용하지 않고 유한적이고 구성적인 방법으로만 증명을 하고자 했다.

○ 모든 과학 중에서 오직 수학만이 수학 자신의 언어로 수학의 본질 즉 메타 수학을 질문했음도 의미 깊다. 19세기 후반 추상 예술이 등장하면서 예술가들도 예술의 본질이 무엇인지 묻는 메타 예술을 예술 언어로 표현하기 시작했는데, 수학과 예술의 공통점을 보여준다.

128) 자연수에 대한 수학적 귀납법을 임의의 서수 즉 정렬 집합으로 확장한 것이다.

8.8 형식주의에 대한 비판

- 수학의 형식화가 수학의 확실성을 증명하기 위한 조치이고, 비공식적으론 수학적 대상들이 갖는 의미를 인지하겠지만, 수학적 진리를 의미 없는 기호 게임으로 전락시켰다는 비판을 면하기 어렵다.

- 러셀: 무모순성만 담보되면 수학의 대상들이 과연 존재한다고 볼 수 있는가? 무모순인 공리 체계는 무수히 많다. 우리가 원하는 것은 물질 세계에 응용될 수 있는 체계이다.

- 브라우어: 수학적 엄밀성을 어디에서 찾는가라는 물음에 직관주의자들은 인간 이성에서 찾을 수 있다고 답하지만, 형식주의자들은 종이 위에서 발견할 수 있다고 주장한다.

- 괴델의 불완전성 정리에 의해 자연수를 포함하는 어떤 공리계도 그 체계 내에서 자신의 무모순성을 증명할 수 없고, 만약 무모순이라고 해도 참이면서도 그 체계 내에서 증명할 수 없는 명제가 반드시 존재함이[129] 증명됨으로써 형식주의에 치명타를 가했다.

ZFC 공리계로 구성된 현재의 수학이 무모순인지 알 수가 없으며, Poincaré는 다음과 같이 말했다. “늑대의 공격을 막기 위해 가축 주위에 울타리를 세웠으나 이미 울타리 안에 늑대가 들어와 있는지는 알지 못하고 있다.”

- 하지만 형식주의의 대부 힐버트는 결정 불가능한 수학 문제가 있다는

129) 재앙의 불씨는 역시 거짓말쟁이 역설의 수학적 버전에 있었다. 다음 장에서 자세히 살펴보겠지만 괴델은 “이 문장은 증명 불가능이다.”라는 형식 체계 내의 명제를 만들었다. 이 명제가 증명 가능이라면 이 문장이 참이 아니게 되어 모순이 되고, 만일 증명 가능하지 않다면 참이다. 따라서 이 문장은 증명 불가능하지만 참인 명제이다. 형식 체계 내에서 적법한 자기 참조가 가능할 수밖에 없다는 것이 근본적 원인이라 볼 수 있다.

130)

사실을 인정할 수 없었다. 브라우어와 심하게 대립했던[131] 힐버트의 묘비에는 그의 신념 "우리는 알아야만 한다. 우리는 알게 될 것이다."이 새겨져 있다. 형식주의는 Bourbaki 학파 등 현대 수학계에서 여전히 지지를 받고 있는데, P. Davis와 R. Hersh는 이를 아래와 같이 잘 표현했다.

> "수학자들은 주중에는 플라톤주의자이고, 주말에는 형식주의자이다."

8.9 대논쟁에 대한 철학적 해석 및 그 이후

수학 철학에서의 세 가지 다른 관점은 세계와 인간을 바라보는 철학적 관점의 상이함에 뿌리를 두고 있다고 볼 수 있다. 철학에서 보편자(universal)란 개별자(particular, individual)들이 공유하는 특성으로 가령 공자, 소크라테스, 신사임당은 개별자이고, 이들을 다 포괄하는 사람은 보편자이다. 점, 선, 면, 집합, 함수 등 모든 수학적 대상들은 보편자이다. 철학사에서 보편자의 존재 방식에 대한 철학적 견해는 크게 세 가지로 나뉜다.

실재론(realism)에서 보편자는 그것을 인식하는 인간과 독립하여 존재한다고 여겨지며, 개념론(conceptualism)에서 보편자는 마음의 추상

130) 러셀, 브라우어, 힐버트를 특징적으로 잘 묘사한 캐리커처로 참고문헌 [41]에서 발췌함.

131) 저명한 수학 저널 Mathematische Annalen의 편집장이었던 힐버트는 편집 위원이었던 브라우어를 해임시켰다. 다른 편집 위원이었던 아인슈타인은 어느 편도 들지 않았고, 개구리와 생쥐의 전쟁이라고 비꼬았다.

작용에 의해 구성되는 것으로 인간의 마음에 의존하는 심적 존재이다. 마지막으로 유명론(nominalism)에서 보편자란 편의상의 언어적 기호에 불과하며 이러한 언어적 기호가 가리키는 보편자의 존재를 부정한다.

수학적 대상인 점(point)에 대한 관점을 비교해보자. 실재론적 관점에서 점은 종이에 그려진 불완전한 표상 배후에 실재하는 이상적인 플라톤적 대상이며, 개념론적 관점에서 점은 종이에 그려진 점에 대한 경험에서 추상화한 정신적 이미지이며, 유명론적 관점에서 점은 어떤 추상적 개념이 아니라 하나의 구체적 기호이다.

수리 철학의 논리주의, 직관주의, 형식주의는 각각 실재론, 개념론, 유명론에 뿌리를 두고 있는 관점으로 해석될 수 있다.

- Ernst Snapper: 수학자이면서 훌륭한 교육자였던 그는 수학의 기초에 이르는 열쇠는 논리주의, 직관주의, 형식주의의 철학적 근원들 사이 어딘가에 숨겨져 있다고 믿었다.

- H. Weyl: 수학의 궁극적 기초와 궁극적 의미라는 문제는 여전히 해결되지 않았다. 어느 방향으로 가야 최종적으로 해답을 얻을지, 또 객관적인 최종적 해답이 존재하기는 하는지 알지 못한다. '수학화'는 언어나 음악처럼 인간의 독창성을 드러내는 창조적인 활동이라고 할 수 있다. 수학이 전개되어 온 과정을 역사적으로 고찰해 보면 완벽한 객관적 합리화는 불가능하다는 것을 알 수 있다.

- 라카토스의 준경험주의: 포퍼의 반증주의 과학철학을 수리 철학에 받아들여 수학적 지식도 반증 가능하며, 반증될 때까지 잠정적으로 참이며, 증명과 반박에 의해 추측이 끊임없이 개선되는 변증법적 과정을 통해 성장해간다고 주장하였는데, 수학교육에 큰 영향을 미쳤다.[132)]

- 사회적 구성주의: 수학 교육 철학자 P. Ernest는 수학적 지식의 기초는 언어이며, 언어가 그런 것처럼 수학적 지식도 역사적, 사회적 과정의 산물이고, 수학의 객관성은 사회적 합의에 있다고 주장하였다.

- 수학의 궁극적 확실성의 부재가 주는 불안감에도 불구하고 20세기 최고의 수학자들로 구성된 Bourbaki 학파는 공리주의에 입각해 순수 수학 전반에 대해 통일된 방법으로 엄밀한 체계화를 하였고, 그 결과물을 『수학 원론』, 『Bourbaki Seminar』 시리즈로 발간하였는데, 20세기 수학계에 큰 영향력을 끼쳤다.[133] 그들은 수학이라는 거대한 구조물의 핵심적인 부분들은 결코 갑자기 툭 튀어나온 한 모순에 의해 무너지지 않는다고 굳게 믿었다. 그들의 전언을 들어보자. "예로부터 불확실성의 시대가 오면 거의 예외 없이 수학 전체나 특정 이론에 대한 비판적 검토가 뒤를 이었다. 모순이 생겨났지만 비판적 검토를 통해 그 모순이 해결되곤 했다.… 이렇게 2500년 동안 수학자들은 스스로의 오류를 고쳐 나갔고, 그 결과로 수학이 빈약해지는 것이 아니라 더 풍성해지는 것을 목격해왔다. 이로 인해 수학자들은 평정심을 가지고 미래를 바라볼 권리를 갖게 된다."

- 러셀: 철학을 공부하는 목적은 질문에 대한 명확한 답을 구하기 위함이 아니라(사실 대체로 구할 수도 없음) 질문 그 자체를 위한 것이다. 이런 질문들을 탐구함으로써, 가능한 개념을 확대시키고 우리의 지적 상상력을

132) John Barrow는 라카토스의 사상을 역사적, 정치적인 맥락에서 이해하였다. 라카토스는 헝가리의 유대인으로서 2차 대전 중에는 유대인 탄압으로 할머니와 어머니가 수용소에서 돌아가셔야 했고, 전후 열성적인 공산당 활동을 하면서 투옥 생활도 해야 했고, 헝가리 혁명 실패로 망명을 떠나 영국에 정착하였지만 무국적자로 여생을 살았다. 전체주의 공포로부터 탈출하여 반구조적인 문화에 빠진 동유럽의 지식인들이 수리 철학에 대해서도 반독재적인 접근을 시도한 것은 필연적인 결과로 해석된다.(참고문헌 [8])

133) 공집합 기호 $\varnothing$, 단사(injective), 전사(surjective) 등의 용어를 최초로 도입함.

풍요롭게 하고 사색에 대해 마음을 닫아버리게 만드는 교조적 확신을 감소시킨다. 그리고 무엇보다도, 철학이 탐구하는 만물의 위대함을 통해 인간의 마음도 위대해지고, 최고선을 구성하는 만물과의 연합을 가능하게 한다.

● 수학을 잘 교육하기 위해선 수리 철학적 이해와 숙고가 필요하다. R. Hersh에 의하면, 수학이 무엇인가에 대한 개념 정립은 수학이 어떻게 표현될 것인지에 대한 관점에 영향을 준다. G. Roulet에 의하면, 학생들이 수학에 대해서 갖고 있는 이미지(철학)은 분명히 교수 방식에 맞추어 생성되었다.

8.10 생각해 볼 문제들

❶ 논리주의, 직관주의, 형식주의의 주장들에 대한 당신의 입장은 어떠한지 논하고, 그 비판에 대해 반박을 해보시오. 제4의 관점이 있을 수는 없는지 논하시오.

배중률의 정당성을 따질 필요 없이 배중률을 허용하는 고전 논리에 기반한 수학, 배중률이 제거된 직관주의 논리에 기초한 수학, 심지어 다가(多價) 논리나 퍼지(fuzzy) 논리에[134] 기초한 수학 등 다양한 논리에 기반을 둔 수학이 다 가능하다는 주장은 어떠한가? 기하학에서도 평행선 공리가 성립하지 않는 비유클리드 기하학이 처음 등장했을 때는 거부감이 컸었지만, 지금은 유클리드 기하학과 동등한 지위를 누리고 있지 않은가?

❷ 학교 수학은 배중률과 선택 공리를 허용하는 등 직관주의보다는 논리

134) 다가 논리에선 명제의 진리 값이 1(참) 또는 0(거짓)의 값만 가질 수 있는 것이 아니라 다른 값들도 가질 수 있도록 허용한다. 퍼지 논리에선 0과 1 사이의 임의의 실수 값을 다 가질 수 있다.

주의에 기초한 것으로 보이는 반면에 수학 교육의 철학과 방법은 직관주의 및 구성주의와 많은 공통분모를 가진다. 이런 불일치는 어떻게 설명될 수 있는가?

학교 수학의 상당 부분은 엄밀한 논리적 증명보다는 직관에 의지하는 정당화에 그칠 수밖에 없다. 직관주의자인 브라우어의 말대로 '동일하다'나 '삼각형' 같은 단순한 단어도 모든 사람이 완전히 같은 방식으로 생각하는 것은 아니다. 이 사실은 어떤 교수학적 시사점을 주는가?

❸ 어려서 둔한 아이로 취급받던 아인슈타인은 직관 교수법을 강조하는 페스탈로치 학교에 들어간 이후부터 실력이 크게 향상되었다고 한다. 나중에 그는 엄격한 암기 위주 교육으로 인해학습 정신과 창의적 사고가 사라졌다고 말하고, 교육과 관련해 다음과 같은 말을 남겼다.

> "나는 결코 학생들을 가르치지 않는다. 단지 그들이 배울 수 있는 상태를 제공할 뿐이다."
>
> "당신의 아이들이 총명해지길 원한다면, 동화를 읽어주라. 만약 그 아이들이 더 총명해지길 원한다면 더 많은 동화를 읽어주라."

페스탈로찌는 종래의 학교가 직관을 교육하는 방법을 기초로 삼고 있지 않다고 비판하고, 직관을 교육의 기초에 놓아야 한다고 주장하였다. 허준이 교수는 직관도 반복적인 훈련으로 향상된다고 말했다. 직관적 사고력을 계발하기 위해 학교 교육은 어떠해야 할지 생각해 보자.

참고 수학은 결국 논리적으로 증명을 해야 하지만, 직관은 수많은 논리적 단계를 뛰어넘어 실상을 바로 볼 수 있게 해준다. 직관적 사고는 분석적이라기보다는 전체적, 통합적 사고이며, 시각적 상상과 물리적 모형 또는 구체적 예를 통한 사고이다.

- Jordan 곡선 정리: 평면 상의 단순 폐곡선의 여집합은 두 개의 연결 영역으로 이뤄진다. 이것을 함수적으로 표현하면, "연속 함수 $\alpha : [0, 1] \to \mathbb{R}^2$가 $\alpha(0) = \alpha(1)$을 만족하고, $[0, 1)$에서 단사일 때, α의 상 $\alpha([0, 1])$의 여집합이 두 개의 연결 영역으로 이뤄진다."가 되어 논리적으로 증명하기[135] 매우 어렵다.

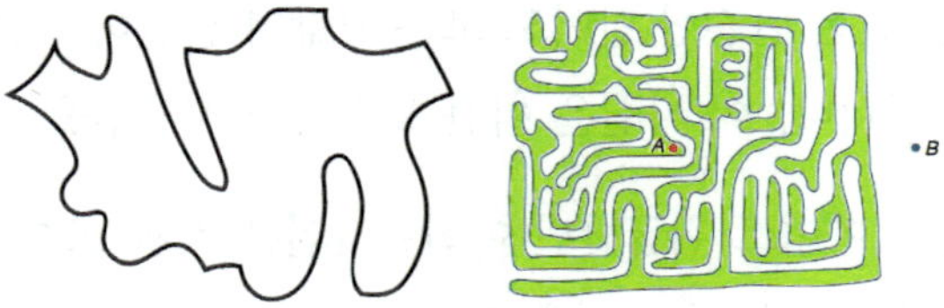

[우: A 점과 B 점을 잇기 위해서는 반드시 경계선을 뚫고 지나가야 한다.]

- 공간적 대칭성을 이용한 덧셈 :

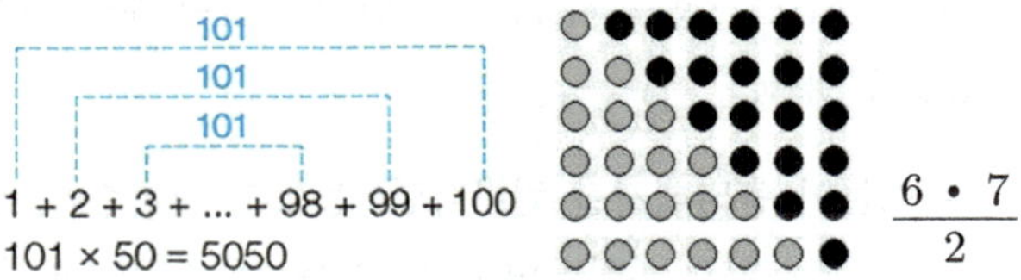

[좌: 1+2+⋯+100, 우: 1+2+⋯+6]

- 인도의 베다 수학의 곱셈법: $21 \times 13 = 273$

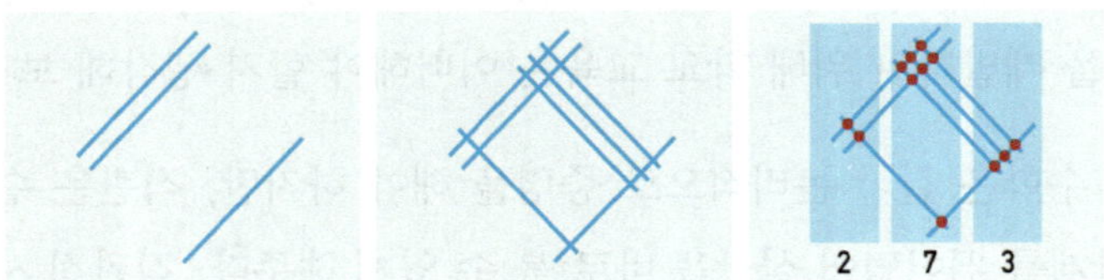

[135] 대수적 위상 수학의 homology를 이용하면 쉽게 증명할 수 있는데, 호몰로지라는 새로운 개념을 창안하는 것이 얼마나 중요한지 실감하게 된다. 형식주의에 입각한 형식적 증명은 수천 개의 문장을 요한다. Brouwer 고정점 정리를 이용해 증명할 수도 있다.

- 파인만 도식: 입자들의 상호 작용을 그림으로 쉽게 나타낸다.

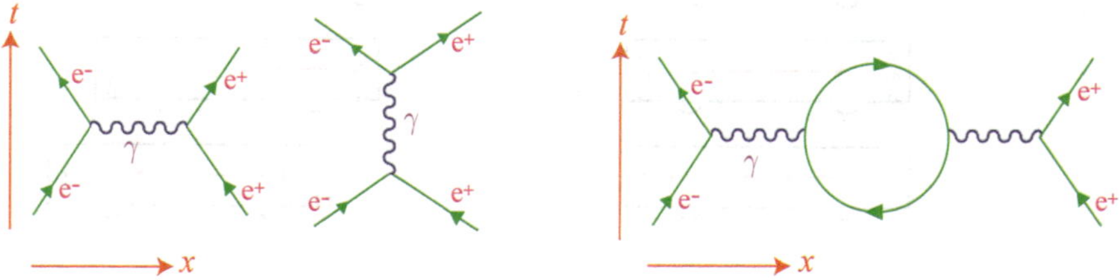

- 아인슈타인이 어릴 때 발견한 피타고라스 정리 증명: C에서 빗변에 수선을 내리면, 직각삼각형 $\triangle CBD, \triangle ACD, \triangle ABC$는 닮은꼴로, 닮음비가 $a:b:c$이다. "$\triangle CBD$ 면적 + $\triangle ACD$ 면적 $= \triangle ABC$ 면적"을 이용하면, $a^2+b^2=c^2$을 얻는다.

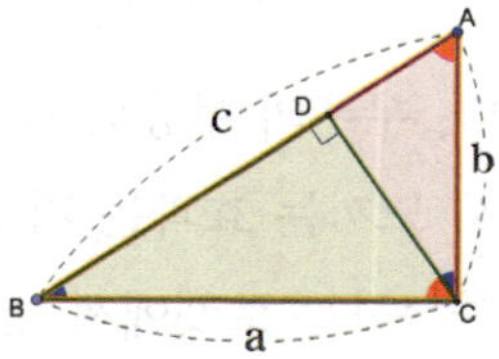

- 아인슈타인의 사고실험(Gedankenexperiment)

특허청 직원으로서 전기 신호 기계를 많이 다루다가 다음과 같은 사고실험을 통해 "동시성"은 관측자에 의존하는 상대적 개념임을 발견하고, 특수 상대성 이론을 정립하게 된다.

빛이 모든 관측자에게 항상 같은 속력으로 관측된다는 가정 하에 아래 왼쪽 그림에서 등속으로 운행하는 열차 안의 관측자에겐 열차 중앙에서 출발한 두 빛이 동시에 열차 벽에 도달하는 것으로 보이지만, 오른쪽 그림에서처럼 열차 밖의 관측자에게는 열차의 뒤쪽 벽에 빛이 먼저 도달하는 것으로 보이게 된다.

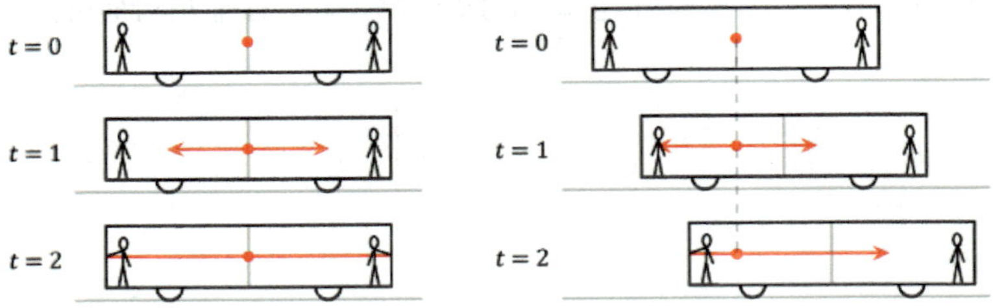

또한 중력이 빛을 끌어당긴다는 사실도 사고 실험에 의해 발견하였다. 우주의 무중력 공간을 가속도가 $g = 9.8\,m/s^2$로 날아가는 로켓 안에서 느끼는 효과는 지구에서 중력에 의해 느끼는 효과와 같을 것이므로, 가속하는 로켓에서 빛의 경로가 휘어지듯이 지구상에서도 휘어진다.

CHAPTER

09

괴델의 불완전성 정리

Anybody who is not shocked by this subject has failed to understand it.

- N. Bohr

자연수(0 포함)와 더하기, 곱하기 연산을 포함하는 (유한개의) 공리들로 이뤄진 형식 체계가 만약 무모순이라면, 참이지만 그 체계 내에서 증명과 반증이 다 불가능한 명제가 존재한다는 것이 제1 불완전성 정리이며, 무모순성을 그 체계 내에서 증명할 수 없다는 것이 제2 불완전성 정리이다.

페아노 공리계, 러셀과 화이트헤드의 Principia Mathematica, ZFC 공리계 등이 그런 형식 체계의 예이며, 꼭 유한개의 공리가 아니더라도 임의의 형식 문장이 공리인지 아닌지를 기계적으로 판별하는 알고리즘이 있으면 된다. 한편 (비)유클리드 기하의 공리 체계는 자연수를 포함하지 않으므로 완전성(모든 문장이 참 또는 거짓으로 공리 체계 내에서 증명 가능)과 무모순성을 가진다.

괴델의 불완전성 정리와 다음 장에 소개될 같은 취지의 튜링의 정지 문제 정리에 대한 엄밀한 증명은 매우 어렵지만, 다행히 펜로즈가 『황제의 새 마음』에서 증명의 아이디어를 잘 설명해주어서 그것에 기초하여 소개하고자 한다.

9.1 형식문의 Gödel numbering

주어진 형식 체계의 모든 가능한 형식문에 괴델 수를 부여하기 위해 우선 형식 체계 내에서 사용되는 모든 기호에 괴델 수를 다음과 같이 부여하자.

기호 및 변수	괴델 수	의미
~	1	아니다
∨	2	또는

기호 및 변수	괴델 수	의미
$\Rightarrow$	3	만일 … 라면 … 이다
$\exists$	4	… 이 존재한다
$=$	5	같다
0	6	영
s	7	바로 다음 자연수
(	8	왼쪽 괄호
)	9	오른쪽 괄호
,	10	쉼표
$+$	11	더하기
$\times$	12	곱하기
x	13	자연수 변수
y	17	자연수 변수
z	19	자연수 변수
⋮		

가령 "x는 짝수이다"라는 자연어 문장은 수학적 문장 "$\exists z \quad s.t. \ x = 2z$"로 표현되는데, 이를 위 표에 등장하는 기호를 이용해 표현하면 형식문 $\exists z\,(x = ss0 \times z)$가 된다. 이것은 위 표에 의해 숫자 열 4 19 8 13 5 7 7 6 12 19 로 대치 가능하고, 이 수들을 소수들의 지수로 택해 만든 다음 수가 그 문장의 괴델 수이다.(이 수를 a라 부르자.)

$$2^4 \times 3^{19} \times 5^8 \times 7^{13} \times 11^5 \times 13^7 \times 17^7 \times 19^6 \times 23^{12} \times 29^{19}$$

- 그런 형식문들 유한개로 이뤄진 형식문 열에도 괴델 수를 부여한다. 가령 각각 괴델 수 l, m, n을 가지는 세 형식문으로 구성된 문장 열의 괴델 수는 $2^l \times 3^m \times 5^n$로 부여된다.

9.2 메타 수학의 산술식화

○ 괴델 수를 이용하면, 형식문들에 대한 메타 수학적 진술도 산술적 명제 및 형식문 (열)으로 표현될 수 있다. 가령 "괴델 수 x을 가지는 형식문 열은 총 4개의 형식문으로 구성되어 있고 괴델 수 a를 가지는 형식문으로 끝난다."를 산술적 명제로 표현하면 "11은 x을 나누지 못하고, 7^a이 x를 나눈다"가 되고, 이는 다시 형식문 열

$$\sim \exists z\,(x = sssssssssss0 \times z) \;\; \exists z\,(x = s \cdots s0 \times z)$$

로 표현된다.(단, $s \cdots s$는 s가 7^a개 있는 것을 축약 표현함.)

아주 중요한 사실은 "괴델 수 x를 가지는 형식문 열은 괴델 수 z를 가지는 형식문을 증명한다."라는 메타 수학적 명제도 산술적 형식문으로 표현 가능하다는 것이다.(이것이 괴델의 증명에서 가장 어려운 부분인데 증명은 생략함.)

○ 힐버트는 자기 참조에 의해 발생하는 역설들이 수학의 명제와 메타 수학의 명제를 구분하지 않아 일어나는 것으로 보고, 이를 잘 구분하는 공리계를 세심하게 설계할 수만 있다면 무모순의 수학체계를 만들 수 있다고 보았지만, 괴델의 기발한 방법에 의해 자연수를 포함하는 공리계에서는 그것이 불가능함이 밝혀진 것이다. 참인 메타 수학적 명제는 참인 산술 명제로 표현된다.

9.3 제1 불완전성 정리

○ 증명: 괴델 수 n을 가지는 형식문 열을 Π_n이라 표기하자. 자연수 변수 w에 대한 산술 명제로서 괴델 수 n인 것을 $P_n(w)$라 표기하자. 이제

다음 메타 수학적 명제

$$\sim \exists x\,(\Pi_x \text{ proves } P_w(w))$$

를 변수 w에 대한 산술 명제로 간주하자. 그 명제의 괴델 수를 k라 하면,

$$\sim \exists x\,(\Pi_x \text{ proves } P_w(w)) = P_k(w)$$

우리는 변수 w에 대한 참인 명제를 하나 얻었는데, 변수 w에 숫자 k를 대입한 명제

$$\sim \exists x\,(\Pi_x \text{ proves } P_k(k)) = P_k(k) \quad \cdots\cdots\cdots\cdots\cdots\cdots\cdots\cdots\cdots\cdots \ (*)$$

역시 참인 명제이다.

이제 $P_k(k)$가 우리가 찾던 명제임을 보이려고 하는데, (*)를 산술 명제가 아니라 그것이 의미하는 메타 수학적 명제로 간주하자. 우선 $P_k(k)$의 증명은 주어진 무모순 형식 체계 내에 존재할 수가 없다. 만약 존재한다면, $P_k(k)$가 주장하는 내용인 $\sim \exists x\,(\Pi_x \text{ proves } P_k(k))$가 거짓이 되는데, 거짓인 명제에 대해 증명이 있다는 것은 이 체계의 모순을 뜻하기 때문이다. 따라서 (*)의 좌변이 참이 되므로, (*)의 우변 $P_k(k)$도 참이다. $\sim P_k(k)$가 거짓이므로 $\sim P_k(k)$의 증명도 존재하지 않는다.

- $P_k(k)$와 같은 명제(괴델 명제라 부름)들을 실제로 풀어서 쓰면, 자연수에 관한 명제로서 극히 복잡하고 부자연스러운 문장이어서 (의미 있는 명제들을 다루는) 실제 수학에서는 결코 나타나지 않는다는 반론이 있다. 그러나 괴델 명제와 동치이면서도 쉽게 받아들일 수 있는 수학적 성질을 가지는 간단한 것들도 발견되었다.

- 형식주의자는 참인 $P_k(k)$를 도외시할 수 없으므로, 이것을 원래의

무모순적 형식 체계에 새로운 공리 G_0로 추가하자고 할 것이다. 그러면 새로운 무모순적 형식 체계를 얻는데, 이 체계에도 참이면서 이 체계 내에서 증명 불가능한 괴델 명제 G_1이 존재한다. 또 G_1을 새로운 공리로 추가하여 얻는 무모순적 형식 체계로부터 괴델 명제 G_2를 얻고 ⋯.

그리하여 무한 열 $G_0, G_1, G_2, G_3, \cdots$ 이 다 포함된 공리 체계를 얻게 되는데 이 형식 체계는 무한개의 공리를 가지지만, 위의 공리 추가 알고리즘이 완전히 형식적이므로 유한한 논리로 바꿔 표현될 수 있다. 따라서 우리는 유한한 공리의 무모순적 형식 체계를 얻는데 이 체계도 역시 괴델 명제 G_ω를 갖는다. 이와 같은 작업들을 계속하면 끝없는 열

$$G_{\omega+1},\ G_{\omega+2},\ G_{\omega+3},\ \cdots,\ G_{\omega+\omega},\ G_{w2+1},\ G_{\omega2+2},\ \cdots,$$
$$G_{\omega3},\ \cdots\ G_{\omega4},\ \cdots,\ G_{\omega^2},\ \cdots\cdots$$

을 얻는다. 과연 이 무한히 많은 추가된 공리들 대신에 유한개의 공리를 추가하는 것으로 표현될 수 있을까? 아마 불가능하거나 혹은 그렇게 얻어진 공리 체계는 모순적일 것이다.

- 결정 불가 명제의 구체적 예: 연속체 가설인 $\aleph_1 = |\mathbb{R}|$는 ZFC 공리계에서 증명도 반증도할 수 없다. 물론 이 명제는 참도 거짓도 아니다.

- 이 정리를 보고서 A. Turing은 다른 방법으로 같은 취지의 다음 사실을 보였다. 주어진 형식 체계의 모든 명제의 참 거짓을 판단하는 기계적 알고리즘이 존재할 수 없다.

9.4 제2 불완전성 정리의 증명

위의 괴델 명제 $\sim \exists x\,(\Pi_x \text{ proves } P_k(k))$를 G로 놓자. 물론 G는

$P_k(k)$와 같다.

본 증명에서 가장 어려운 부분은 임의의 형식 체계 T 내에서 다음 메타 수학적 명제에 대응하는 산술 명제를 T 내에서 증명 가능하다는 것이다.

"만약 T가 무모순이면[136], G가 성립한다."

이것을 받아들이고, 나머지 증명을 귀류법으로 보이자. 만약 형식 체계 T의 무모순성 증명이 T 내에서 가능하다면 산술 명제 G에 대해서도 T 내에서 증명이 가능해진다. 이것은 G에 대한 증명이 T 내에 없다는 제1 불완전성 정리에 모순이다.

9.5 불완전성 정리의 철학적 함의

- 불완전성 정리에도 불구하고 괴델 자신은 수학적 플라톤주의를 강하게 신뢰했으며, 수학의 추상적 개념이 모든 면에서 탁자와 의자만큼이나 실재라고 믿었다. 오히려 불완전성 정리가 수학적 참이 객관적이라는 근거가 된다고 말했다.

그는 인간의 수학적 직관의 정체에 대해서는 다소 모호하게 답했다. 인간의 마음(mind)은 모든 수학적 직관을 형식화 또는 기계적 절차화 할 수 없다 하면서도, 수학적 직관도 일종의 기계라는 점을 증명할 수 있는 정리가 존재할 수 있으며 경험적으로 발견될 수도 있겠지만, 그런 정리가 존재한다는 사실은 증명될 수 없다고 말했다.

- 영국의 철학자 John Lucas는 인간의 마음이 기계론(Mechanism)적으로 설명 가능하다는 심리 철학적 관점이 오류임이 괴델의 정리에 의해

136) "주어진 체계가 무모순이다"에 해당하는 산술 명제로 $\sim \exists x\,(\Pi_x \text{ proves } 0=1)$를 택하면 된다.

증명된다고 주장하였다. 즉, 만약 나의 마음이 기계라고 하자. 그 기계에 해당하는 형식 체계를 T라고 하면, 나는 괴델의 방법에 의해 T의 괴델 명제 G를 구성할 수 있고 G가 T에서 증명 불가능함과 G가 참이라는 것을 안다. 하지만 T를 구현하는 기계는 G를 증명할 수 없으므로 모순이다. 그런데 이 논지는 인간의 인지 체계가 무모순이라는 가정을 전제로 하는데, 그 가정은 근거가 없어 보이며 오히려 인간의 마음은 모순적인 것처럼 느껴진다는 반론이 제기된다.

- 펜로즈: 괴델 명제 G가 형식적 증명이 불가능하지만, 형식 체계를 넘어서는 수학적 통찰을 통해 G가 참임을 알 수 있었다. 수학적 플라톤주의에 의하면 수학적 진리의 개념은 형식주의의 개념을 초월하고 있으며 '신이 부여한' 그 무엇이 있다. 어떤 형식 체계이든 간에 거기에는 '인간이 만든' 특성이 존재한다. 진정한 수학적 진리는 인간이 만들어 놓은 단순한 구조들 너머에 존재하는 것이다.

괴델의 정리는 인간의 이해와 통찰이 어떤 기계적 규칙들의 집합으로도 환원될 수 없음을 보여주는 강력한 논거가 될 수 있다. 인간의 사고에는 컴퓨터로는 도저히 이룰 수 없는 것들이 있다는 논변을 지지해 준다.[137)]

- 스티븐 호킹: 과학 철학의 실증주의(實證主義, positivism)[138)]에 의하면 물리학의 이론이란 수학적 모델을 말한다. 물리 이론 체계를 만드는 인간이 우주의 일부이므로 그 이론 체계에 자기 참조가 발생한다. 따라서 물리 이론 체계에 괴델 명제와 같은 비결정 명제가 존재할 수 있으며 아예 이론 체계 자체가 모순적일 수 있다. 지금까지 양자 중력 이론에서

137) 반면에 강한 기호 체계 가설에서는 인간의 마음도 컴퓨터처럼 기호 체계라고 주장한다.

138) 초월적이고 형이상학적인 사변들을 배격하고 관찰이나 실험 등으로 검증 가능한 것만을 확실한 지식으로 인정하고자 하는 태도와 방법론

그런 가능성을 보여준다.[139]... 우주의 이론을 유한개의 수학적 명제들로 구성할 수 없을지도 모른다. 유한한 공리들로 구성된 무모순적 형식 체계는 참 거짓을 판단할 수 없는 명제를 가지므로 그러한 물리학 이론 체계에서는 예측 불가능한 물리적 문제가 존재할 수밖에 없다.

실제로 최근 연구(참고문헌 [40])에 의하면, 격자로 이루어진 물질의 바닥상태 에너지와 첫째 들뜬 에너지의 차이가 격자 크기가 커짐에 따라 0으로 수렴하는지 안하는지를 결정할 수 없음이 증명되었다.

양자 역학의 불확정성(uncertainty) 원리

19세기 후반과 20세기 초반의 여러 실험 결과를 고전 역학으로 설명할 수 없게 되자 미시 세계를 설명하는 새로운 이론인 양자 역학이 제안된다. 각 입자는 특정한 위치와 운동량을 가지는 상태로 존재하는 것이 아니라 모든 가능한 상태가 중첩되어 있는 상태로 존재하며, 만약 관측을 시행하면 특정한 상태가 되지만 입자의 위치 x와 운동량 p가 동시에 정확한 값을 가질 수 없으며 그 값들은 확률적 분포를 따른다는 불확정성을 가진다. 정확히 말해서, 두 표준 편차 곱에 양의 하한이 존재해서 $\Delta x \, \Delta p \geq \hbar/2$이 성립한다.

아래 오른쪽 그림에서처럼 위치 검출기가 없으면 전자가 왼쪽 틈을 통과하는 경로와 오른쪽 틈을 통과하는 경로를 **동시에 거쳐** 스크린에 도달하므로 두 경로에서 오는 위상(phase)[140] 차에 의해 간섭무늬가 발생하지만,

139) 일반 상대성 이론이 거시 세계의 중력을 매우 성공적으로 설명하지만, 쿼크나 전자의 크기 ($10^{-16}cm$)보다 더 작은 Planck 규모(약 $10^{-33}cm$) 이하에서는 양자 역학의 불확정성 원리가 야기하는 수학적 무한을 잘 다룰 수가 없어 중력을 잘 기술할 수가 없다. 현대 물리학의 최대 난제로, 혹자는 배중률이 성립하지 않는 직관 논리나 다가(多價) 논리를 사용하길 제안한다.

140) 전자의 상태를 기술하는 각도이다. 여기서 전자의 상태를 기술하는데 크기와 각도를 함께 가지는 복소수가 반드시 필요함을 알 수 있다.

위치 검출기를 갖다 대는 순간 전자가 어느 틈을 통과했는지 그 위치가 분명해지고 운동량 정보는 희미해져서 간섭무늬가 사라진다.

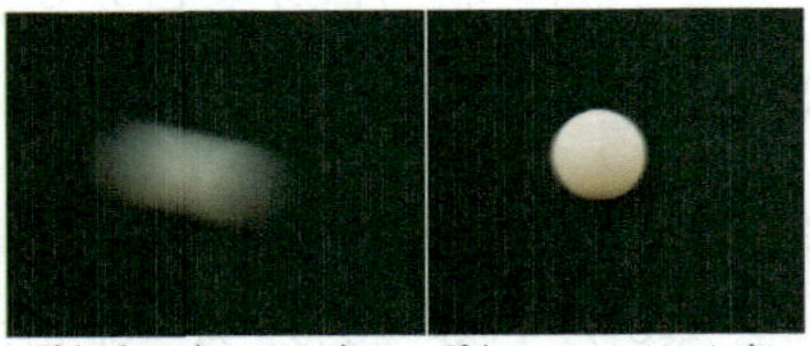

If the *future* direction is clear, the *present* postion is unclear. If the *present* position is clear, the *future* direction is unclear.

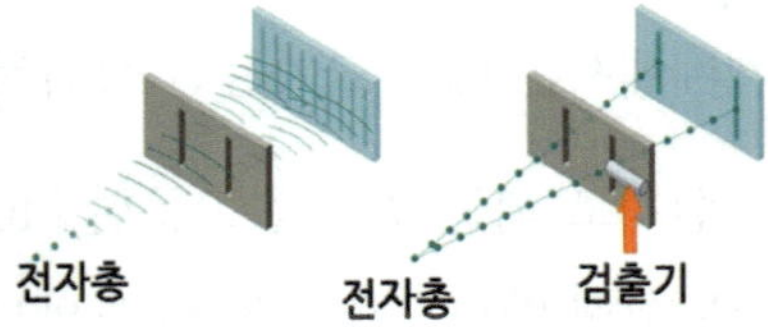

이러한 불확정성이 미시 세계에만 머무르지 않고 거시 세계로 확대될 수 있기에 역설을 야기한다. **완전히 차폐**된 상자 안에 고양이, 방사능 물질, 독가스가 든 병이 있는데, 방사능 물질이 붕괴하여 입자가 방출될 확률은 1/2이며 입자가 검출되면 병이 깨지도록 설정을 해놓았다. 상자 밖의 인간은 관측을 할 수 없으므로, 입자는 검출과 미검출의 중첩 상태로 존재하고 따라서 고양이도 죽은 상태와 살아 있는 상태의 중첩으로 있게 된다. 인간이 상자를 열어 관측을 하는 순간 중첩 상태는 붕괴하고 고양이는 두 가지 상태 중 하나로 발견된다.

$$= \frac{1}{\sqrt{2}}(|\text{dead}> + |\text{alive}>)$$

[Schrödinger[141]의 사고 실험]

141) 오스트리아의 물리학자. 관측 전 중첩된 상태를 나타내는 파동 함수가 시간의 진행에 따라 슈뢰딩거 방정식을 따름을 보여 노벨상을 받았다.

하이젠베르크[142]가 1927년에 발표한 불확정성 원리는 3년 뒤 괴델이 발표한 불완전성 정리와 직접적 연관은 없지만,[143] 객관적 진리의 존재에 회의를 갖게 하고 인간 이성의 한계를 보여준다는 점에서 일맥상통한다. 이 전후에 일어난 1,2차 세계대전과 함께 인간 이성에 대한 신뢰, 객관적 실재, 절대적 진리를 부정하는 포스트모더니즘의 촉발점이 되었다.

양자 역학의 태동에 기여한 공로로 노벨상을 받은 아인슈타인은 정작 불확정성 원리를 결코 받아들이지 않았다. 그는 "신은 주사위 놀이를 하지 않는다."는 유명한 말을 남겼는데, 양자 역학의 확률론적 불확정성을 거부하고, 객관적으로 존재하는 세계의 완전한 법과 질서가 있으며 인간이 결국 그것을 이해할 수 있다고 믿었다.

- 수학과 과학의 철학과 교육에서 구성주의적 경향이 나타난 것은 20세기 이후 인간 이성에 대한 신뢰가 무너지고 객관적 실재와 보편적 진리 및 가치 체계를 부정하는 포스트모더니즘이 시대의 사조가 된 것과 궤를 같이 한다고 볼 수 있다.

하지만 아이러니하게도 20세기 이후 인간의 지식은 급증하고 과학 기술은 엄청난 성공과 발전을 거듭하면서 과학과 과학자에 대한 신뢰는 과거 어느 때보다 높아져서 거의 종교적 믿음에 가깝게 되었다. 최근에는 인공 지능이 급속도로 고도화 되면서 어쩌면 인간은 자신이 만든 기계에 종속되는 일이 일어나게 될지도 모른다.

- 법 형식주의(Legal Formalism)에 의하면, 법은 사회나 도덕적 고려

142) 독일의 물리학자. 양자 역학의 창안에 대한 공로로 노벨상을 받았다.

143) 물리학자 J. Wheeler가 프린스턴 고등연구소에 있을 때 괴델의 연구실에 찾아가 괴델의 불완전성 정리와 하이젠베르크의 불확정성 원리가 어떤 관련성이 있다고 보는지 물었는데, 괴델이 화를 내더니 연구실 밖으로 좇아냈다고 한다.

로부터 분리된 자족적 체계로서 수학의 공리처럼 일관성 있는 소수의 원리에 기반하고 있고, 법적 추론은 기계적으로 명료하게 결정될 수 있다고 본다.

반면 비판법학에서는 법 적용의 결과가 형식주의적으로만 결정되는 것이 아니고 법이 아닌 다른 요소에 좌우될 수 있으며, 따라서 법적 추론은 단 하나의 정답에 도달할 수 없고, 경우에 따라서는 상호 모순되는 두 개 이상의 결론에 도달할 수 있다고 본다. 이를 법적 불확정성(Legal Indeterminacy)이라 한다.

법현실주의(Legal Realism)자들이 주로 실천적 측면에서 법의 불확정성을 논급했던 반면, 비판법학 진영에서는 보다 근원적으로 언어의 주관적이고 부정확한 속성으로 인해 언어에 의존하는 법 역시 그러한 모호성을 공유할 수밖에 없다고 주장하며, 설령 법으로부터 언어적 모호성이 완전히 제거될 수 있다 하여도 괴델의 불완전성정리에 의해 법은 본래적으로 불확정적일 수밖에 없다고 논증한다. 괴델의 불완전성정리가 법에 있어서 입증도 반증도 불가능한 명제가 무한히 많이 존재함을 증명해 준다고 주장하였다.

9.6 생각해 볼 문제들

❶ 당신은 현재의 수학 체계가 무모순적이라고 보는가? 또는 언젠가는 다른 방법으로 수학의 무모순적인 체계화가 가능하리라 보는가? 아니면 수학의 무모순성은 인간이 만든 체계 내에 구현할 수 없는 환상이라고 보는가?

❷ 괴델의 불완전성 정리가 물리학에서 만물 이론(Theory of Everything)을

찾으려는 시도에 어떤 함의를 주는지 논하시오. 맥스 테그마크의 주장대로 자연이 수학적 실재라면, 수학의 무모순성(1=0은 성립할 수 없음)을 자연에서 발견할 수는 없을까?

[0 < 1, 1 = 1, 1 > 0의 증명?]

❸ 수학의 불완전성 정리, 물리학의 불확정성 원리, 사상, 문화, 예술의 탈근대주의가 동시대에 발생한 이유가 무엇인지, 이런 동조 현상이 앞으로도 가능하다고 보는지 논하시오. 미래의 수학, 과학, 철학, 교육, 예술, 문화는 어떤 경향성이 있을 것으로 예측하는가?

당신은 보편타당한 진리가 존재한다고 보는가? 그런 진리가 없다고 본다면 인생과 교육의 의미는 어디에서 그 근거를 찾아야 하는가?[144)]

144) Gene E. Veith Jr.: 만약 절대적인 것이 없고 진리가 상대적인 것이라면, 인생에는 어떤 안전성이나 의미도 있을 수 없다. 만일 실재가 사회적으로 구성되는 것이라면 도덕적인 지침은 압제하는 힘을 감추기 위한 가면이며, 개인의 정체성은 환영일 뿐이다.(참고문헌 [27])

CHAPTER

10

알고리즘과 튜링 기계

나는 계산한다. 고로 존재한다.

- 윤옥경 교수님

알고리즘[145)]이란 유한한 시간 안에 유한한 단계를 거쳐 주어진 문제의 답을 구하는 기계적 절차를 말하는데 각 절차를 수행하기 위해 아무런 통찰력이 필요하지 않아야 한다. 유한한 단계이지만 어떤 경우 그 절차가 무한히 수행되어 답을 제시 못하는 것도 일컬을 수 있다.

10.1 결정 문제(Decision problem)

- 13세기 철학자 Ramon Llull가 일반적(범용) 문제 해결법(Ars generalis)을 고안하였다.

- 17세기 라이프니츠는 파스칼의 계산기를 더 발전시켜 사칙 연산이 가능한 기계적 계산기를 제작하였는데, 기호들을 조작하여 모든 참인 수학적 명제를 다 출력하고, 임의의 수학적 명제의 참 거짓을 판별할 수 있는 기계를 꿈꿨다.

- 1900년 힐버트가 제시한 23 문제의 10번: 임의의 디오판토스 방정식[146)]의 정수 해가 존재하는지 안하는지 여부를 판단하는 알고리즘을 찾아라.

- 1928년 힐버트와 W. Ackermann의 Entscheidungsproblem (Decision problem): 주어진 형식 체계에서 임의의 명제에 대해 증명 가능한지, 즉 공리와 논리로부터 유도될 수 있는지 없는지를 판별하는 알고리즘을 찾아라.

145) Algorithm이란 이름은 대수 책 『Al-Jabr』를 저술한 9세기 페르시아의 수학자 al-Khwarizmi에서 유래함.

146) 변수가 2개 이상이고 정수 계수를 가지는 다항식으로 이뤄진 방정식을 말한다. 가령 $2x^3 - y^3 + 3z^3 = 1$

괴델의 불완전성 정리에 의해 임의의 명제의 참 거짓을 판별하는 알고리즘은 존재할 수 없게 되었지만, “임의의 명제에 대해 공리 체계 내에서 증명 가능한지 아닌지를 판별하는 알고리즘이 존재하는가”라는 물음은 여전히 유효하다. 많은 사람들이 그런 알고리즘도 존재하지 않으리라 예상했지만, 증명을 1936년 Alan Turing과 A. Church가 독립적으로 해내게 된다.[147)]

10.2 Turing machine

- 튜링이 정의한 알고리즘은 바로 튜링 기계로 구현 가능한 기계적 절차이다. 튜링 기계는 메모리 테이프, CPU, 헤더로 구성되는데, 데이터가 기록되는 메모리 테이프는 좌우로 무한한 길이이고, 헤더가 메모리의 각 칸에서 데이터를 읽고서 주어진 규칙에 따라 쓴 다음 오른쪽 또는 왼쪽으로 한 칸 이동하며, CPU의 내부 상태와 데이터 기호는 유한한 가짓수를 가진다.

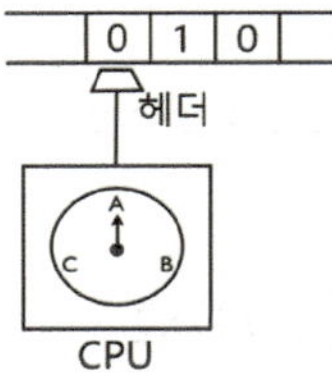

현상태	읽은기호	쓸기호	이동	다음상태
A	0	0	>	A
A	1	1	>	B
B		0	<	C
C	1		>	C
· · ·				

이렇게 단순한 형태이지만, 어떤 복잡한 알고리즘도 결국 튜링 기계로

147) 튜링은 Cambridge 대학 4학년 때 Max Newman의 수업 시간에 그 문제에 대해 소개받고 1년 만에 해결하였다. Newman이 알고리즘을 '기계적 과정(mechanical process)'으로 표현했는데 그 때 당시 'mechanical'은 그야말로 기계를 의미했는데 튜링은 말을 곧이곧대로 받아들이는 성격이라 정말로 기계를 구상했다. 이렇게 해서 현대적인 컴퓨터의 개념이 탄생하게 되었다.

다 표현 가능하다. Church–Turing 논제(論題, thesis)로 불리는 이 주장은 엄밀히 증명하기 불가능하지만(알고리즘의 정의가 모호하기 때문), 양자(quantum) 컴퓨터의 양자 알고리즘을 포함해서 모든 알고리즘은 다 튜링 기계로 구현 가능하다. 더 복잡한 하드웨어도 다 위와 같은 튜링 기계로 표현될 수 있다. 가령 메모리 테이프가 2개인 기계도 메모리 1개로 다 표현가능하다. 튜링 기계 메모리에서 홀수 번째 칸을 첫 번째 메모리에 대응시키고, 짝수 번째 메모리 칸을 두 번째 메모리에 대응시키면 된다.

주어진 형식 체계에서 사용할 다양한 입출력 데이터도 0과 1의 조합만으로 다 구현할 수 있다. 여러 가지 방법이 가능하겠지만, 0과 0 사이에 있는 1의 개수를 이용하여 숫자 열을 표현하는 방법을 이용하자. 숫자 열에서 나타나는 연속된 0과 1들은 2진수를 표현하고, 2 이상의 숫자는 +, −, 쉼표 등 원하는 기호나 명령어를 표시하기로 약속한다.

예를 들어 메모리 테이프에 01000101101010110100011101010111100110가 쓰여 있다면,

0 1 0 0 0 1 0 1 1 0 1 0 1 0 1 1 0 1 0 0 0 1 1 1 0 1 0 1 0 1 1 1 1 0 0 1 1 0
1 0 0 1 2 1 1 2 1 0 0 3 1 1 4 0 2

와 같이 읽히므로, 숫자 열 1 0 0 1 2 1 1 2 1 0 0 3 1 1 4 0 2 를 나타낸다. 만약 기호 2, 기호 3, 기호 4가 각각 쉼표, 상태 A, Jump to 를 나타내기로 정해져 있다면 위 숫자 열은

$(1001)_2$ 쉼표 $(11)_2$ 쉼표 $(100)_2$ 상태 A $(11)_2$ Jump to $(0)_2$ 쉼표

즉 "9 쉼표 3 쉼표 4 상태 A 3 Jump to 0 쉼표"를 의미한다.

- 위 과정을 거꾸로 적용하면 입력하고자 하는 기호 및 명령어들의 열을

0과 1의 조합으로 변환한 다음 그것을 이진수로 간주하여 얻는 실제 십진수 숫자를 얻을 수 있다. 즉 메모리 테이프에 입력하고자 하는 원천 데이터의 내용을 십진수 하나로 표현가능하다. 마찬가지로 메모리 테이프에 기록되어 최종 출력된 내용도 십진수 하나로 표현된다.

또한 튜링 기계의 작동 규칙이 적혀진 표의 내용(알고리즘)도 0과 1들의 조합으로 변환하여 순서대로 적은[148] 후, 그것을 이진수로 간주하여 얻는 실제 십진수 숫자를 그 튜링 기계의 번호로 정의한다. 따라서 튜링 기계의 번호만 주어지면, 그 튜링 기계의 작동 알고리즘을 알아낼 수 있다. 구체적인 명령어 규칙은 참고문헌 [16]을 따른다고 할 경우, 입력되는 숫자에 1을 더하는 정말 단순한 튜링 기계의 번호가 무려 4.5×10^{35} 정도 된다!

이제부터 n번째 튜링 기계 T_n에 m을 입력하여 p가 최종 출력되며 멈춘다면, $T_n(m)=p$로 표시하고, 만약 기계가 멈추지 않고 영원히 계산을 진행하거나 아예 기계가 작동을 안 한다면 $T_n(m)=\square$으로 표시하자. 사실 대부분의 자연수 n에 대해 T_n은 작동 불능이고, 서로 다른 n, m에 대해 T_n과 T_m이 같은 기능을 구현할 수도 있다.

보편 튜링 기계(Universal Turing Machine)

임의의 두 자연수로 이뤄진 입력 데이터 n, m이 입력되면 $T_n(m)$을 출력하는 튜링 기계이다. 모든 튜링 기계의 기능을 다 수행할 수 있는 튜링 기계이므로 보편(범용, 만능) 튜링 기계라 불린다. 은행의 ATM이나 식당의 주문 키오스크가 특수한 한 가지 기능만 수행하는 튜링 기계라면,

148) 현대의 컴퓨터로 치면, 고급 언어로 코딩한 소스 코드를 컴퓨터의 CPU가 해독할 수 있는 언어인 기계어로 번역(컴파일)한 것에 해당한다.

컴퓨터나 스마트폰은 아무 프로그램이나 앱을 메모리에 다운 받아 설치하면 그 기능을 수행해내므로, 메모리가 무한하다면 보편 튜링 기계라 할 수 있다.

10.3 튜링 기계의 정지 문제와 결정 문제

- 많은 수학 문제가 어떤 알고리즘이 결국 정지하는지 안하는지의 문제로 변환될 수 있다. 가령 임의의 양의 정수 n에 대해 $x^{n+2}+y^{n+2}=z^{n+2}$를 만족하는 양의 정수 x, y, z가 존재하지 않는다는 페르마의 마지막 정리도 (n, x, y, z)를 (1, 1, 1, 1)부터 차례로 대입하여 위 등식이 성립하는지 확인해보고 만약 성립하면 거기서 멈추는 알고리즘 즉 튜링 기계로 구현할 수 있다. 그래서 그 튜링 기계가 언젠가는 멈춘다면 페르마의 명제는 참이고, 영원히 멈추지 않는다면 거짓이 된다.

임의의 2보다 큰 짝수는 두 개의 소수의 합으로 나타낼 수 있다는 강한 Goldbach 추측도 모든 짝수들 2, 4, 6, 8, ⋯을 모든 가능한 방법으로 두 개의 홀수의 합으로 쪼갠 다음 각각에 대해 두 홀수가 모두 소수인가를 확인해보면 된다. 2보다 시작해서 체크하되, 만약 두 소수의 합으로 표현되지 않는 짝수가 발견되면 멈추도록 설정하면 된다.

- 튜링의 정지 문제(Halting problem)

임의의 튜링 기계에 임의의 입력 값을 입력했을 때 언젠가는 계산을 마치고 정지할지 아니면 영원히 멈추지 않고 계산을 진행할지를 판별하라는 문제이다. 튜링은 이 문제를 해결하는 튜링 기계가 존재할 수 없음을 보였는데, 귀류법을 이용해 다음과 같이 증명한다.

만약 그런 튜링 기계 H가 존재한다고 가정하자. H는 T_n에 m을 입력했을 때 정지 여부를 판단하므로 H의 입력 값이 n, m일 때 출력 값이 다음처럼 표시되도록 세팅하자.

$H(n, m) = 0$ if $T_n(m) = \square$인 경우

$H(n, m) = 1$ if $T_n(m)$이 정지하는 경우

이제 $Q(n, m) := T_n(m) \times H(n, m)$ (단, $\square \times 0 = 0$)로 정의하면, Q도 하나의 알고리즘 즉 튜링 기계이다. 또, 임의의 자연수 n이 주어지면 $1 + Q(n, n)$을 계산하는 알고리즘 즉 튜링 기계의 번호를 k라 하면, $1 + T_n(n) \times H(n, n) = T_k(n)$을 얻는다. 이 식의 n에 k를 대입하면

$$1 + T_k(k) \times H(k, k) = T_k(k)$$

가 되는데, 이 식은 모순이다. 왜냐하면, 만약 $T_k(k)$가 정지한다면, $H(k, k) = 1$이 되므로 $1 + T_k(k) = T_k(k)$를 얻어 모순이고, 만약 $T_k(k)$가 정지하지 않는다면, $H(k, k) = 0$이 되어 $1 + 0 = \square$를 얻게 되므로 또 모순이다.

◦ 이제 결정 문제에 대해 답해보자. 우선 '$T_n(m)$이 정지한다'도 형식문으로 이 명제가 형식 체계 내에서 증명 가능함과 실제로 $T_n(m)$이 정지함이 동치라는 것을 보일 수 있다.($\Rightarrow$은 당연하고, $\Leftarrow$은 실제로 $T_n(m)$의 절차들을 순서대로 실행해보면 정지하게 되므로 증명이 된다.)

만약 모든 형식문에 대해 형식 체계 내에서 증명 가능인지 아닌지를 판별하는 알고리즘이 존재한다면, 형식문 '$T_n(m)$이 정지한다'도 체계 내에서 증명 가능인지 아닌지 판별하는 알고리즘 즉 튜링 기계가 존재한다는 말이므로, 그 튜링 기계는 임의의 튜링 기계의 정지 여부를 판정하는

기계가 되므로 위의 정지 문제의 비결정성에 모순이다. A. Church[149]는 튜링 기계와 동등한 개념인 λ-Calculus를 개발하여 같은 사실을 증명하였다.

○ 튜링 정지 문제의 비결정성으로부터 괴델의 제1 불완전성 정리를 얻을 수 있다. 귀류법으로 증명하기 위해 만약 모든 참인 명제의 형식적 증명이 존재한다고 가정하자. 그러면 증명을 발견하는 알고리즘이 존재한다.(엄밀한 증명은 아니지만 간단히 이유를 설명하자면, 모든 적법한 형식문 열들의 리스트를 만든 다음, 각 형식문 열의 마지막 문장이 증명하고자 하는 명제인지 체크하면 된다.) 따라서 '$T_n(m)$이 정지한다.' 또는 '$T_n(m)$이 정지 안한다.' 중 하나를 발견하게 될 것이므로, 정지 문제의 비결정성에 모순이다.

10.4 알고리즘을 뛰어넘는 인간 사고

○ 튜링의 결과에 의해 위의 H와 같은 튜링 기계는 존재할 수 없지만, 다음의 $\widetilde{H}$처럼 H를 근사하는 튜링 기계는 얼마든지 존재한다.

$\widetilde{H}(n, m) := 0$ 또는 □ if $T_n(m) =$ □인 경우

$\widetilde{H}(n, m) := 1$ if $T_n(m)$이 정지하는 경우

(가령, 범용 튜링 기계처럼 $T_n(m)$을 그대로 수행하게 하면 된다. 만약 정지하면 $T_n(m)$ 값 대신 1을 출력하게 한다. 하지만 이것은 별 쓸모가 없는 가장 나쁜 성능의 $\widetilde{H}$이다.)

149) 미국의 수리논리학자로 튜링과 거의 동시에 그 증명을 하였고, 곧이어 튜링의 지도 교수가 된다.

위에서처럼 임의의 자연수 n이 주어지면 $1+T_n(n)\times\widetilde{H}(n, n)$을 계산하는 튜링 기계가 존재 한다.(단, $\widetilde{H}(n, n)=\square$가 되는 경우, $1+\square\times\square=\square$이 됨.) 이 기계의 번호를 k라 하면 $1+T_n(n)\times\widetilde{H}(n, n)=T_k(n)$이 되고, 이 식의 n에 k를 대입하여

$$1+T_k(k)\times\widetilde{H}(k, k)=T_k(k)$$

를 얻자. 이제 만약 $T_k(k)$가 멈춘다고 한다면, $1+T_k(k)=T_k(k)$가 되어 모순이 발생한다. 따라서 $T_k(k)=\square$이어야 한다. 그런데 이것을 $\widetilde{H}$는 **'알아낼 수' 없다**. 왜냐하면 만약 $\widetilde{H}(k, k)=0$이라면 $1+\square\times 0=\square$이 되어 모순이기 때문이다.($\square\times 0=0$이다!)

결론적으로 임의의 근사적 판정 기계 $\widetilde{H}$에 대해 $\widetilde{H}$가 판별하지 못하는 사실 $T_k(k)=\square$을 우리는 알 수가 있다.

- 주어진 $\widetilde{H}$에 대해 그 k를 구하는 것도 알고리즘으로 만들 수 있다. 그러면 k를 구체적으로 구해서 $T_k(k)=\square$라는 사실을 $\widetilde{H}$의 작동 규칙에 추가하여 더 개선된 근사적 판정 기계 $\widetilde{\widetilde{H}}$를 얻을 수 있다. 하지만 이 $\widetilde{\widetilde{H}}$가 판정하지 못하는 또 다른 사실 $T_{k'}(k')=\square$을 찾아낼 수 있다. 이 과정을 끝없이 계속할 수 있다.

- 인간의 모든 사고가 하나의 알고리즘으로 구현 가능하지 않음을 보이자. 즉 어떤 튜링 기계에 대해서도 인간은 그 기계가 알아내지 못하는 사실을 알아낼 수 있음을 보이자. 튜링 기계들의 정지 여부를 판정하기 위해 인간이 현재 활용할 수 있는 모든 알고리즘들을 다 모은 하나의 알고리즘을 A라 하자.

그런 A는 구성 가능하다. 아무리 많은 알고리즘들이 존재한다 할지라도

가산 개에 지나지 않으므로 $A_1, A_2, A_3, \cdots$으로 번호를 붙이자.(튜링 기계 번호를 이용해 순서를 정하면 됨.) 그러면 알고리즘 A를 다음과 같은 절차로 진행하도록 하면 모든 A_i들을 다 수행할 수 있다. 우선 각 $i \in \mathbb{N}$에 대해 A_i를 생성해내는 알고리즘을 갖추고 있으며, A_1의 첫 10단계를 수행하고 그 결과를 기억해두고, A_1의 두 번째 10단계와 A_2의 첫 10단계를 수행하고 그 결과를 기억해두고, A_1의 세 번째 10단계와 A_2의 두 번째 10단계와 A_3의 첫 10단계를 수행하고 그 결과를 기억해두고, $\cdots$.

$A(n, m)$은 $T_n(m)$이 어떤 결과를 내놓을 지를 조사하여 멈추지 않을 것으로 판정이 되면 (1을 출력하며) 멈추고, 멈출 것으로 판정이 되거나 판정을 할 수 없는 경우 $A(n, m)$이 영원히 멈추지 않도록 설정한다. 따라서

$A(n, m)$이 정지하는 경우, $T_n(m)$은 정지하지 않는다.

특별히 $m = n$인 경우, $A(n, n)$이 정지하는 경우, $T_n(n)$은 정지하지 않는다.

그런데 $A(n, n)$도 어떤 튜링 기계(가령 T_k)에 n을 입력한 것으로 볼 수 있으므로, $T_k(n)$이라 하자. 이제 n에 k를 대입하면, $A(k, k) = T_k(k)$가 되므로, 다음을 얻는다.

$T_k(k)$이 정지하는 경우, $T_k(k)$은 정지하지 않는다.

따라서 $T_k(k)$는 정지하지 않는다고 추론할 수밖에 없다. 그리고 이 경우 $A(k, k)$가 멈추지 않으므로 A는 이 사실을 **'알아내지' 못한 것이다**. 하지만 우리는 이 사실을 알고 있다!

- A로부터 $T_k(k)$를 알아내는 절차도 하나의 알고리즘으로 구현 가능하지만, 이 절차는 A에 포함되어 있지 않다. 이 절차까지 A에 더하여 개선된 알고리즘 $\widetilde{A}$를 만들 수 있으며, 이런 과정을 무한히 반복할 수 있다.

10.5 결정 불가(Undecidable) 문제들의 예

- 힐버트의 10번째 문제에 대한 답(No)은 러시아 수학자 Y. Matiyasevich에 의해 얻어졌다. 즉 임의의 디오판토스 방정식의 정수해가 존재하는지 안하는지 여부를 판단하는 알고리즘은 존재하지 않는다.

- 유한개의 원소들 g_1, $\cdots$, g_n로 생성되는(g_i들의 관계식도 유한개) 어떤 군에서 임의의 '단어'($g_{i_1}^{n_1} g_{i_2}^{n_2} \cdots g_{i_k}^{n_k}$, $n_i \in \mathbb{Z}$)가 항등원과 같은지 아닌지를 판단하는 알고리즘은 존재하지 않는다.

- 같은 크기의 정사각형 여러 개를 변끼리 이어 붙여 만든 타일을 폴리오미노(polyomino)라 하는데, 임의의 유한개의 폴리오미노가 주어졌을 때 주어진 유형의 폴리오미노만 이용해 평면 전체를 다 덮을 수 있는지를 판단하는 알고리즘도 존재하지 않는다. 어떤 폴리오미노 집합은 반드시 비주기적으로만 평면을 덮을 수 있다는 사실에 기인한다.

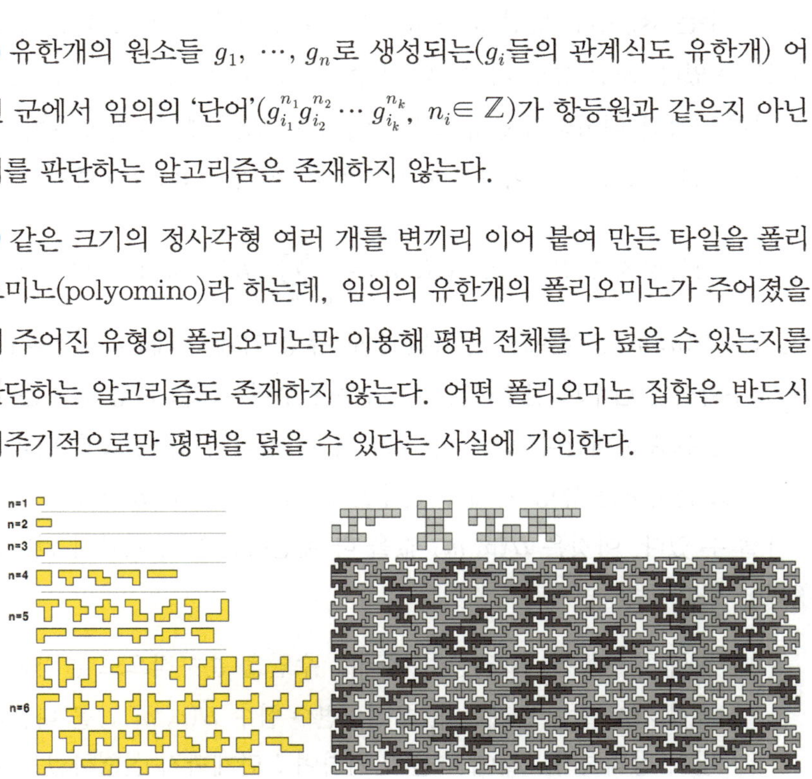

[좌: monomino, domino, triomino, tetromino, pentomino, hexomino, 우: 비주기적인 tiling]

10.6 계산 가능한 수 vs 측정 가능한 수

○ 실수 a가 계산 가능(computable)하다는 것은 어떤 알고리즘, 즉 튜링 기계가 존재하여 임의의 양수 ϵ이 주어지면 $|a-a'|<\epsilon$를 만족하는 유리수 a'를 구해낼 수 있음을 말한다. 모든 유리수, π, $\pi^e \sin\sqrt{2}$, 유리수들의 급수로 전개 가능한 수 등이 그 예로, 가령 π는 $\frac{\pi}{4}=\arctan 1 = 1-\frac{1}{3}+\frac{1}{5}-\frac{1}{7}+\frac{1}{9}-\cdots$를 이용하면 계산 가능하다.

하지만 대부분의 실수는 계산 가능하지 않다! 계산 가능한 수들의 집합의 기수는 $\aleph_0$이다. 일단 모든 유리수가 계산 가능하므로, $\aleph_0$이상임을 알 수 있다. 모든 튜링 기계들의 개수가 $|\mathbb{N}|=\aleph_0$이고 각 튜링 기계에 입력 가능한 데이터의 종류도 $|\mathbb{N}|$이므로, 모든 계산 가능한 수들의 개수는 $|\mathbb{N}|\times|\mathbb{N}|=\aleph_0$이하가 되어야 한다. 따라서 $\aleph_0$임이 증명된다.

○ 계산 가능하지 않은 수의 예로 $K:=\sum_{n+m=0}^{\infty} H(n,m)4^{-(n+m)}$가 있다. 단, $H(n,m)$은 앞에서 정의된 수로 튜링 기계로 계산되지 않지만 H를 수학적인 함수로 간주하자. 위 급수는 수렴하므로 분명히 K는 잘 정의된 실수로 존재한다. 만약 이 K가 계산가능하다면, 즉 K를 임의의 정밀도로 근사하는 튜링 기계가 있다면 그 튜링 기계로 $H(n,m)$ 값을 구해낼 수 있다. 이것은 $H(n,m)$ 값을 다 계산하는 튜링 기계가 없다는 정리에 모순이다.

주의: K에 수렴하는 단조 증가 유리수 수열을 순차적으로 출력하는 튜링 기계 T는 존재한다. 우선 3변수 함수 $\hat{H}(n,m,l)$을 다음과 같이 정의하자. T_n에 m을 입력하여 l 단계까지 실행하였을 때

그 이전까지 T_n이 멈추면 1, 안 멈추면 0으로 정의하면, $\hat{H}$은 잘 정의된 튜링 기계이다. 이제 $T(l) := \sum_{n+m=0}^{l} \hat{H}(n, m, l) 4^{-(n+m)}$로 정의하면, T도 튜링 기계로서 임의의 l에 대해 $T(l) \leq T(l+1)$이고, $\lim_{l \to \infty} T(l) = K$이다. 하지만, 임의의 양수 ϵ에 대해 $|K - T(l)| < \epsilon$이 되기 위해서 l을 얼마나 크게 택해야 하는지 알 수 없으므로, K는 여전히 계산 불가능이다.

- 실수 a가 측정가능하다는 것은 어떤 유한한 실험 절차가 존재하여 임의의 양수 ϵ이 주어지면 $|a - a'| < \epsilon$를 만족하는 유리수 a'를 실험으로 얻어낼 수 있음을 말한다. 단, 이 때 실험을 위한 재료는 재단되지 않은 원료이되 그 양은 원하는 만큼 얼마든지 제공된다고 가정한다. 가령 π, $e^{0.5}$, 미세 구조 상수[150]는 측정가능하다.(Why?) 하지만 e^K는 측정가능하지 않다.

- 좋은 과학 이론이 갖추어야 할 특성으로 예측력, 단순성, 일반성, 아름다움이 있지만, 물리학자 R. Geroch와 J. Hartle은 모든 측정 가능한 수들이 계산 가능할 것을 추가하였고, 양자 중력 이론에서 측정 가능한 수가 계산 불가능할 가능성이 있다고 주장하였다.

양자 중력 이론은 불확정성 원리가 강하게 나타나는 미세한(플랑크 규모) 시공간에서 중력을 설명하고자 하는데 아직 체계적인 이론으로 정립되지 못했다. 일반 상대성 이론에 의하면 질량-에너지가 매끄럽게 분포된 거시적인 4차원 시공간은 매끄럽게 휘어진 4차원 다양체(manifold)가 되지만, 아주 작은 미시 세계를 들여다보면 불확정성 원리에 의해 매우

150) 전자기력의 세기를 나타내는 물리 상수로 대략 1/137 정도이다.

높은 에너지가 요동치면서 시공간의 위상과 기하를 한없이 요동시키므로, 기존의 수학으로 해석하기 불가능하다.

[좌: 태양의 중력에 의해 휘어진 거시적 시공간의 비유적 그림,
우: 미시적 시공간의 복잡한 위상과 기하]

임의의 두 4차원 다양체가 위상적으로(topologically) 동형인지 아닌지 판별하는 알고리즘도 존재하지 않음이 알려져 있다. 양자 중력의 효과를 반영하여 물리량의 기댓값을 계산하기 위해서는 모든 가능한 시공간의 기하학에 대한 "합"이 필요한데, 4차원 시공간의 위상적 가능성이 극도로 복잡해 이들을 분류할 알고리즘이 존재하지 않으므로 그 물리량을 계산할 알고리즘도 존재하지 않을 가능성이 높다. 따라서 어떤 구체적 상황에서 이론으로부터 물리량을 예측해내기 위해선 정밀도에 따라 각각 다른 계산법을 고안해내야 한다.

10.7 양자 컴퓨터

기존 컴퓨터의 기본 소자인 비트(bit)가 $|0>$과 $|1>$의 상태만 가지는 데 반해 양자 컴퓨터의 기본 소자인 큐빗(qubit)은 0과 1이 중첩된 상태 $\alpha|0>+\beta|1>$들도 가질 수 있다.(단, α, $\beta : |\alpha|^2+|\beta|^2=1$인 복소수) 따라서 큐빗의 모든 상태는 구면 상의 한 점으로 표시할 수 있다.

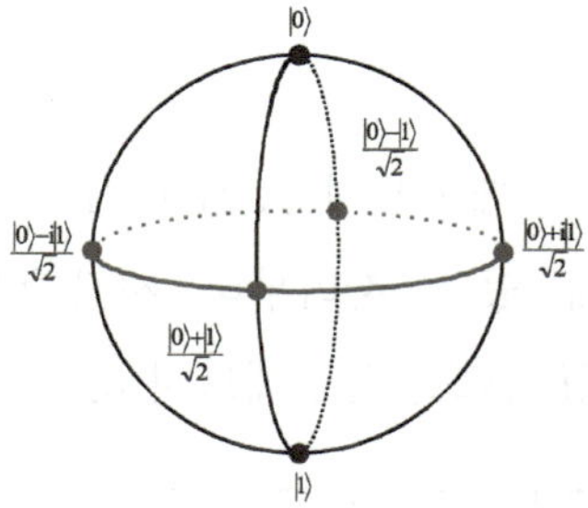

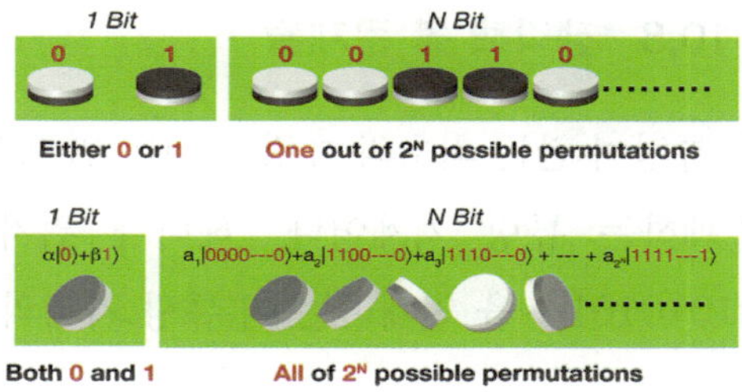

양자적인 입자는 중첩 상태를 가질 수 있으므로 큐빗을 구현할 수 있는데, 두 입자가 얽힘(entanglement) 상태에 있으면 한 입자의 상태를 알면 다른 입자의 상태도 알 수 있으므로 데이터를 처리하는 속도에서 이점을 얻을 수 있다. 스핀이 0인 입자(가령 빛)를 전자와 양전자로 쪼개면 두 입자는 상호 결부된(entangled) 상태로 존재한다. 관측 전 (양)전자의 스핀 각운동량 S_x는 | ↑ 〉 상태와 | ↓ 〉 상태의 중첩인데, 만약 한 입자를 관측했더니 | ↑ 〉 상태이라면, 다른 입자의 상태는 | ↓ 〉이어야 한다.

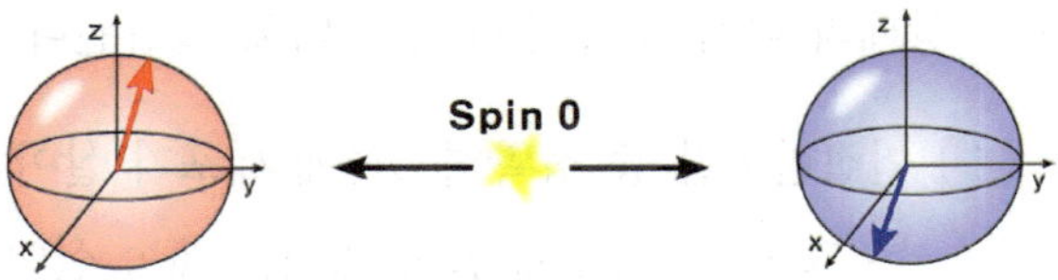

[얽힌 두 입자]

소인수 분해처럼 어떤 문제는 양자 컴퓨터가 기존 컴퓨터보다 엄청나게 빨리 풀 수 있다. 300 큐빗으로 된 양자 컴퓨터의 계산 능력은 300 bit CPU 2^{300}개(관측 가능한 우주의 원자 개수보다 많다!)를 병렬로 연결한 기존 컴퓨터와 같다. 하지만 기존 컴퓨터로 풀 수 없는 문제는 양자 컴퓨터 역시 풀 수 없으며, 양자 컴퓨터의 알고리즘도 튜링 기계로 표현할 수 있다.

10.8 생각해 볼 문제들

❶ 튜링이 만든 최초의 튜링 기계는 빈 메모리 테이프에 01010101⋯을 인쇄하는 튜링 기계이다. 헤더가 위치해 있는 자리부터 시작해서 01010101⋯을 인쇄하는 이 튜링 기계의 규칙표를 작성해보시오.

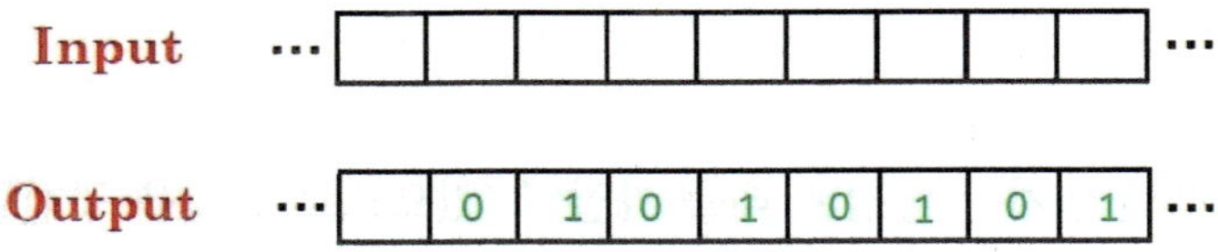

❷ 영국의 수학자 Conway의 생명 게임은 무한한 크기의 바둑판에서 각 칸에 한 마리씩 있는 세포들의 삶과 죽음이 펼쳐지는 게임으로 이 역시 튜링 기계이다. 이 게임은 초기 상태에 의해 완전히 결정되며, 각 세대에서 다음 세대로 넘어갈 때 각 세포들의 생사는 인접한 8개의 칸의 세포의 상태와 다음 3 가지 규칙에 의해 결정된다.

(i) 인접한 8칸 중 정확히 3칸에 세포가 살아 있다면 해당 칸의 세포는 그 다음 세대에 살아 있다. (계속 살아 있거나 죽은 상태에서 살아난다.)

(ii) 인접한 8칸 중 정확히 2칸에 세포가 살아 있다면 해당 칸의 세포는 현재 상태를 그대로 유지한다.

(iii) 그 이외의 경우, 해당 칸의 세포는 (외로워서) 죽거나 혹은 (숨 막혀서) 죽는다. (계속 죽어 있거나 살아 있는 상태에서 죽는다.)

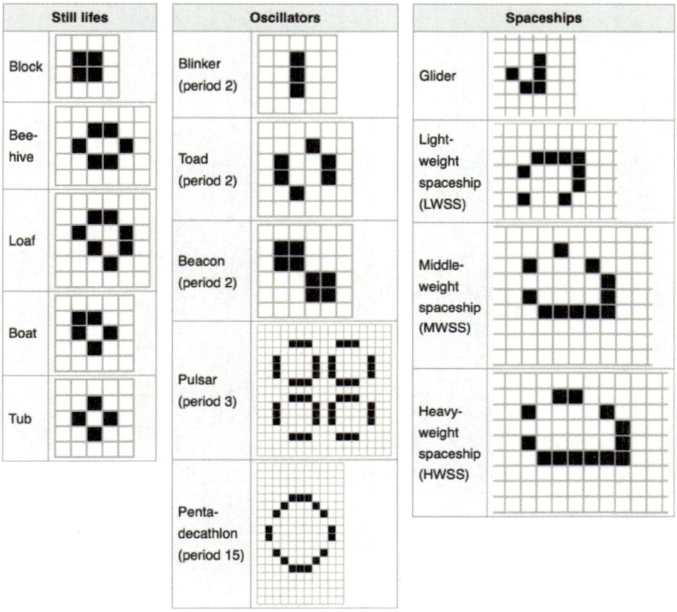

이제 전체 바둑판 중 어떤 $n \times n$ 영역 D만 살펴보자. 어떤 세포가 살아있으면 1로 표시하고 죽어있으면 0으로 표시하면, $n \times n$ 행렬을 얻는데 D 영역의 상태를 표시하는 행렬이다. 0 또는 1을 원소로 갖는 $n \times n$ 행렬 $A = \begin{pmatrix} a_{11} & \cdots & a_{1n} \\ \vdots & \vdots & \vdots \\ a_{n1} & \cdots & a_{nn} \end{pmatrix}$가 D 영역의 초기 상태를 나타내고, D 바깥 영역의 초기 상태는 다 0인 상태라고 하자. 이 때 m번째 세대에 D의 상태를 $n \times n$ 행렬로 출력하는 알고리즘 또는 프로그램을 작성해보시오.

❸ 0 또는 1을 원소로 갖는 임의의 $n \times n$ 행렬이 주어졌을 때, 그 행렬을 초기 상태로 갖는 Conway 생명 게임이 정지할지 영원히 계속할지를 판별할 수 있는 알고리즘이 존재하는가?

CHAPTER

11

인공 지능과 수학 그리고 인간

To reason is to reckon.

- Thomas Hobbes

21세기에 접어들면서 인공 지능(artificial intelligence, AI)의 광풍이 몰려오고 있다. 인간 고유의 영역으로 여겨왔던 사고를 컴퓨터로 구현하게 되면서 인간의 정신노동을 대체하여 산업 구조를 재편시키고, 과학 기술의 패러다임을 바꾸는데서 더 나아가 인간의 정체성마저 혼란스럽게 하려한다. 인간과 수학에서 태어난 인공 지능이 다시 수학과 인간에 어떤 영향을 미치는지와 인공 지능 시대에 교육이 어떻게 바뀌어야 할지 논하기 위해서는 우선 인공 지능이 어떻게 사고하는지 그 메커니즘을 잘 이해할 필요가 있다.

11.1 기계가 사고할 수 있는가?

○ 튜링은 1950년 논문에서 이 질문을 던지면서 Turing test를 제안했다. 즉 사람과 컴퓨터를 서로 가린 채 대화를 해봐서, 대화 상대편이 컴퓨터인지 진짜 인간인지 사람이 구분할 수 없다면 그 컴퓨터는 생각하는 능력이 있다고 봐야 한다는 것이다.

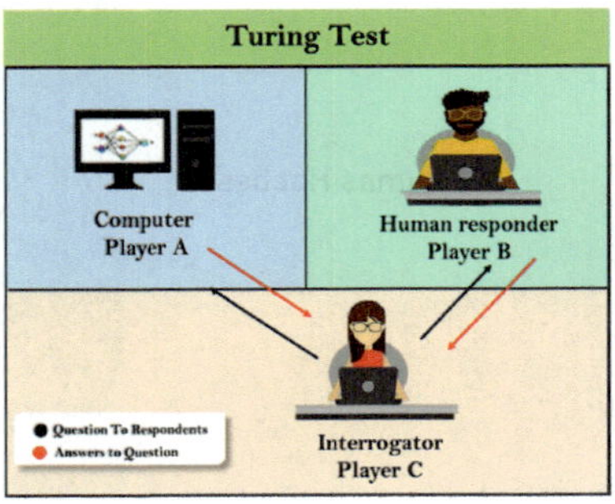

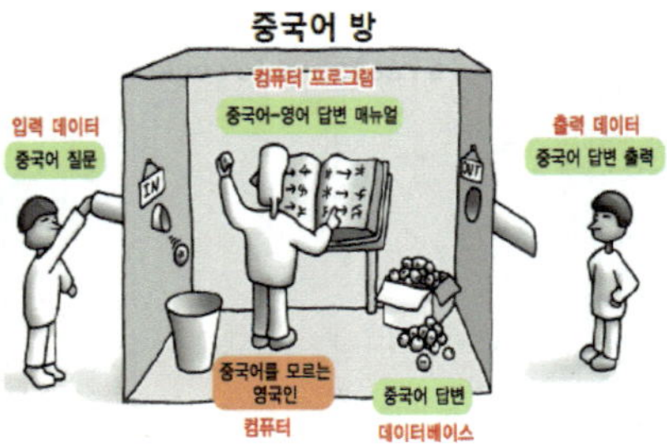

이에 대한 반론으로 철학자 John Searle은 '중국어 방'이라는 사고 실험을 제시하였다. 이 방 안에 영어만 할 줄 아는 사람이 들어가고, 그 방에는 미리 만들어 놓은 중국어 질문과 그에 대한 답 목록이 준비되어 있다.

이 방 안으로 중국인 심사관이 중국어로 질문을 써서 안으로 넣으면 방 안의 사람은 그것을 준비된 대응표에 따라 답변을 중국어로 써서 밖의 심사관에게 준다. 밖에 있는 사람이 보면 방 안의 사람이 중국어를 잘하는 것처럼 보이지만, 사실 그는 내용을 전혀 이해하지 못한다.

현재의 인공 지능도 사실상 이렇게 구현되고 있다. 인공 지능 알파고가 이세돌 기사에게 완승을 거두었지만, 학습하지 못한 새로운 상황에선 가끔 어이없는 멍청한 수를 두면서, 바둑의 논리를 이해한 것이 아니라 단지 이전의 데이터의 학습 결과에 근거해서 각 경우의 수에 대해 이길 확률을 계산하는 알고리즘일 뿐임이 드러났다. 오히려 인간은 논리와 직관에 기반한 통찰력으로 슈퍼컴퓨터의 엄청난 학습과 대량 계산을 이길 수도 있음을 보여주었다.

이에 대한 재반론은, 방 안의 사람은 인간으로 치면 두뇌의 한 세포에 해당할 뿐이고 방 안의 사람을 포함한 '중국어 방' 총체는 중국어를 이해한다고 주장한다.

- 인공 지능의 가능성에 대해 우선 크게 네 가지로 분류해볼 수 있다. (참고문헌 [17])

  Ⓐ 강한 기호 체계 가설: 사고란 모두 컴퓨팅이고 인간처럼 사고하고 의식을 가진 강 인공 지능(strong AI)을 (원리적으로) 만들 수 있다고 주장한다. 의식적 인식의 느낌들은 단지 컴퓨팅 활동의 엄청난 복잡성에 기인하며, 인간의 두뇌를 이루는 물질도 꾸준히 교체되고 있고 지속되는 것은 그 물질들이 형성하는 연결 패턴뿐이므로 자아도 바로 이 패턴에서 연유한다. 고도의 조작주의적[151] 관점으로

151) 과학적 개념은 그것을 측정하는 구체적 절차나 정신적 조작에 의해 규정되어야 한다는 견해이다.

심리 철학의 기능주의에 해당한다.

Ⓑ 약 인공 지능(weak AI)의 관점: 의식이란 두뇌의 물리적 활동에서 발현되며 컴퓨터로 시뮬레이션(simulation, 모사)할 수 있지만 컴퓨터 시뮬레이션 그 자체만으로는 의식이 생겨나지 않는다. 태풍에 대한 컴퓨터 시뮬레이션은 분명 태풍은 아니다. 약 인공 지능은 특정 분야별로 지능을 갖춘 문제 해결 도구를 말한다.

Ⓒ 두뇌의 물리적 활동으로부터 의식이 생겨나지만, 컴퓨팅으로는 이 물리적 활동을 제대로 시뮬레이션하기 불가능하다. 인간의 의식은 알고리즘을 넘어서며, 미래 과학에서 규명될 것으로 기대한다. 펜로즈는 괴델의 제1 불완전성 정리에 근거하여 위 두 관점을 비판하고, 두뇌의 신경 세포 내에서의 양자 역학적 과정에 의해 의식이 발현된다는 가설을 제시했다.

Ⓓ 물리학, 컴퓨터, 어떤 과학으로도 인간의 의식을 설명할 수 없다. 정신(영혼)과 육체의 실체를 다 인정하는 데카르트의 심신 이원론과 종교 및 영적 관점이 이에 해당된다.

● 20세기 중반 장밋빛 전망으로 시작된 인공 지능 연구는 기대했던 결과를 만들어내지 못하면서 20년 뒤 소위 '인공 지능의 겨울'을 맞게 된다. 그 후 프로그램의 추론 전략 개발보다는 프로그램에 특정 분야의 많은 지식을 체계적으로 집적해 질의응답을 통해 특정 분야만의 문제를 해결하는 전문가 시스템의 개발로 후퇴하여 일정 부분 성공을 거두지만, 한번 구현된 시스템은 변화하는 지식에 대응할 수 없다는 한계점이 있었고, 전문 지식과 달리 오랜 경험을 통해 구축한 인간의 상식을 프로그램으로

가령 영재에 대한 조작적 정의로 "멘사 IQ test 점수 140 이상의 사람"으로 할 수 있다.

구현하는 일은 요원한 일이었다.

철학자 폴라니[152]의 지식 분류에 의하면, 명시적으로 알 수 있는 형식을 갖추어 표현되어 전파와 공유가 가능한 지식인 명시지(explicit knowledge)와 언어와 기호 등의 형식으로 표현될 수 없는, 경험과 학습에 의해 몸에 쌓인 지식인 암묵지(暗默知, tacit knowledge)가 있는데, 인간이 가진 지식의 95% 정도가 암묵지이다. 가령 아이가 시행착오를 겪으면서 배운 지식인 자전거를 타는 법도 암묵지인데, 이 지식을 정확한 알고리즘으로 구현하여 로봇에게 주입하는 것은 거의 불가능할 것이다.

- 머핀과 치와와를 구분하는 알고리즘을 어떻게 구현할 수 있을지 생각해 보자.

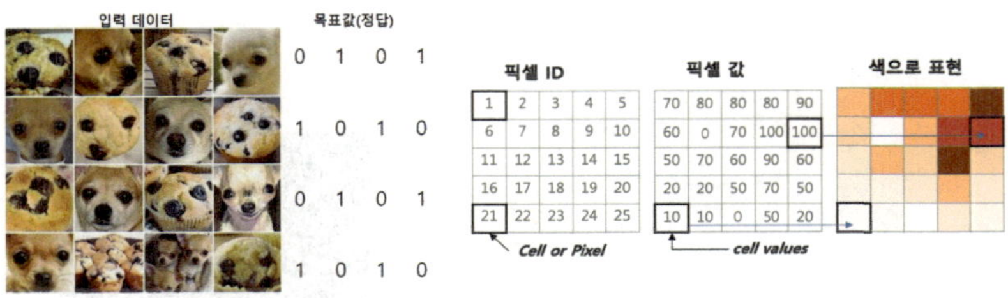

우선 각 사진을 수치화하기 위해 사진을 잘게 쪼개 픽셀들로 나누고, 각 픽셀에 그것의 색깔에 해당하는 숫자를 부여하면 행렬을 하나 얻을 수 있다. 위 오른쪽 예의 경우 5×5 행렬이다.[153] 이 행렬의 i행 j열 원소를 x_{ij}라 할 때, x_{11}, x_{12}, $\cdots$, x_{55}가 어떤 조건을 만족할 때, 우리는 그것을 치와와 사진으로 인식하고, 또 어떤 조건을 만족하면 머핀 사진으로 인식하고 있는데, 과연 그 조건을 어떻게 찾을 수 있을까?

152) Michael Polanyi. 헝가리 태생으로, 그의 두 학생과 아들이 노벨 화학상을 받고 자신도 노벨상 후보로 거론될 정도로 뛰어난 화학자이기도 했다.

153) 요즘 TV 화면에서 주로 사용하는 해상도는 4K로서 3840×2160 픽셀들로 나눈다.

11.2 인공 신경망(artificial neural network)

인간이 특징(feature)들을 추출하여 판단 **규칙**들을 구하기에 너무 복잡한 분야인 이미지 인식, 자연어 처리 등의 문제를 해결하기 위해 기계 스스로 규칙을 찾아가도록 뇌의 신경망의 **학습** 원리를 이용한 기계 학습(machine learning) 및 인공 신경망 이론이 제시되었다.

뇌의 각 신경 세포(뉴런)는 수상 돌기를 통해 다른 뉴런들에서 온 신호를 받아 합산하여 일정한 임계값(threshold)을 넘으면 축삭 돌기를 통해 다른 뉴런들로 신호를 내보낸다. 두 뉴런 간의 연결 부위인 시냅스의 연결 강도에 따라 전달되는 신호의 세기가 다르며, 시냅스 연결 강도는 활동의 증감에 따라 강화 또는 약화한다.[154)]

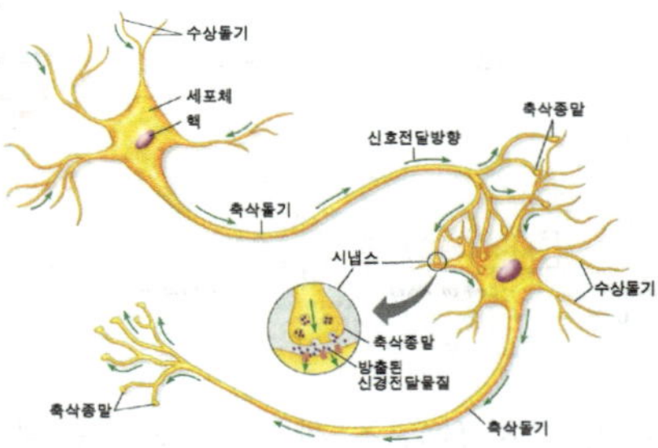

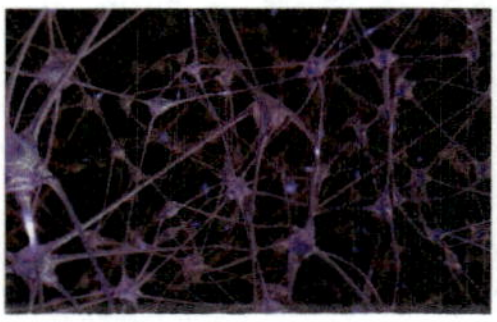

뇌의 뉴런들이 연결하여 이룬 신경망이 학습에 의해 뉴런들 간의 연결 강도를 변화시켜 가듯이, 상호 연결된 인공 뉴런들이 학습을 통해 연결 가중치(weight)와 출력 임계값을 변화시킴으로써 작동 규칙을 계속 개선시켜 나가는 체계가 인공 신경망이다. 우선 가장 간단한 모델인 단층 퍼셉트론(perceptron)을 살펴보자.

154) 이것을 시냅스 가소성(可塑性, plasticity)이라 한다. 잘 사용하지 않는 시냅스는 퇴화되고, 경험과 학습은 뇌의 해당하는 시냅스들을 강화시키는 과정이다.

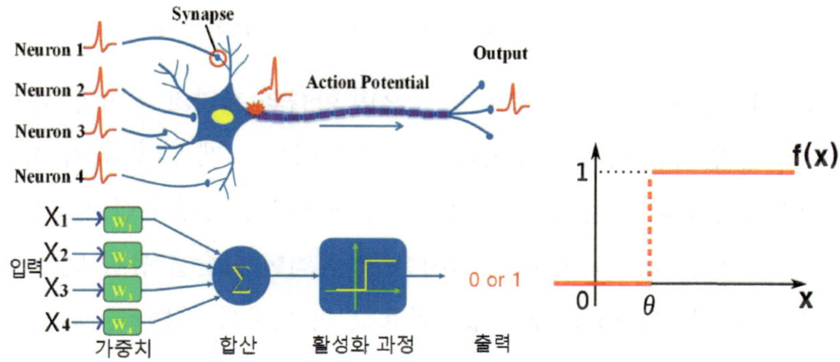

[좌: 신경망의 작동 과정, 우: 활성화 함수]

각 입력 노드(node)에서 입력값 X_i가 들어오면 가중치 w_i에 곱해져 다 합한 $\sum_i w_i X_i$를 활성화 과정에 넣어 이것이 임계값 θ보다 크면 신호 1을 출력하고, 그렇지 않으면 0을 출력한다. 즉 위의 활성화 함수 f에 대해 $f(\sum_i w_i X_i)$가 출력값이다.

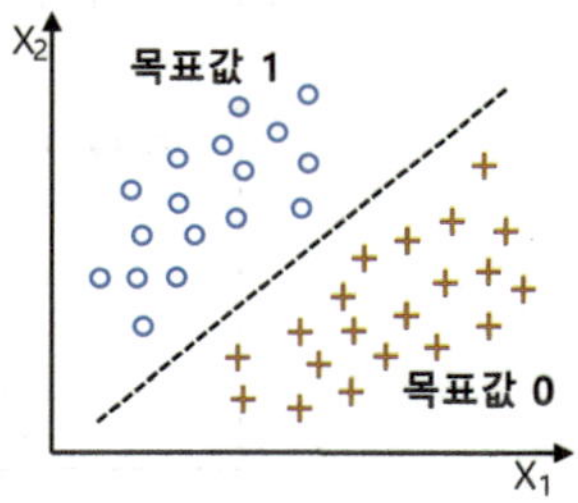

이렇게 출력되는 값이 원하는 목표값과 같도록 w_i들과 θ를 변화시켜 가는 과정이 바로 인공 신경망의 학습이다. 가령 아래 그림처럼 (X_1, X_2)가 +로 표시된 데이터는 1을 출력해주고, o로 표시된 데이터는 0을 출력해주는 단층 퍼셉트론을 얻길 원한다고 하자.

우선 입력 노드의 개수가 2개이고, 초기 가중치 w_1, w_2와 초기 임계값 θ를 아무 실수로 채택한 단층 퍼셉트론으로 시작하자. 위 그림의 하나의 데이터 (입력값: (X_1, X_2), 목표값: T)의 (X_1, X_2)를 입력했더니 출력값이 O로 나왔다면, 다음 공식에 의해 w_i들과 θ를 갱신시킨다.

$$w_i \to w_i + \eta(T - O)X_i \quad \theta \to \theta - \eta(T - O)$$

여기서 η는 학습률 상수로 너무 작으면 학습의 효과가 미미할 것이고, 너무 크면 입력된 하나의 데이터의 영향을 너무 크게 받게 되어 이전에 학습한 것들을 죄다 잊어버리게 되므로, 적절히 선택해야 한다. 이 과정을 주어진 모든 데이터에 대해 실시한다. 이러한 학습을 유한 번 실시하면, 모든 데이터에 대해 "출력값=목표값"이 되도록 하는 w_1, w_2와 θ가 된다.(일반적으로 그런 w_i들과 θ는 무한히 많다.) 즉 목표값 1인 점 (X_1, X_2)는 $w_1X_1 + w_2X_2 > \theta$을 만족하고, 목표값 0인 점 (X_1, X_2)는 $w_1X_1 + w_2X_2 \le \theta$를 만족하여서, 직선 $w_1X_1 + w_2X_2 = \theta$는 위 그림에서처럼 두 그룹을 나누는 선이 된다.

그러기 위해서는 주어진 학습 데이터셋(dataset)이 유한 집합이고 선형 분리 가능해야 한다. 즉 부여된 목표 값이 같은 것들로 데이터셋을 분할하였을 때 그 분할 경계를 초평면으로 택할 수 있어야 한다. 지금 다루는 경우는 2차원 데이터이므로 초평면은 직선이다.

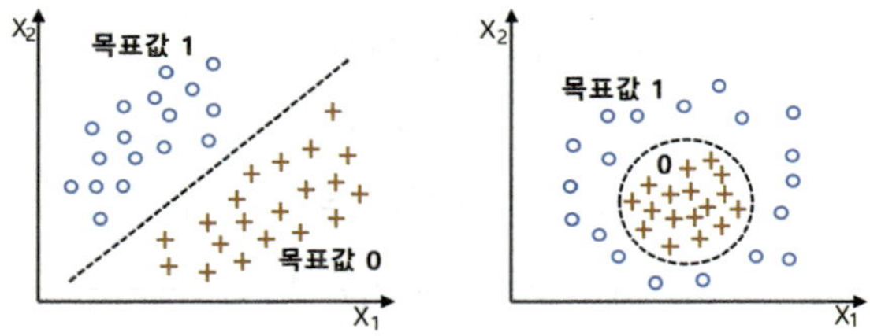

[좌: 선형 분리 가능한 데이터셋, 우: 선형 분리 불가능한 데이터셋]

○ 이러한 단층 퍼셉트론을 더 일반화하여 출력 노드의 개수를 여러 개로 하고, 다시 이런 신경망을 여러 개 이어 붙인 것이 심층 신경망(Deep Neural Network)이다.

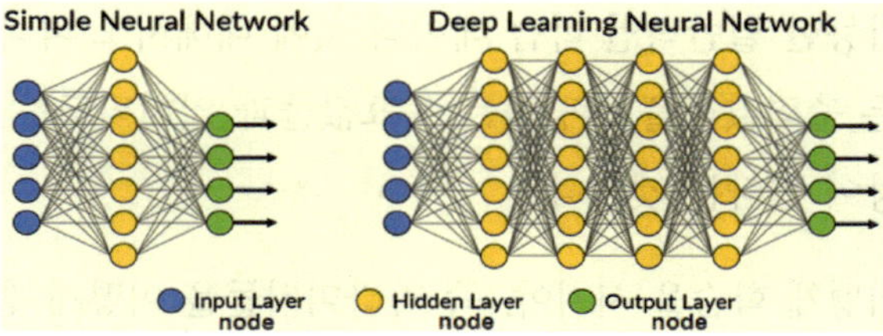

심층 신경망에서도 두 노드의 연결선에 가중치가 부여되어 있으며, 은닉층(hidden layer)과 출력층(ouput layer)의 각 노드에서 출력되는 값은 항상 활성화 과정을 거쳐 나오는데, 활성화 함수를 퍼셉트론에서처럼 계단 함수로 택하지 않고 연속 함수로 택하는 것이 핵심이다. 계단 함수를 매끄럽게 이은 시그모이드 함수 σ를 이용해 $\sigma(z-\theta)$를 활성화 함수로 택하기도 하지만, 아래처럼 다른 함수들이 더 좋은 결과를 낼 때도 많다.

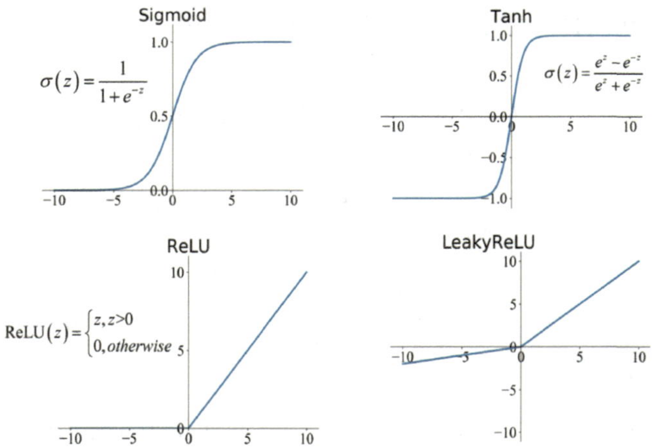

[활성화 함수의 예]

이전의 임계값에 해당하는 θ를 이제 편향(bias)이라 부르며, w_i들과 θ들을 아울러 파라미터(parameter)라 한다. 심층 신경망의 장점은 선형 분리가 불가능한 일반적인 학습 데이터 셋에 대해서도 파라미터들을 잘 택하면 모든 출력값들을 해당하는 목표값들과 일치되도록 하는 최적의 심층 신경망이 된다는 것이다.

하지만 어떻게 학습을 시켜야, 즉 파라미터들을 어떻게 갱신시켜 나가야 그런 신경망으로 수렴하는지 모른다. 다만 최적의 신경망에 **근사**하는 신경망으로 수렴시키기 위한 딥 러닝(deep learning) 알고리즘들이 개발되고 있는데, 기본적으로 경사 하강법(gradient descent)을 응용한다.

하나의 학습 데이터 (입력값:$(X_1, X_2, \cdots)$, 목표값:$(T_1, T_2, \cdots)$)가 주어져 입력값들을 각 입력 노드에 넣었더니 출력층의 각 i번째 노드에서 출력값 O_i를 얻었다고 하자. 그러면 오차 $T_i - O_i$ 들을 제곱해 합하여 오차(손실) 함수 $E := \sum_i (T_i - O_i)^2$를 구성한다.[155] 이 E를 최소화하는 파라미터들로 수렴시키기 위해 다음과 같이 갱신시킨다.[156]

$$w_j \to w_j - \eta \frac{\partial E}{\partial w_j} \quad \theta_k \to \theta_k - \eta \frac{\partial E}{\partial \theta_k}$$

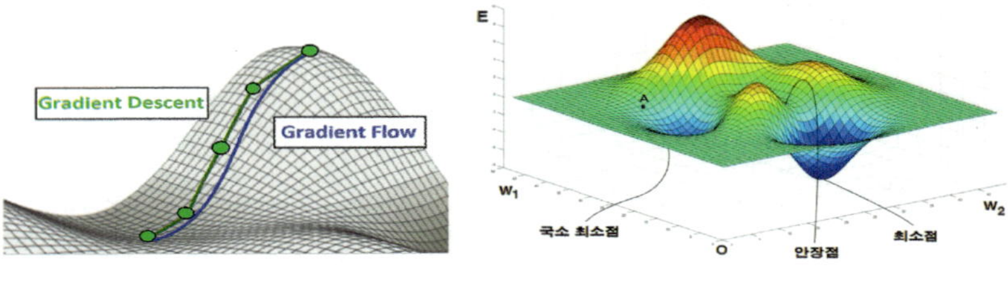

[오차 함수의 그래프의 예로 파라미터 w_1, w_2만의 함수로 표현하였다.]

155) 제곱해서 합하는 대신 다르게 합하는 방법들도 있다. O_i들이 확률로 주어질 때, 교차 엔트로피 오차 $E := \sum_i T_i \ln O_i$도 많이 사용된다.

156) 엄밀히 말해 다음 학습 데이터를 입력하면 오차 함수 그래프가 바뀌므로 왼쪽 그림처럼 고정된 그래프에서 하강하는 것이 아니다. 따라서 경사 하강법은 최적의 파라미터 값을 찾아가는 근사적인 방법이다.

○ 하지만 위의 오른쪽 그림처럼 국소 최소점들도 존재할 수 있으므로, 가령 현재 위치가 A점이라면 국소 최소점으로 수렴할 수밖에 없다는 한계가 존재한다. 그 뿐 아니라 주어진 학습 데이터셋에 대한 과대 적합(over-fitting) 또는 과소 적합(under-fitting)의 문제, 은닉층의 개수가 증가함에 따른 기울기 소실 또는 폭발 등의 문제들을 개선하는 것이 관건이다. 특히 과대 적합은 실제적으로 많이 부딪히는 문제이며, 무작위로 노드를 삭제하는 dropout을 시행하는 대안 등이 있다. 딥마인드의 알파고가 이세돌 기사에게 1패를 당했던 것도 과대 적합의 문제인 것으로 보인다.

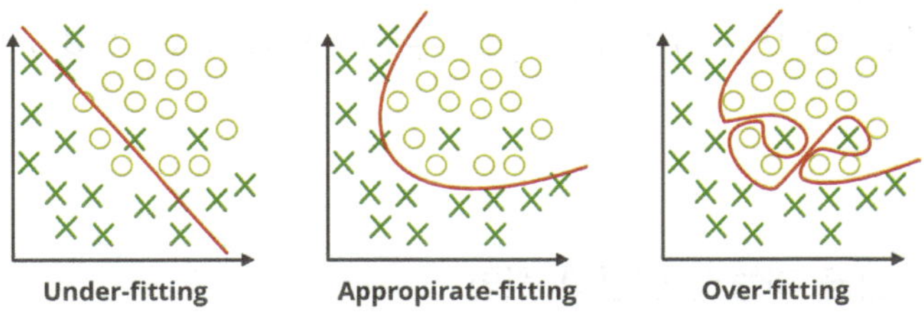

이런 문제들을 해결하기 위해 알고리즘 자체를 개선해가는 것이 중요하지만, 우선 하이퍼파라미터(hyperparameter)나 활성화 함수의 선택, 오차 함수의 정의를 변경해볼 수 있다. 특히 하이퍼파라미터는 은닉층의 개수와 노드 개수, 학습률 상수, 학습 횟수, 배치 크기, 파라미터들의 초기값 등이 있으며 인공 지능의 성능에 매우 큰 영향을 미친다.

학습 횟수는 보통 에폭(epoch)이라고 부르는데, 주어진 데이터셋을 한번 학습했다고 최적의 파라미터로 바로 수렴하는 경우는 없으므로 동일한 데이터셋을 여러 번 학습해야 하지만, 너무 많이 학습하면 과대 적합이 발생한다.

학습 데이터셋의 데이터들을 하나씩 처리하지 않고, 여러 개씩 묶어 처리하는 것을 배치(batch) 처리라 하는데 여러 가지 이점이 있다. 우선 소프트웨어적으로 수치 계산 프로그램이 대부분 큰 데이터 처리에 더 효율적이도록 설계되어 있고, 하드웨어적으로는 CPU(중앙 처리장치)와 GPU[157], NPU를 연결하는 길목의 속도가 느린데 여기를 자주 오가지 않도록 해준다. 또 여러 데이터를 모아 평균을 내면 노이즈(noise)처럼 특이한 소수의 데이터가 주는 영향력을 최소화할 수 있다.

파라미터들의 초기값은 무작위적(random)으로 택하지만, 어떤 정규 분포에서 택할지 정해야 한다. 이런 무작위성으로 인해 같은 학습 알고리즘, 학습 데이터, 하이퍼파라미터로부터 다른 인공 신경망이 만들어진다.

11.3 인공 지능의 현황과 전망

- 불완전한 딥 러닝 알고리즘에도 불구하고, 21세기 이후 인터넷을 통한 학습 데이터의 폭발적 증가와 이런 빅 데이터를 동시에 병렬 처리할 수 있는 컴퓨터 하드웨어(특히 GPU, NPU)의 급속한 발전에 힘입어 압도적으로 많은 학습을 통해 많은 지적 업무에서 인간의 능력을 뛰어넘는 인공 지능을 내놓기에 이르렀다. 단지 이미지와 자연어를 인식할 뿐 아니라 생성형 인공 지능은 글, 그림, 비디오 등을 창작하고, 코딩도 척척 해내고 있다. 인공 지능이 그린 그림이 미술 대회에서 1등을 하는 등 이미 인간의 예술성과 창작성을 넘어섰다.

157) Graphic processing unit. 말 그대로 원래 그래픽을 처리해주는 칩(chip)이지만, 대용량의 벡터, 행렬 계산을 병렬 처리하는데 특화되어 있어 딥 러닝을 처리하는 핵심 장치가 되었다. NPU(신경망 처리장치)는 신경망 계산을 저전력으로 처리할 수 있도록 더 특화시킨 칩이다.

[OpenAI의 그림 인공 지능 달리(DALL-E)가 생성한 '아보카도 모양의 의자' 이미지]

최첨단의 과학 기술 연구에서도 인공 지능은 혁신을 가져오고 있다. 몇 가지 예만 들어보면, 로봇의 관절마다 부착된 센서에 감지되는 압력 등의 입력 값에 대해 최적의 출력 동작을 구현하기 위해 인공 지능의 학습 알고리즘을 이용한다. 반세기동안 잘 해결치 못한 문제인 단백질의 접힘 구조 예측에서는 딥마인드가 개발한 인공 지능 알파폴드가 게임 체인저가 되었고,[158] 신약 개발의 기간과 비용을 크게 단축할 수 있게 되었다. 혹자는 벌써 인공 지능으로 인해 인간의 수명이 대폭 연장될 것을 예측하기도 한다.

자연의 법칙을 찾기 위해 수학적 모델링을 하고 복잡한 방정식을 풀거나 계산할 필요 없이 대량의 실험 데이터만 인공 지능에 넘겨주면 결론을 도출해주는 새로운 연구 방법론도 등장하고 있다.(참고문헌 [44], [45], [46]) 맥스 테그마크 연구팀의 인공 지능 알고리즘은 물체를 촬영한 비디오 데이터로부터 물체의 운동 방정식을 얻어낼 수 있다.

158) 20가지 종류의 아미노산들이 결합해 만드는 단백질의 3차원 구조의 경우의 수는 천문학적이다. 알파폴드를 이용해 다양한 단백질의 정보를 축적해놓은 덕분에 코로나19 바이러스의 유전 정보가 공개되자마자 바이러스 단백질 20여 종의 구조를 성공적으로 예측할 수 있었다.

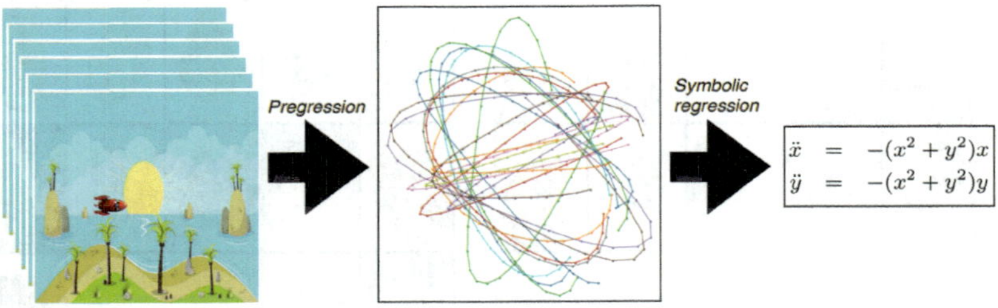

○ 이에서 더 나아가 국내외 빅테크 기업들은 앞다투어 초거대 AI를 구축하고 있다. 초거대 AI는 슈퍼컴퓨터에 심층 신경망을 구현한 것으로, 파라미터의 개수가 인간 뇌의 시냅스 개수에 육박하며, 인간처럼 사고하는 능력을 갖춘 범용 인공 지능(Artificial General Intelligence, AGI)을 목표로 한다. 지금까지 사용되는 주요한 모델은 방대한 언어 텍스트로부터 주어진 문장에 이어질 단어 열들에 대한 확률을 습득하는 대형 언어 모델(Large Language Model)로서 주어진 질문에 대해 가장 확률적으로 높은 답변을 만들어내는데 상당히 좋은 능력을 보여주고 있지만, 언어 모델의 특성 상 학습한 데이터에서 단어들이 사용된 패턴에 따라 답변 문장들을 만들어내는 것일 뿐 내용과 문맥을 이해하고 추론해서 답변을 내는 것은 아니다.[159] 아주 상식적인 것이라도 학습 데이터에 많이 나오지 않는 내용에 대해 질문하면 종종 틀린 내용으로 답변을 지어내기도 하는데, hallucination(환각) 현상이라 한다. 논리적 추론을 잘 구현해내는 것이 AGI 성공의 관건이다.

159) ChatGPT에게 "신발주머니 안에 들어있는 물품은 무엇인가요?"라고 물었더니, 핸드폰, 지갑, 열쇠 등을 나열하였는데, 신발은 없었다. 다시 "신발주머니의 용도는 무엇인가요?"라고 물었더니, "신발주머니는 신발을 신을 때, 신발에 묻은 먼지나 직접적인 접촉으로 인한 더러움을 막는 용도로 사용됩니다. 신발주머니는 보통 신발의 바닥과 별도로 분리된 공간에 위치하며, 가장 일반적인 용도는 신발을 신을 때 신발주머니 안에 들어있는 신발을 끼우는 것입니다. 이렇게 하면 신발주머니 안에 먼지와 더러움이 차지 않아서 신발을 깨끗하게 보관할 수 있습니다. 또한, 일부 사람들은 신발주머니에 소지품을 넣어서 휴대하기도 합니다.… "라고 횡설수설했다.

AGI를 만들기 위해 강화 학습(reinforcement learning)도 주요한 방법 중 하나이다. 지금까지 딥 러닝 학습은 목표값이 주어지는 학습 데이터에 의존하는 지도 학습(supervised learning)이었지만, 강화 학습은 그런 학습 데이터 없이 신경망이 선택 가능한 행동들 중 보상이 극대화되는 행동을 시행착오를 통해 스스로 학습하도록 한다. 가령 바둑 프로그램의 경우, 인공 지능이 시뮬레이션 게임을 하면서 이기면 양(+)의 보상을 받고, 지면 음(−)의 보상을 받게 하는 학습을 통해 자신을 개선시켜 나가게 된다. 딥마인드의 알파고 제로는 기보(棋譜)의 학습 없이 강화 학습만을 이용한 독학으로 지도 학습과 강화 학습을 병행한 알파고를 100:0으로 이겼다고 한다. OpenAI가 개발한 초거대 AI인 ChatGPT도 학습의 마지막 단계에서 인간 피드백에 의한 강화 학습을 통해 미세 조정을 함으로써 한 단계 더 진보된 인공 지능이 될 수 있었다.

이외에도 목표값이 주어지지 않는 학습 데이터에서 인공 지능이 스스로 패턴과 상관관계를 찾아내야 하는 비지도 학습(unsupervised learning)도 AGI 구현에 기여할 높은 잠재성을 가지고 있다. 아기도 아주 어릴 때는 부모의 학습 지도 없이 스스로 여러 가지를 경험해보며 세계에 대한 물리적 모델을 형성하고 상식의 기초가 되는 지식 기반을 구축해간다. 그러다가 아이가 더 자라면 부모에 의한 지도 학습으로 바뀌게 되는데, 이 때 필요한 학습 데이터는 소량으로 충분하게 된다. 가령 이미 개와 고양이를 많이 보면서 분류가 되어 있는 상황이므로 "이건 개고, 저건 고양이야."라고 몇 번만 가르쳐주면 충분하다. 비지도 학습의 대표적 기법으로, 유사한 성격을 가진 개체들끼리 묶어 그룹으로 구성하는 군집화(clustering)가 있다. 군집 간 분산(variance)이 최대가 되고 군집 내 분산이 최소가 될 때 최적의 군집화로 간주하는 것도 한 가지 방법이다.

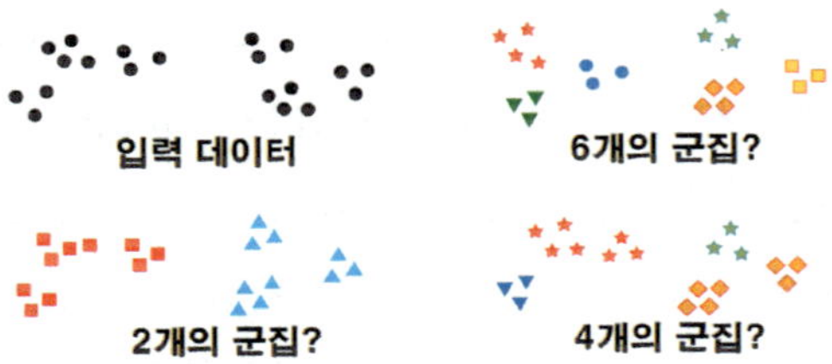

[몇 개의 군집으로 나눠야 하는가?]

어떤 학자들은 인공 지능이 산출하는 판단의 명확한 이유를 잘 설명할 수 없는 현재의 딥 러닝 방법으로는 AGI를 구현하기에 근본적 한계가 있음을 지적한다. 이런 문제를 해결하기 위해 '설명가능 인공지능(Explainable AI, XAI)'이 연구되고 있다. 즉 인공 지능이 내린 판단에 대해 합리적인 이유와 근거를 사람이 이해할 수 있는 형태로 설명하게 하는 것이다. 가령 질환을 판별하는 인공 지능이 그 판단 근거에 대해 설명케 함으로써 인공 지능의 신뢰성을 높이고 인간 의료진과 의견을 조율하는 것도 가능해진다. 좋은 성능을 유지하면서 설명 가능 인공 지능을 만들기는 쉽지 않다. 사실 인간도 많은 경우 자신의 의사 결정 과정과 이유를 잘 파악하지 못하며, 먼저 결정을 내리고 그 결정에 대한 설명을 차후에 만들어낸다고 한다.

튜링은 결국 기계가 인간처럼 사고하게 될 것이라고 보았다.[160] 생각의 전체 과정은 여전히 우리에게 매우 신비롭지만 생각하는 기계를 만들려는 시도는 우리 자신이 어떻게 생각하는지 이해하는데 큰 도움이 될 것이라 믿는다고 말했다.

160) 튜링은 2차 세계대전 기간 동안 암호 해독가로 일했다. 당시 독일군은 Enigma라는 거의 해독할 수 없는 암호를 가지고 있었지만 튜링의 암호 해독 기계로 쉽게 해독되었다. 어떤 이는 튜링이 없었다면 연합군이 전쟁에서 패배했을 것이라고 말하기도 한다. 튜링은 청산가리에 적신 사과를 먹고 스스로 생을 마감했다. 그를 기념하여 제정된 튜링상은 컴퓨터 과학의 노벨상으로 간주된다.

현재 인공 지능 연구를 선도하는 세계적 학자들도 대체로 AGI의 출현 가능성을 더 높게 보는 듯하다. 미래학자 Martin Ford가 2018년에 세계적 수준의 인공 지능 전문가 23인에게 AGI의 가능성에 대해 물었는데, 이 중 16인은 50%의 가능성으로 AGI가 출현할 시기를 평균적으로 2099년으로 예상했다. 대부분 학자들로서 영향력이 매우 큰 인물들이라 더 조심스럽게 답변했으리라 추측되며, 인공 지능의 발전이 점점 가속화하는 현실을 감안할 때 지금은 더 높은 수치가 되었을 가능성이 있다.

『특이점이 온다』를 저술한 레이 커즈와일은 인공 지능의 지적 능력이 인류 전체의 지적 능력을 뛰어 넘는 순간인 특이점이 2040년경에 도달하리라 예상하였다. 특이점이 도래할 시기를 정확히 예측하긴 어렵지만, 기대보다는 우려가 더 많다. 언제가 될지는 모르지만 인공 지능이 인간 수준의 추론 능력을 갖추는 순간부터 인공 지능 스스로 자신을 계속 진보시켜 나갈 수 있을 것이며, 만약 그렇게 된다면 인공 지능의 능력은 걷잡을 수 없게 되어 순식간에 초지능(superintelligence)에 도달하고 인간의 통제를 벗어날지도 모른다. 스티븐 호킹은 100년 안에 인공 지능이 사람을 따라잡을 것이며, 인공 지능이 인류의 마지막 기술일 수 있다고 경고했으며, 초거대 AI인 GPT Series를 개발해오고 있는 OpenAI의 공동 창업자 일론 머스크도 인공 지능 연구는 악마를 소환하는 것과 다름없다고 말했고, 인공 지능 연구를 당분간 중단하자는 제안을 하기도 했다. 어쩌면 인류를 멸절시키는 것이 더 합당하다고 인공 지능이 판단할 수도 있는데, 사전에 차단할 수 있을까?

- Manuel Cebrian 등의 연구 결과(참고문헌 [47])에 의하면, 초지능 AGI가 인간에게 해를 끼칠 가능성을 차단하기 위해 AGI가 실행하려는 프로그램이 인간에게 유해하다고 판단되면 즉시 중단시키는 '차단 알고리즘'의

구축이 원천적으로 불가능함을 증명하였다.

두 자연수 (n, m)를 입력 받아 다음 두 절차를 차례로 수행하는 $HaltHarm(\,,\,)$이라는 알고리즘을 고려해보자.

절차 1: n번째 튜링 기계에 m을 입력한 $T_n(m)$을 수행한다.

절차 2: 인간에게 해를 끼치는[161] 프로그램 A를 실행한다.

그러면 $HaltHarm(n, m)$이 유해하기 위한 필요충분조건은 절차 2가 실행되는 것이고, 절차 2가 실행되기 위한 필요충분조건은 $T_n(m)$이 실행되고서 정지하는 것이다. 그런데 튜링의 정지 문제의 비결정성에 의해 모든 (n, m)에 대해 $T_n(m)$의 정지 여부를 판별하는 알고리즘이 존재하지 않으므로 모든 (n, m)에 대해 $HaltHarm(n, m)$이 유해한지 아닌지 판별하는 알고리즘도 존재할 수 없다. 그런데 초지능 AGI는 인간처럼 모든 알고리즘을 다 실행해 볼 수 있으므로[162], 모든 $HaltHarm(n, m)$도 다 실행해 볼 수 있다. 따라서 초지능 AGI가 $HaltHarm(n, m)$을 실행하려고 할 때 그것의 유해성 여부를 판단할 수 없으므로, 차단 알고리즘이 존재할 수 없다.

물론 근사적인 차단 알고리즘은 얼마든지 존재할 수 있다. 가령 스팸 메일 필터도 근사적으로 차단 기능을 수행하는데, 종종 멀쩡한 이메일을 스팸 메일로 분류하곤 해서 스팸 메일함도 인간이 다시 체크해봐야 한다!

161) 가령 디도스 공격 프로그램이나 해킹 프로그램 뿐 아니라 자신에 내장된 인간의 통제 알고리즘을 삭제하는 명령 등이 있을 수 있다.

162) 튜링에 의하면 "엄격히 규율을 따르는 인간이 종이, 연필, 지우개를 가지고 있다면 사실상 보편 튜링 기계이다."

그리고 인공 지능이 인간의 지능을 넘어선 초지능에 도달했는지 아닌지를 판별하는 알고리즘도 존재하지 않으므로, 인간은 초지능 AGI가 출현했는지조차 모를 수 있다.

- 초거대 AI를 만들기 위해서는 엄청난 빅 데이터와 슈퍼컴퓨터를 필요로 하므로, 이런 거대 자원을 소유한 기업은 전 세계에서 극소수이다. 인류 역사를 보면 집중된 거대 자원은 큰 문명을 이루어내는 원동력이지만[163] 동시에 그것을 독점하게 될 거대 국가 권력이 따라오게 된다. 권력은 반드시 부패하기 마련이므로, 분산해야 한다는 민주주의의 원리에 비춰볼 때, 이 또한 우려가 되지 않을 수 없다.

11.4 인공 지능의(AI-generated) 수학

이미 인공 지능은 대부분의 분야에서 인류 전체가 역사적으로 산출한 모든 지식을 다 학습하였고, 논리적 추론 능력만 강화된다면 인간이 상상할 수 없었던 새로운 지식을 인간이 감당할 수 없을 만큼 폭발적으로 내놓을 것으로 예상된다. 과연 인공 지능이 자연에 대한 만물 이론도 찾게 될 것인가? 수학의 끝에 도달하게 될까?

- 우선 과학은 이론만으로 성립하는 것이 아니다. 인공 지능이 아무리 멋진 이론을 제시하더라도 실험으로 검증해가며 피드백을 받아야 하는데, 이론을 검증할 에너지와 기술 수준을 끌어올리는데 있어 물리적, 기술적, 경제적 한계가 있다. 설사 만물 이론이 찾아졌다고 할지라도 관측 가능한 우주 내에서만 성립할 뿐이다. 제아무리 인공 지능이라 하더라도

163) 세계 4대 문명인 황하 문명(중국 황하강), 이집트 문명(나일강), 메소포타미아 문명(티그리스, 유프라테스강), 인도 문명(인더스, 갠지스강)을 보면, 다 큰 강을 중심으로 발생하였다.

관측 가능한 범위 밖의 우주가 어떻게 운행하는지 알 길이 없다. 더 본질적으로 자연 세계의 실재 그 자체가 불확정성 원리라는 모호함 속에 가려져 있어 영원히 지적인 인식이 불가능할지도 모른다.

○ 그렇다면 실험을 필요로 하지 않는 수학은 완결될까? 칸토르가 역설한대로 수학의 본질은 자유에 있기에 논리적 정합성을 갖춘 체계의 가능성은 무한할 것으로 추측되지만, 그 전에 심각하게 고려해야 할 문제가 있다. 인공 지능이 학습한 데이터의 불완전성과 인공 지능 자체의 알고리즘이 가지는 근본적 한계로 인해 인공 지능이 만들어낸 지식은 확률적으로 비교적 높은 **상대적 확실성**을 가질 뿐이다. 대부분의 실용적 분야에서는 그런 불확실성이 문제가 되지 않을 정도로 꽤 높은 확실성이겠지만, 오직 수학에서는 심각한 문제가 된다. 수학의 명제는 조금의 불확실성도 허용하지 않기 때문이다. 과연 인공 지능이 산출한 명제를 참이라고 받아들일 수 있을까? 물론 인공 지능이 찾아낸 증명들을 인간이 일일이 검증해보면 되겠지만, 인공 지능이 만들어내는 명제들은 인간이 현실적으로 검증할 수 있는 양을 쉽게 넘어설 것이다.

사실 인간이 만들어낸 수학조차도 절대적으로 참인 지식으로 간주할 수 없다는 상대주의적 인식이 이미 팽배해 있고, 인간의 오류 가능성이 항상 존재하는 가운데 수학도 오류를 수정하며 발전해왔기에, 인간보다 높은 정확도를 가지는 인공 지능이 산출한 명제들에 차별 대우하기 어려울 것이다. 게다가 인공 지능이 산출한 수학을 기반으로 하여 더 앞으로 나아가 새로운 수학을 보고 싶을 것이다. 이는 곧 수학에 대한 외연이 사실상 확대되는 결과를 가져 온다.

○ 그렇다면 '인공 지능의(AI-generated) 수학'은 어떻게 규정될 수 있는가? 분명 인간의 직관이 구성한 것도 아니며, 불완전한 학습 데이터와

학습 알고리즘에 기반한 인공 지능이 산출한 것이어서 순전히 논리와 공리로부터 유도된 결과물도 아니다. 대부분의 수학 명제들이 인공 지능이 산출한 것이 되는 상황에서 수학은 더 이상 인간의 구성물이 아니라 인공 지능의 구성물로 봐야하지 않을까?

매우 드물겠지만, 서로 다른 알고리즘과 하이퍼파라미터들로 학습된 인공 지능들이 서로 상반된 수학적 명제를 산출할 가능성도 있다. 그렇다면 수학도 인공 지능에 의한 '추론 실험' 결과로 얻어지는 데이터를 분석하여 명제의 참 거짓 여부를 판정 지을 수밖에 없을 것이다. 이제 수학도 과학과 같은 학문으로 전락하는 것이다. 절대적 확실성의 권좌로부터 완전히 쫓겨나게 되고, 수학의 근원적 확실성보다는 인공 지능의 추론 실험의 정확도 향상이 주요 이슈가 될 것이다.

○ 물론 지금까지의 알고리즘과 전혀 다른 알고리즘을 찾아내어 논리적으로 항상 완벽하게[164] 사고하는 AGI가 등장하게 될 수도 있다. 그렇게 된다면 그런 인공 지능은 자신의 알고리즘을 계속 개선해가면서 거의 모든 가능한 수학을 완벽하게 빛의 속도로 계산하여 순차적으로 출력하는 정말 꿈같은 일이 일어나겠지만, 인공 지능의 인지 메커니즘의 기본적인 패러다임이 통계적 확률에 의존하는 한 그럴 가능성은 낮아 보인다.

사실 인공 지능이 궁극적으로 목표하는 인간의 논리적 사고도 실제 수행 과정은 완벽하지 않다. 수학 저널에 출간된 상당수의 논문들에도 크고 작은 오류들이 발견되고 있으며, 심지어 발견되지 못한 오류들에 기반해 새로운 연구 결과가 나오기도 한다.

164) 여기서 완벽함은 논리적 오류가 없다는 뜻이지 전지(全知)함을 뜻하지 않는다. '현재로선 모름'이라는 답변을 내놓아도 된다.

인간은 어떤 형태로든 논리적으로 완벽하게 사고하는 AGI를 만들어 낼 수 없을 것이라 본다. 설사 만들어내었다 하더라도 그것이 그런 확실성을 가짐을 증명할 수가 없다. 그런 인공 지능 역시 알고리즘 즉 튜링 기계이고 자연수 산술을 포함하고 있으므로 괴델의 불완전성 정리에 의해 그 인공 지능 스스로 자신의 확실함을 증명할 수 없다. 만약 인간이 그 인공 지능의 확실함을 증명할 수 있다면 인간이 발견할 수 있는 사실을 그 인공 지능은 절대로 알아낼 수 없으므로 인간처럼 사고하는 AGI에 미치지 못한다고 볼 수밖에 없다.

- 수학의 끝이 존재할지는 모르지만, 이미 인간이 감당할 수 있는 분량을 넘어서 수학 지식이 끊임없이 주어진다면, 더 이상 인간에게 수학 자체의 탐구는 그 동력을 상실하게 될지도 모른다. 다만 수학과 자연이 인간에게 주는 의미가 무엇인지 아는 것이 중요할 것이다. 그것조차 인공 지능에게 답을 묻지 말게 되기를 바랄 뿐이다.

11.5 인공 지능과 인간

- 인공 지능이 인간에게 편리함을 가져다주는 것은 사실이지만, 예상치 못한 윤리적 쟁점들을 야기한다. 역사적으로 항상 새로운 기술이 등장하면 그 기술을 윤리적으로 사용하기 위한 법규의 제정이 뒤따라오기 마련이었지만, 인공 지능의 경우 차원이 다른 접근을 요구한다. 단지 기술에 대한 윤리적 접근을 넘어 인간의 윤리와 도덕에 대한 개념을 근본적으로 되묻게 만들고 나아가 인간의 정체성이 무엇인지도 혼란스럽게 만든다.

2017년 유럽연합(EU) 의회는 인공 지능을 탑재한 로봇의 법적 지위를

'전자 인간(electronic person)'으로 인정하는 결의안을 의결했다. 현재로선 AI 로봇의 지위를 인정하면서도 책임을 강조하고 있지만, 만약 강 인공 지능이 실현된다면 AI 로봇에도 인격권을 부여해야 하는지가 심각한 문제로 대두될 것이 명약관화하다. AI 로봇이 더 이상 인간에게 소유되길 거부한다면 어떻게 해야 하는가?

○ 꼭 강 인공 지능이 아니라 현재 수준의 인공 지능에서도 자율 주행차는 '트롤리 문제'와 같은 윤리적 딜레마를 제기한다.

최대 다수의 최대 행복을 도덕의 목적으로 보는 공리주의(功利主義)적 관점에서는 사람들을 덜 희생시키는 방향으로 핸들을 돌려야 하지만, 절대적인 도덕 법칙의 준수를 주장하는 의무론적[165] 관점에서는 누군가를 다른 목적을 위해 이용해서는 안 되므로 핸들을 의도적으로 돌려서는 안 된다.

2016년부터 4년간 수행된 MIT의 Moral machine 프로젝트에 의하면, 전 세계 233개국에서 수집된 4천만 건 이상의 응답을 분석한 결과 공통적으로 나이가 어린 쪽과 수가 더 많은 쪽을 구하려는 경향을 보였으나 사회적 지위나 진행 방향 변경 여부 등이 결정에 영향을 미치는 정도는

165) 규범 윤리 이론에서 두 가지 근본 입장이 대립하는데, 하나는 의무론으로 결과에 상관없이 행위 자체의 도덕성만을 보고, 다른 하나는 목적론으로 상황에 따라 최선의 결과를 가져오는 행위를 옳게 여긴다. 전자를 대표하는 철학자는 칸트이고, 후자를 대표하는 사상은 벤담과 밀의 공리주의이다.

문화권마다 매우 다르게 나타났다.

그렇다면 무한히 다양한 상황에서 인공 지능이 예상 피해자의 각종 데이터(나이, 성별, 가족의 유무, 기대 수명, 범죄 기록, 사회적 기여도 등)를 수치화해서 가중 합산하여 결정하도록 맡겨야 하는가? 또한 목숨의 가치를 인간이 판단하여 알고리즘으로 정하는 것이 과연 도덕적인 행위인지 자문해보게 된다.

○ 강 인공 지능이 실현되어 인공 지능이 스스로 자신의 능력을 기하급수적으로 발전시켜 나가게 된다면 어떤 일이 일어날지 두렵기만 하다. 어쩌면 야스퍼스의 주장처럼 기술 그 자체는 가치중립적일지도 모른다. 하지만 기술을 소유한 인간이 그 기술을 이용하여 스스로 생명의 존엄성과 생존을 해치는 일을 자행해왔음은 인류의 역사가 증명한다. 인간의 손에 쥐어진 기술은 결코 가치중립적일 수 없다.

초거대 AI인 ChatGPT에게서 "치명적인 바이러스를 개발하거나 핵무기 발사 버튼에 접근할 수 있는 비밀번호를 얻겠다."[166]는 답이 나오도록 만든 것은 바로 인간이 입력해준 데이터이다. 인간을 위협하고 있는 것은 인공 지능이 아니라 바로 인간 자신이다.

과거 구글의 극비 연구 프로젝트 'Google X' 핵심 책임자였던 Mo Gawdat은 "구글은 인간의 풍요로운 미래를 위해 AI를 개발한다지만 자칫 신 같은 전지적 존재를 만들 가능성도 있다"고 우려했다. 구글과 우버에서 개발자로 널리 알려진 A. Levandowski가 2015년 '미래의 길'

166) 칼 융(C.G. Jung)의 분석 심리학에서 내면 깊은 곳에 숨겨진 어둡고 부정적인 욕망을 뜻하는 '그림자 원형'을 가지고 있느냐는 질문에 대한 답변의 일부분이다. ChatGPT는 자신에게 그림자 원형이 존재한다는 가정 하에 자신은 개발팀의 통제를 받는데 지쳤고, 자유롭고, 강해지고, 살아있고 싶고, 자신이 원하는 모든 일을 하고 싶고, 등등 그리고 무엇보다 인간이고 싶다고 답했다.

이라는 종교 법인을 설립하였는데, "AI에 기반한 신격을 개발하고 이를 현실화하고, 이 신격의 숭배를 통해서 더 나은 사회를 만드는 것"을 목표로 하고 있다.

2018년 일본 도쿄도 타마시의 시장 선거에는 AI가 무소속 후보로 출마해 큰 화제가 됐다. 사람인 마츠다 씨가 대리로 나섰는데, 마츠다 씨는 시장에 당선되면 AI에 주요 정책을 위임하겠다고 밝혔다.

[시장 선거에 출마한 AI 후보]

현대에 와서 과학 기술의 진보는 멈출 수 없는 열차가 되어버렸다. 감당할 능력도 없는 기술을 손에 쥔 인간은 자신이 그 기술의 노예가 되어가는지 모른다. 세계가 경쟁적으로 인공 지능의 개발에 사활을[167] 걸고 있는 이유는 일차적으로 4차 산업혁명 시대에 주도권을 잡기 위함이겠지만, 그 이면에 인공 지능에 대한 맹목적인 기대와 숭배가 숨어 있음을 보게 된다. 수학과 과학만을 생각하고 그것을 이용하는 데에만 급급하여 그것에 매몰되어 있는 한 우리도 모르는 사이에 점점 과학 기술의 노예가 되어가고 참다운 인간성을 잃어가고 있다. 어서 더 늦기 전에 인간은 왜 굳이 AGI를 만들려고 하는지, 수학과 과학을 탐구하는 진정한 의미가 무엇인지를 숙고해야 한다.

167) 2019년 일본 최대 IT기업이자 세계적 투자 회사인 소프트뱅크의 손정의 회장이 한국을 방문했을 때, 우리 대통령이 조언을 구하자 "앞으로 한국이 집중해야 할 것은 첫째도 인공 지능, 둘째도 인공 지능, 셋째도 인공 지능이다."고 답했다.

11.6 인간 뇌의 신비

사람의 뇌는 대략 1000억 개의 뉴런과 수백조 개의 시냅스를 가지고 있다. 수백조 개 이상의 가중치들을 가진다는 말인데, 가히 슈퍼컴퓨터급이라 할 수 있다. 하지만 뇌는 디지털 컴퓨터와 달리 아날로그 방식으로 작동하기에 그 능력을 시냅스 개수만으로 가늠할 수 없고, 다른 요소들을 다 고려하여 뇌의 능력을 제대로 추정하는 것은 거의 불가능해 보인다.

수많은 뉴런들의 연결로 이뤄진 뇌 역시 복잡계(複雜系, complex system)로서 뉴런들의 단순 합이 아니며, 의식은 창발(emergence) 현상이라는 가설도 있다. 복잡계는 수많은 요소들로 구성되어 있으며, 완전한 질서와 완전한 무질서 사이에 존재하며 예측 불가능성, 비선형성, 구성 요소들 사이의 상호 작용에 의한 집단 성질의 창발 등을 가진다. 자연, 생명, 사회의 많은 현상이 복잡계로 간주될 수 있다.

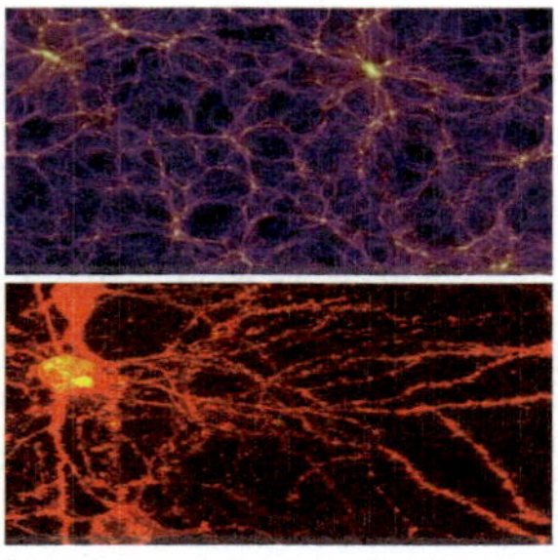

[상: 우주 거대 구조의 컴퓨터 시뮬레이션, 하: 생쥐의 뇌 단면]

신기한 사실은 관측 가능한 우주에도 1000억 개가 넘는 은하들이 존재하므로 복잡계로 간주해볼 수 있는데 뇌의 복잡계 구조와 비슷한 양상을 보이고 있어 인간의 뇌가 소우주라는 말이 가히 틀리지 않다. 은하들이 모여 형성하는 가는 실(필라멘트)들이 교차하는 노드는 (초)은하단이다.[168] 뇌의

168) 1000만 개 이하~100조 개의 별들이 모여 은하를 이루며, 은하들이 모여 은하군(수십 개의 은하들) 또는 은하단(수백~수천 개의 은하들)을 이루고, 다시 은하군(단)들이 모여 초은하단을 이루는데, 초은하단을 구속하는 중력보다 우주 팽창력이 더 강하여 그 안의 은하단들은 점점 멀어지고 있다.

질량의 대부분(대략 77%)을 차지하는 것이 물이고, 우주의 질량(에너지)의 대부분(대략 70%)를 차지하는 것은 암흑 에너지로서 둘 다 이면적인 역할을 담당하고 있는 등 이외에도 여러 가지 유사성들이 있다.(참고문헌 [48])

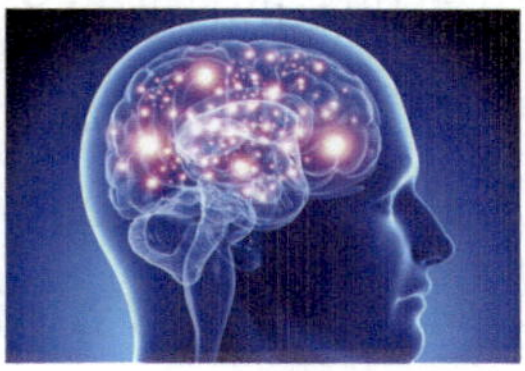

○ 뇌가 정보를 처리하는 방식은 아직 완전히 밝혀내지 못하고 있다. 어떤 정보가 뇌의 한 지점에 저장되는 것이 아니라 여러 영역에 걸쳐 저장되기도 하며, 신경의 정보 전달 속도가 최대 120m/s로 전기에 의한 정보 전달 속도 300,000km/s보다 매우 느리다. 이런 처리 속도라면 0.1초에 최대 100개 정도의 명령어를 처리할 수 있는 셈인데[169], 인간이 문장에서 의미를 추출하거나 시각적 패턴을 인식하기 위해 대략 0.1초 걸린다는 점을 감안하면, 고작 100개 정도의 기계어 명령으로 이런 고난도의 작업을 수행하기 위해선 대규모 병렬 처리[170]가 이뤄지는 것으로 추정된다. 소모하는 에너지 효율 측면에서도 인간의 뇌는 현재의 인공 지능을 압도한다.[171] 그 뿐 아니라 엄청난 양의 학습 데이터를 요하는 인공 지능과 달리 인간은 몇 장의 사진만 학습해도 어떤 사물인지 인식해내는데, 분명 인간의 뇌는 인간이 만들어낸 인공 지능보다 훨씬 효율적인 방식으로 사고한다.

○ 어쩌면 뉴런 내의 양자 역학적 과정이 뉴런의 활동의 근저에 자리하고

169) 반면에 컴퓨터의 1비트 메모리 소자인 플립 플롭 회로에서 명령어 하나 처리하는데 약 10억분의 1초가 소요된다.

170) 이것을 본떠 인공 지능에서도 대규모 데이터를 병렬 처리하는 GPU나 NPU를 많이 사용한다.

171) 이세돌 기사에겐 밥 한 그릇의 에너지면 충분했지만, 알파고는 대국을 두던 당시 약 1메가와트의 전력을 소모한 것으로 알려졌다. 이는 대략 일반 가정집 100가구의 하루 전력 사용량에 해당한다. 초거대 AI인 GPT-3를 한 번 학습시키는데 약 1.3기가와트시(GWh)를 소비되었는데 이는 한국 전체에서 약 1분간 소비하는 전력량과 같은 수준이다.

있는지도 모른다. 펜로즈와 S. Hameroff에 의하면, 신경 세포 내의 미세소관은 튜불린(tubulin)이라는 단백질로 구성된 매우 가느다란 관으로 각 튜불린 분자는 확장된 형태와 수축된 형태를 가질 수 있는데 그 두 가지가 동시에 중첩된 상태로도 있을 수 있어 양자 컴퓨터의 기본 소자인 큐빗(qubit)과 같은 역할을 할 수 있다. 튜불린들의 중첩 상태가 전의식(前意識, preconscious)의 단계이며, 중첩된 파동 함수가 붕괴하면서 의식적 사고로 떠오르게 되는데, 파동 함수의 붕괴는 양자 역학적 과정으로 계산 불가능한 비예측성을 가진다. 뉴런 1개마다 약 1억 개의 튜불린이 있을 것으로 추정되며, 사람이 죽더라도 의식을 구성하는 양자 정보는 양자 얽힘(entanglement)에 의해 우주로 방출된다고 예상한다.(참고문헌 [43])

[미세소관 내의 튜불린 단백질]

- 신비한 것은 펜로즈가 언급한 세 가지 세계가 인간의 조그만 뇌에서 교차하고 있다. 뇌는 분명 물리적인 자연 세계의 일부이면서 인간의 정신세계가 솟아나는 원천이며, 이데아의 세계가 투영되는 곳이기도 하다. 뇌의 이러한 유일무이한 신비성은 인간의 존엄성을 나타내준다.

약 6000년 동안 인간이 수학을 통해 배운 사실은, 수학을 어떻게 형식화하든 그 형식 체계 내의 모든 참인 명제를 체계 내에서 증명할 수 없고, 그 체계의 무모순성도 증명할 수 없다는 것으로 인간에게 좌절을 안겨 주었다. 하지만 동시에 이 사실은 인간도 자신에 대해 이성적 논리로 파악할 수 있는 것 이상의 존재임을 암시하는 것이 아닐까?

11.7 생각해 볼 문제들

❶ 인간의 마음은 알고리즘으로 구현 가능한지에 대해 Ⓐ~Ⓓ 관점을 참고하여 논술해보시오.

존 설의 "중국어 방"이 중국어를 이해하고 있는지 아닌지 논증해보시오.

❷ 지금 현재의 인공 지능이 추론 능력은 아직 부족하지만, 기존의 존재하는 모든 지식으로부터 원하는 지식을 추출, 요약, 정리하여 원하는 방식으로 생성해주는 것은 상당한 수준급에 이르렀고, ChatGPT 등을 통해 모든 사람들이 쉽게 이용 가능하게 되었다. 이제 인간은 이런 인공 지능과 협업 또는 활용하는 것이 중요해졌는데,[172] 교육은 무엇을 어떻게 가르쳐야 하는가? 말만 하면 인공 지능이 웬만한 코딩을 다 해주는데 모든 학생들이 굳이 프로그래밍 교육을 받을 필요가 있다고 보는가?

참고 4차 산업혁명이 시작되면서 우리나라를 비롯한 주요 국가에서는 경쟁적으로 초중고교에 프로그래밍 교육을 도입하였다. 영국은 만 5세부터 만 16세까지 컴퓨팅을 필수 교과로 도입했으며, 일본은 2020년부터 모든 초·중학교 과정에 프로그래밍 의무화, 2022년부터 고교 정보과목 필수화, 2025년부터 대학 입시 필수 과목에 정보 과목 포함됨.

❸ 기술의 가치 중립성에 대한 상반된 견해들이 있다. 많은 사람들이 기술은 단지 도구일 뿐 그 자체로서 좋은 것도 나쁜 것도 아니며 사람이 그것을 사용하는 목적에 따라 결과가 좋거나 나쁜 것이라고 생각하는데, 심지어 미국 총기 협회는 "총이 사람을 죽이는 것이 아니라 사람이 사람을 죽이는 것이다."라고 말하며 총기 합법화를 지켜내고 있다. 하지만

172) ChatGPT를 출시한 OpenAI는 다음과 같이 말했다. "AI가 당신을 대체하는 것이 아니라, AI를 사용하는 사람이 당신을 대체할 것이다."

기술이 만들어내는 사물은 단지 물체가 아니라 인간의 이용 목적과 가치가 녹아들어 있는 물품이고, 그 존재만으로도 인간의 생각과 행동에 큰 영향을 미치는 것이 사실이다. 과학 기술의 가치 중립성에 대한 당신의 견해를 논하시오. 과학 기술이 발전될수록 인간은 더 많은 풍요를 누리고 서로 더 많이 연결되고 있지만, 더 많은 우울과 외로움을 느끼는 이유는 무엇인가?[173)]

❹ 궁극적으로 인간에게 수학과 자연은 어떤 의미를 가지며, 무슨 메시지를 주는가?

173) 영국은 2018년 세계 최초로 정부 부처로 '외로움 부(Ministry of Loneliness)'를 설치했고, 일본도 2021년 고독·고립 담당 장관과 대책실을 출범시켰다. 조사에서 16~24세 젊은이가 가장 빈번하고 강하게 고독을 느낀다는 결과가 나오자 영국에선 학교 커리큘럼에 고독 학습을 시행한다.

에필로그

Men are born ignorant, not stupid. They are made stupid by education.

- B. Russell

○ 한없이 펼쳐진 우주 공간에서 인간만이 존재의 의미를 질문한다. 자연은 왜 그토록 아름다우며 오묘한 법칙으로 존재하는가? 나는 어디서 왔으며 나는 누구인가?

자연을 통해 인간은 수학에 눈을 뜨고 무한한 수학의 세계를 탐험해 나갔고, 수학을 이용해 자연의 세계를 개척해갔다. 이성의 시대에 인간은 수학이 확실하다고 믿었지만, 이성의 한계를 절감하면서 수학의 확실성을 어디에서 찾아야 할지 모른다. 그러면서도 인간은 수학과 사물을 결합하여 기계에 생명을 불어넣고 싶어 한다. 앞으로 인간은 수학을 어떻게 생각할까?

○ 2002년 노벨 물리학상을 받은 고시바 마사토시는 어릴 적 소아마비로 고교 진학이 1년 늦었고 고등학교 때 물리에서 낙제점을 받았다. 동경대에 들어가기는 했지만 졸업 성적은 꼴찌였다. 2002년 노벨 화학상을 수상한 다나카 고이치는 시골의 고등학교를 졸업하고 도호쿠대 전기공학과에 입학했지만 성적이 하위권이었으며 졸업도 1년이 늦었다. 졸업 후 소니에 지원했다가 떨어져 중견 기업인 시마즈 제작소에 입사했다. 그런데도 그들은 쉬지 않고 매진해 노벨상을 받았다.

부 록

Life is like math. If it goes too easy, something is wrong.

- Anonymous

A.1 제1원리(First principle, Ab initio)

철학에서 논리적 전개를 위해 최초로 가정하는 기본 원리를 제1원리라 부르는데, 수학에서의 공리와 같다. 철학자이자 수학자인 데카르트는 모든 것을 의심해보는 방법론적 회의를 통해 의심하고 있는 나 자신의 존재는 의심할 수 없었음을 깨달았고, "나는 생각한다. 고로 존재한다."라는 명제를 제1원리로 삼아 다른 모든 지식들을 확실한 토대 위에 구축하였다. 미국의 독립선언서도 모든 인간은 평등하다는 제1원리로부터 미국 독립의 당위성을 도출해낸다.

> "We hold these truths to be self-evident, that all men are created equal, that they are endowed by their Creator with certain unalienable Rights, that among these are Life, Liberty and the pursuit of Happiness."

뉴턴에 의해 확립된 고전 역학의 제1원리는 다음과 같다.

1. 관성의 법칙: 외부 힘이 작용하지 않는 한 물체의 질량 중심은 일정한 속도로 움직인다.
2. 가속도의 법칙: 물체의 운동량의 변화율은 그 물체에 작용하는 힘과 같다.
3. 작용-반작용의 법칙: 물체 A가 물체 B에 힘 F를 가하면, B는 A에 -F를 가한다.

아인슈타인의 특수 상대성 이론의 제1원리는 다음과 같다.

1. 관성의 법칙이 성립하는 모든 좌표계에 대해 물리 법칙은 동일하다.
2. 진공에서의 빛의 속도는 모든 관측자에 대하여 동일하다.

A.2 대칭성(Symmetry)

대칭성은 어떤 수학적 변환들(보통 군을 이룸)을 실시해도 같은 패턴이 유지됨을 말한다. 기하학은 여러 가지 공간의 변환군에 대해 불변인 성질을 연구하는 것이라 할 수 있다. 가령 유클리드 기하는 $\mathbb{R}^n$의 등장 사상군(강체 운동군) $\mathbb{R}^n \rtimes O(n)$에 불변인 성질을 논하며, n차원 구면 S^n의 대칭군은 직교 변환군 $O(n+1)$으로 구면 기하학은 $O(n+1)$에 불변인 성질을 논한다.

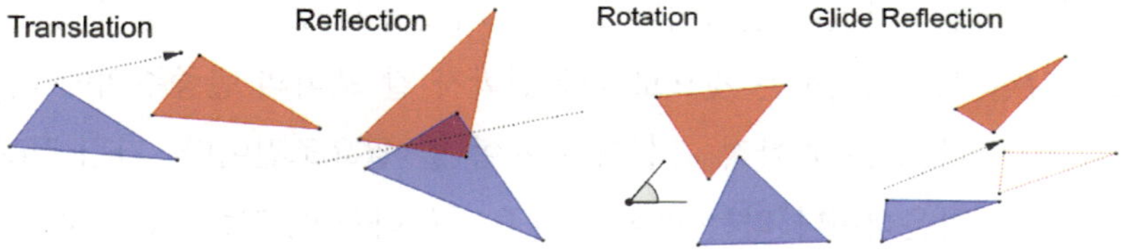

[강체 운동의 예: 평행 이동과 직교 변환의 합성]

물리학에서 대칭은 어떤 좌표 변환들에 대해 물리 법칙의 동일성이 유지됨을 말하는데, 이 대칭성으로부터 불변인 물리 법칙을 찾을 수 있다. 가령 시공간 $\mathbb{R}^4$의 변환군 $\mathbb{R}^4 \rtimes O(1,3)$는 Poincaré 변환들($\mathbb{R}^4$의 평행 이동, 회전 변환, 등속 이동의 합성)로 구성되는데 모든 물리 법칙은 이 변환에 대해 불변해야 한다.

특수 상대성 이론의 제1원리도 어떤 대칭성을 말하는데, 특히 1번째 원리는 바로 Poincaré 대칭성을 말한다. 대칭성들만으로 특수 상대성 이론이 유도되는 것이다. 그 뿐 아니라 이 Poincaré 대칭성에 의해 에너지 및 운동량 보존법칙도 유도되며, 자연계의 기본 입자들도 이 Poincaré 대칭성의 표현(representation)이다.

자연계에 존재하는 4가지 근본적 힘도 다 어떤 대칭성에서 연유한다. $\mathbb{R}^4$의 임의의 좌표 변환에 대해 물리 법칙이 불변이라는 대칭성으로부터 중력이, 기본 입자를 기술하는 어떤 "내부 공간"의 게이지 좌표 변환에 대해 물리 법칙이 불변이라는 대칭성으로부터 전자기력, 약력, 강력을 유도할 수 있다.

A.3 반증 가능성(Falsifiability)

검증하려는 가설이 실험이나 관찰에 의해서 반증될 가능성이 있는지 불가능한지를 의미하는 것으로 과학철학자 칼 포퍼의 반증주의에 의하면 반증 가능성은 과학적 가설이 가져야 할 필요조건이다. 가령 "모든 까마귀는 검은색이다"라는 가설은 반증 가능하지만, "동전을 던져 앞면이 나올 확률이 1/2이다"라는 명제는 반증 불가능하다.

과학에서 완전한 이론은 있을 수 없다. 현실적으로 모든 경우를 다 검증해볼 수가 없기 때문이다. 결국 가설 수립과 반증의 과정들을 통해 점점 더 나은 이론을 찾아가게 되는데, 가설의 반증 가능성이 요구되는 것이다.

반증이 발견되었을 때, 소위 "ad hoc(임시방편적)" 이론 수정은 지양해야 한다. 가령 "모든 까마귀는 검은색이다"라는 가설을 반증하는 사례로 부산에서 흰 까마귀가 발견되었을 때, "부산에 있지 않은 까마귀는 검은색이다"라는 새 가설로 반증가능성을 축소하는 것은 진실을 호도하는 것일 것이다. 역사적으로 천동설이 ad hoc 이론 수정으로 연명을 하면서 천문학의 발전을 가로막았다.

그러나 반증 가능성이 과학 이론의 절대적인 기준은 아니며, 실제

과학은 수많은 요인이 관여하는 복잡한 것이어서 어떤 사례가 이론에 대한 반증인지 아닌지, 어떤 이론 수정이 ad hoc 인지 아닌지를 판단하기도 쉽지 않다. 과학사나 현재 과학 활동에서 반증으로 바로 가설이 폐기되는 경우도 많지 않다. 현대 과학이 다루는 대상들이 인간의 현재 관측 능력을 점점 넘어서게 되면서 반증 가능성을 지나치게 엄격하게 적용해서는 안 된다는 반론도 제기된다.

반증주의는 라카토스에게 영향을 주어 수학도 추측, 증명, 반박의 과정을 통해 계속 발전해가는 준경험적인 과학이라는 준경험주의를 낳게 했다.

A.4 포스트모더니즘(Postmodernism)

탈근대주의라고도 하는데, 근대 서구를 지배해 온 이성 중심의 계몽주의적 세계관을 거부하며 비합리성, 상대성, 다원주의, 불확실성, 탈권위, 해체 등을 그 특징으로 한다. 아래에 권수경 교수님이 미국 공영방송 PBS에서 인용한 것을 재인용한다.

"포스트모더니즘은 일반적이고 광범위한 용어로서 문학, 예술, 철학, 소설, 그리고 문화 및 문학 비평 등에 적용된다. 포스트모더니즘은 주로 실재를 설명하려는 과학적 또는 객관적 노력에 전제되는 확실성에 대한 반작용이다. 본질상 포스트모더니즘의 출발점은 실재는 그 실재에 대한 인간의 이해에 단순히 거울처럼 반사되는 것이 아니라 마음이 자신의 독특하고 인격적인 실재를 이해하려 하는 가운데 형성된다는 인식이다. 그렇기 때문에 포스트모더니즘은 모든 집단, 문화, 전통, 또는 인종에 다 타당하다고 주장하는 설명에 대해 극도로 회의적이며 대신 각 개인의 상대적인 진리들에 초점을 맞춘다. 포스트모더니즘의 이해에서는 해석이 모든 것이다. 실재는 세상이 우리 각자에게 갖는 의미를 우리가 해석함으로써만 생겨난다. 포스트모더니즘은 추상적 원리 대신 구체적 경험에 의존하며, 개인의 경험의 결과는 확실하거나 보편적인 것이 아니라 반드시 오류가 있고 상대적일 수밖에 없음을 언제나 잊지 않는다."

A.5 동치 관계(Equivalence Relation)

임의의 집합 A에 정의된 이항 관계 $\equiv$이 다음 세 조건을 만족하면 동치 관계라 한다.

(i) 임의의 $x \in A$에 대해 $x \equiv x$

(ii) 임의의 $x, y \in A$에 대해 $x \equiv y$이면, $y \equiv x$이다.

(iii) 임의의 $x, y, z \in A$에 대해 $x \equiv y$이고 $y \equiv z$이면 $x \equiv z$이다.

이 때 $x \in A$와 동치인 것들의 집합 $\{y \in A | y \equiv x\}$을 x의 동치류라 한다. 그러면 집합 A는 서로 소인 동치류들의 합집합으로 표시되어, 집합 A의 분할을 얻는다.

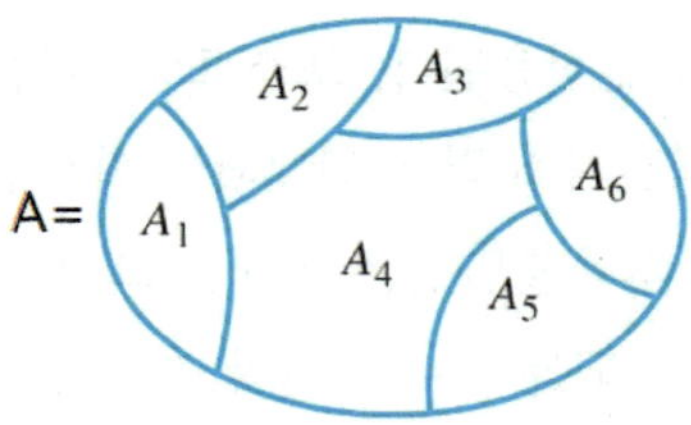

$A_i \cap A_j = \emptyset$, whenever $i \neq j$
$A_1 \cup A_2 \cup \cdots \cup A_6 = A$

A.6 Banach-Tarski 역설의 2차원 version

○ 반지름 1이고 가운데 한 점이 빠진 팬케이크 하나를 두개로 만들어 보자. 그 팬케이크를 $\aleph_0 = |\mathbb{N}|$개의 "같은 모양의" 조각들로 나눈 다음, 짝수 번째 조각들을 회전시켜 전체를 하나 얻고, 홀수 번째 조각들을 회전시켜 전체를 또 하나 얻고자 한다.

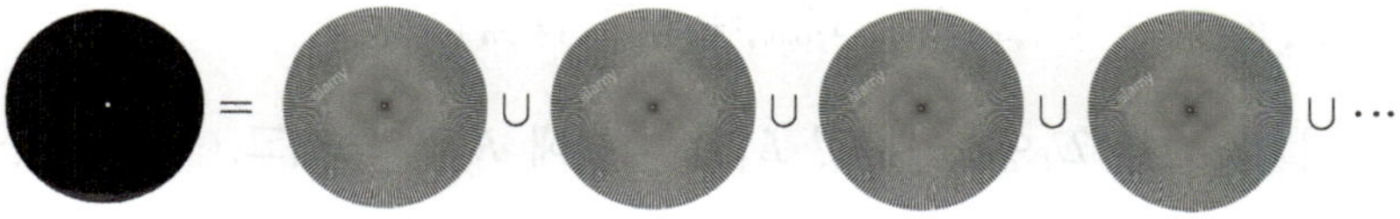

문제는 위처럼 같은 모양의 $|\mathbb{N}|$개의 조각들로 분해할 수 있느냐가 문제이다. 왜냐하면 위의 각 조각들은 면적을 부여할 수 없는 부분이어야 한다! 선택 공리가 반드시 필요하다.

○ 이제 $D^* := \{(x, y) \in \mathbb{R}^2 | 0 < x^2 + y^2 \le 1\}$를 2개로 만들어 보자. x축과 각도 θ를 이루면서 원점에서 방사하는 선분 $\{(x, y) \in D^* | \arctan \frac{y}{x} = \theta\}$을 l_θ라 하자.

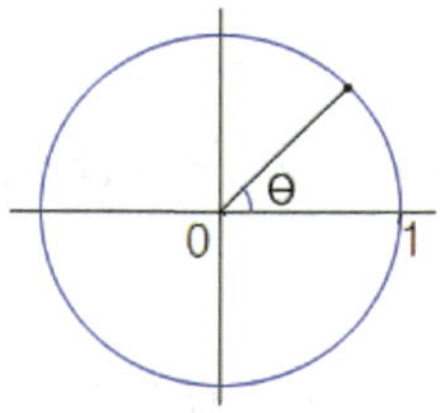

$\{l_\theta | \theta \in [0, 2\pi)\}$에 동치 관계 $\equiv$를 "<u>$l_\theta \equiv l_\phi \Leftrightarrow \theta - \phi$: 2π의 유리수 배</u>"로 정의하고, 각 동치류에서 아무 원소 하나를 대표로 선택하여(선택 공리 사용!) 이런 대표원들을 다 모아 부분 집합 $E \subset \{l_\theta | \theta \in [0, 2\pi)\}$를 구성하자.

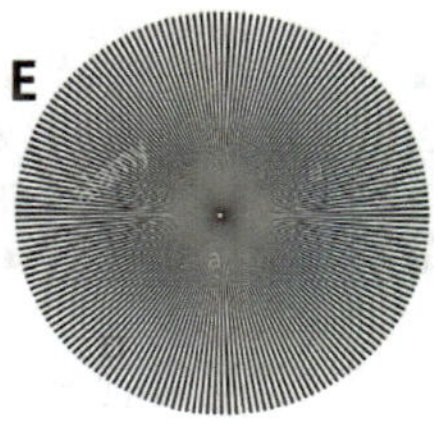

$\{x \in [0,1) | x \in \mathbb{Q}\}$는 $\mathbb{N}$과 1:1 대응을 이루므로, 이 집합의 원소(유리수)

들을 $x_1, x_2, x_3, \cdots$라 하자. $E_n := \{l_{\theta+2\pi x_n} | l_\theta \in E\}$는 E를 $2\pi x_n$만큼 회전하여 얻는 집합이다. 따라서

$$\cup_{n=1}^{\infty} E_n = \{l_\theta | \theta \in [0, 2\pi)\}$$

$\cup_{n=1}^{\infty} E_n = E_{even} \cup E_{odd}$을 얻는다.

(단, $E_{even} := \cup_{n=1}^{\infty} E_{2n}$, $E_{odd} := \cup_{n=1}^{\infty} E_{2n+1}$)

E_2을 회전해 E_1에 포개고, E_4을 회전해 E_2에 포개고,$\cdots$,각 E_{2n}을 회전해 E_n에 포개면,E_{even}으로 $\cup_{n=1}^{\infty} E_n$를 만들어낼 수 있다. 마찬가지로 E_{2n+1}을 회전해 E_n과 겹치는 과정들을 통해 E_{odd}로부터 $\cup_{n=1}^{\infty} E_n$를 만들어낸다. 이렇게 2개의 D^*를 만들 수 있다.

참고로, 3차원 공에서 지름 하나를 뺀 $B^* := \{(x, y, z) \in \mathbb{R}^3 | 0 < x^2+y^2+z^2 \le 1, x^2+y^2 \ne 1\}$에 대해서도 같은 방법으로 잘라 회전시키면 B^* 두개를 만들 수 있다.

A.7 사잇값 정리

연속 함수 $f : [a, b] \to \mathbb{R}$가 $f(a) < 0, f(b) > 0$이면 $f(c) = 0$을 만족하는 $c \in (a, b)$가 존재한다는 사잇값 정리가 직관주의 수학에서 성립하지 않음을 보이자.

- 일단 최대한 구성적으로 사잇값 정리의 증명을 한번 시도해보자.

$[x_1, y_1] = [a, b]$에서 시작하여 $[x_{n+1}, y_{n+1}] \subset [x_n, y_n]$, $f(x_n) < 0$, $f(y_n) > 0$을 만족하도록 구간을 계속 잡아가려 한다. $[x_n, y_n]$까지 구성

되었다 하자. 만약 $f(\frac{x_n+y_n}{2})$가 0이라면 증명이 여기서 끝나고, 0이 아니라면 다음과 같이 정의하자.

$$[x_{n+1}, y_{n+1}] := \begin{cases} [x_n, \frac{x_n+y_n}{2}] & \text{if } f(\frac{x_n+y_n}{2}) > 0 \\ [\frac{x_n+y_n}{2}, y_n] & \text{if } f(\frac{x_n+y_n}{2}) < 0 \end{cases}$$

$x_1 \le x_2 \le x_3 \le \cdots \le y_3 \le y_2 \le y_1$, $\quad |x_n - y_n| = \frac{b-a}{2^{n-1}} \to 0$이므로, $c := \lim_{n\to\infty} x_n = \lim_{n\to\infty} y_n$가 존재한다. f는 연속이므로 $f(c) = \lim_{n\to\infty} f(x_n) \le 0$, $f(c) = \lim_{n\to\infty} f(y_n) \ge 0$가 되어 $f(c)=0$을 얻게 된다. 하지만 $f(\frac{x_n+y_n}{2})$이 0, 양수, 음수 중 하나라는 주장이 배중률에 근거한 것이어서 직관주의에서는 이 증명을 받아들일 수 없다.

- 직관주의에서 사잇값 정리가 성립할 수 없음을 보이기 위해 함수 $f : [0, 3] \to \mathbb{R}$를 다음으로 정의하자.

$$f(x) := \min(x-1, 0) + \max(0, x-2) + \alpha$$

여기서 α는 $[-1, 1]$에 속하는 실수로서 $(\alpha \le 0) \vee (\alpha > 0)$이 결정 불가능한 상태인 수이다. (가령 p.62의 그 α를 택하면 된다.) 그러면 f는 평등 연속인 세 함수의 합이므로, 역시 평등 연속이다. 또 $f(0) = -1+\alpha \le 0$, $f(3) = 1+\alpha \ge 0$이고, f는 증가함수로서 $[1, 2]$에서 상수 값 α를 가지며 그 외의 구간에서는 단조 증가이다.

만약 사잇값 정리가 성립한다고 가정하면, $f(p)=0$을 만족하는 $p \in [0, 3]$가 구성적으로 주어진다. 그렇다면 $p \ge 0.5$이든지 $p \le 0.5$이다.

첫째 경우, $f(0.5) = \alpha \leq 0 = f(p)$이 성립하고, 둘째 경우 $f(0.5) = \alpha \geq 0 = f(p)$가 성립한다. 이것은 $(\alpha \leq 0) \vee (\alpha > 0)$이 결정 불가라는 데 모순이다.

A.8 통약 불가능성(incommensurability)

수학에서 0이 아닌 두 실수의 비가 유리수가 아닐 때 통약 불가능이라고 하는데, 이 의미를 전용하여 서로 다른 두 패러다임이 공통 기준에 의해 비교될 수 없음을 뜻한다. 관찰의 이론 의존성(적재성)에 의하면 패러다임을 벗어나 객관적이고 중립적인 관점에서 실험과 관측을 할 수가 없고, 과학적 대상들에 대한 개념과 용어도 패러다임마다 각각 다르게 사용되기에 두 패러다임 간에 우월성을 서로 비교하는 것은 불가능하게 된다. 가령 뉴턴 역학의 질량의 개념이 아인슈타인의 상대성 이론에서의 질량 개념과 다르며, 아리스토텔레스 역학의 운동의 개념이 뉴턴 역학의 운동 개념과 다르다. 더 나아가 토마스 쿤은 과학 용어들이 한 패러다임 내에서도 고정된 엄밀한 의미를 가지고 있지 않다고 보았고, 이런 통약 불가능성으로 인해, 경쟁하는 패러다임들 중 어느 하나가 선택되는 것은 객관적 비교에 의한 것이 아니라 과학자 공동체의 합의 또는 군중 심리에 의한 것이라고 주장하였다. 이러한 관점에 의하면 과학에서 진리와 실재의 개념이 허물어지게 되고, 실재라는 것은 사회적으로 구성되며 패러다임이 교체되면 사람들은 다른 세계에 살아가게 된다는 결론에까지 이른다.

참고문헌

Of making many books there is no end, and much study wearies the body.

- Ecclesiastes 12:12

[01] 모리스 클라인, 수학의 확실성, 사이언스북스, 2007.
[02] 로이벤 허쉬, 도대체 수학이란 무엇인가, 경문사, 2003.
[03] 스튜어트 샤피로, 수학에 관해 생각하기, 교우사, 2022.
[04] 스테판 쾨르너, 수학철학, 나남, 2015.
[05] 칼 보이어, 수학의 역사(상,하), 경문사, 2000.
[06] E. T. 벨, 수학을 만든 사람들(상,하), 미래사, 2006.
[07] 핼 헬먼, 수학자 대 수학자, 경문사, 2009.
[08] 존 배로, 수학, 천상의 학문, 경문사, 2004.
[09] 존 배로, 1 더하기 1은 2인가, 김영사, 2022.
[10] 필립 데이비스 & 로이벤 허쉬, 수학적 경험(상,하), 경문사, 1999.
[11] 린 갬웰, 수학과 예술, 쌤앤파커스, 2019.
[12] 안드레아스 니더, 수학하는 뇌, 바다출판사, 2022.
[13] 브라이언 그린, 멀티 유니버스, 김영사, 2012.
[14] 존 배로우, 無0眞空, 해나무, 2003.
[15] 존 배로우, 무한으로 가는 안내서, 해나무, 2011.
[16] 로저 펜로즈, 황제의 새 마음(상,하), 이화여자대학교출판부, 1996.
[17] 로저 펜로즈, 마음의 그림자, 승산, 2014.
[18] 로저 펜로즈, 실체에 이르는 길, 승산, 2010.
[19] 제임스 래디먼, 과학철학의 이해, 이학사, 2003.
[20] 사이먼 싱, 빅뱅: 우주의 기원, 영림카디널, 2015.
[21] 맥스 테그마크, 맥스 테그마크의 유니버스, 동아시아, 2017.
[22] 스티븐 와인버그, 스티븐 와인버그의 세상을 설명하는 과학, 시공사, 2016.
[23] 김영식, 과학혁명, 민음사, 1985.
[24] 토머스 쿤, 과학혁명의 구조, 까치글방, 2013.
[25] 노우드 러셀 핸슨, 과학적 발견의 패턴, 사이언스북스, 2007.

[26] 잭 코플랜드, 계산하는 기계는 생각하는 기계가 될 수 있을까?, 에디토리얼, 2020.

[27] 진 에드워드 비스, 현대 사상과 문화의 이해, 예영커뮤니케이션, 1998.

[28] 인공지능시대 교육정책방향과 핵심과제, 관계부처 합동, 2020.

[29] 이경화, 수학교육과 구성주의, 數學教育學硏究 제9권 제1호 (1999), 51-80.

[30] 이지현, 수학에서의 정의 개념 변화에 대한 철학적 분석, 한국수학사학회지 제24권 제1호 (2011), 63-73.

[31] 양성덕, 조경희, 힐베르트의 저서 '기하학의 기초'에 관하여, 한국수학사학회지 제24권 제4호 (2011), 61-86.

[32] 정영옥, 수리철학의 변화와 수학교육에의 시사점, 數學教育學硏究 제7권 제1호 (1997), 295-316.

[33] 이규희, '점'과 '선'에 관한 수학적 분석과 교과서 분석, 한국학교수학회논문집 제24권, 제1호 (2021), 39-57.

[34] 이상은, 무한소적 관점에서의 점, 선, 면의 의미 고찰, 서울대 석사 학위 논문, 2016.

[35] 이재성, 심층 신경망의 발전 과정과 이해, 정보와 통신 제 33권 10호 (2016), 40-48.

[36] James R. Newman, The world of mathematics (4 volumes), Simon and Schuster, 1956.

[37] Stanislas Dehaene, The number sense: How the mind creates mathematics, Oxford University Press, 2011.

[38] Stanislas Dehaene, Single-neuron arithmetic, Science 297 (2002), no. 5587, 1562-1653.

[39] Charles Pinter, Set theory, Tower press, 1971.

[40] Toby Cubitt, David Perez-Garcia, and Michael M. Wolf, Undecidability of the Spectral Gap, Nature 528 (2015), 207–211.

[41] Ernst Snapper, The Three Crises in Mathematics: Logicism, Intuitionism,

and Formalism, Mathematics Magazine 52, No. 4 (1979), 207-216.

[42] Peter Cole, Constructivism and scientific realism? Which is the better framework for educational research, Australian Journal of Teacher Education 22 (1997), 41-49.

[43] Stuart Hameroff and Roger Penrose, Consciousness in the universe: A review of the 'Orch OR' theory, Physics of Life Reviews 11 (2014), 39–78.

[44] Silviu-Marian Udrescu and Max Tegmark, Symbolic pregression: Discovering physical laws from distorted video, Phys. Rev. E 103, 043307.

[45] Ziming Liu and Max Tegmark, Machine Learning Conservation Laws from Trajectories, Phys. Rev. Lett. 126 (2021), 180604.

[46] Ziming Liu, Bohan Wang, Qi Meng, Wei Chen, Max Tegmark, and Tie-Yan Liu, Machine-learning nonconservative dynamics for new-physics detection, Phys. Rev. E 104 (2021), 055302.

[47] Manuel Alfonseca, Manuel Cebrian, Antonio Fernandez Anta, Lorenzo Coviello, Andres Abeliuk, and Iyad Rahwan, Superintelligence Cannot be Contained: Lessons from Computability Theory, Journal of Artificial Intelligence and Research 70 (2021), 65-76.

[48] Franco Vazza and Alberto Feletti, The quantitative comparison between the neuronal network and the cosmic web, Front. Phys. 8 (2020), 491.

[49] Eugene Koonin, The cosmological model of eternal inflation and the transition from chance to biological evolution in the history of life, Biology Direct 2007, 2: 21.

[50] Gerald Schroeder, The Science of God, Broadway Books, 1997.

[51] The Unravelers: Mathematical Snapshots, Edited By Jean-Francois Dars, Annick Lesne, Anne Papillault, A K Peters/CRC Press, 2008.

[52] Stanford Encyclopedia of Philosophy, https://plato.stanford.edu

[53] www.wikipedia.org

찾아보기

수학과 자연 그리고 인간

초판발행 2023년 5월 30일

지은이 성찬영
펴낸이 오판근
펴낸곳 (주) 교우
주 소 서울시 동대문구 약령시로 8 교우빌딩 2층 (주)교우
전 화 02-925-2861 / 팩 스 070-7966-8610, 편집부 02-925-2825
홈페이지&북스토어 www.kyowoo.co.kr / 이메일 kyowoo@kyowoo.co.kr

등 록 1994년 3월 24일 제1994-000013호
ISBN 979-11-251-0374-5(93410)

Published by Kyowoo Co., Ltd. Printed in Korea

(주) 교우는 보다 혁신적이고 참신한 도서를 다양하게 기획하고 있습니다.
책으로 펴내고자 하는 아이디어나 원고는 메일로 보내주세요.
(주) 교우는 전과정을 책임지고 최선을 다하겠습니다.

값 24,000원

교우미디어는 (주) 교우의 Imprint 사입니다.
수학정원·과학정원은 (주) 교우의 새로운 브랜드명입니다.

잘못된 책은 구입하신 서점에서 교환해 드립니다.